W0281838

Viel Spaß
beim Lesen –
wenn Du dazu
kommst!

Gisela

Jost Lemmerich

Michael Faraday
1791–1867

Jost Lemmerich

Michael Faraday
1791–1867

Erforscher der Elektrizität

Verlag C. H. Beck München

Mit 37 Abbildungen im Text und
8 Farbabbildungen auf Tafeln

Die Deutsche Bibliothek – CIP-Einheitsaufnahme

Lemmerich, Jost:
Michael Faraday : 1791-1867 ; Erforscher der Elektrizität / Jost Lemmerich. – München : Beck, 1991
ISBN 3 406 35577 3

ISBN 3406355773

Satz: Fotosatz Otto Gutfreund, Darmstadt
Druck und Bindung: May + Co, Darmstadt
Gedruckt auf alterungsbeständigem (säurefreiem) Papier
gemäß der ANSI-Norm für Bibliotheken
Printed in Germany

Inhaltsverzeichnis

Die Entwicklung eines Genies

Persönliches Glück und erste Erfolge

Die reiche Ernte des Experimentierens und Philosophierens

Anhang

Vorwort und Danksagung

Wenigen Naturforschern gelingt es, mehr als eine große, die Zeit überdauernde Entdeckung zu machen. Michael Faraday (1791–1867) war es vergönnt, auf den Gebieten der Chemie und Physik von 1821 an nahezu vier Jahrzehnte lang immer wieder grundlegende Phänomene zu entdecken, zu deuten und in ein System einzuordnen. Bald nach seinem Tod erschienen in England mehrere Biographien, zuerst von seinem Freund Bence Jones, dann von John H. Gladstone sowie John Tyndall, Faradays Nachfolger in der Royal Institution, und Silvanus R. Thomson.

Einhundert Jahre nach der Entdeckung der Induktion durch Faraday, 1831, der Grundlage vieler Gebiete der heutigen Starkstromtechnik, gedachten Journalisten, Techniker und Wissenschaftler des Forschers und Menschen Faraday mit Reden, Aufsätzen und einer Ausstellung in London. Eine sehr umfangreiche wissenschaftliche Biographie wurde 1965 von L. Pearce Williams publiziert. Der Fortschritt der Wissenschaftsgeschichte führte zu neuen Fragestellungen und Erkenntnissen, wie der von David Gooding und Frank A.J.L. James herausgegebene Band mit Essays „Faraday Rediscovered", London 1985, zeigt.

In Deutschland erschien 1870 die von John Tyndall 1868 geschriebene Biographie in der Übersetzung von Hermann von Helmholtz. Seitdem wurden im deutschsprachigen Raum nur kurze Aufsätze über Faradays wissenschaftliche Leistungen mit knappen biographischen Hinweisen veröffentlicht, wobei besonders Walther Gerlachs Vortrag zum 100. Todestag von Faraday zu erwähnen ist.

Es erscheint daher sinnvoll, eine umfangreichere Biographie vorzulegen, die eingehender die Entwicklung des jungen Faraday zum selbständigen Wissenschaftler an Hand der Quellen beschreibt und seine große Eigenständigkeit als experimentell arbeitender Naturphilosoph deutlich macht. Aufgewachsen in der Zeit der industriellen Revolution und als reifer Mann inmitten der Viktorianischen Epoche lebend, bewahrte er sich eine schlichte, menschliche Natürlichkeit. Deshalb werden die Lebensumstände des 18./19. Jahrhunderts und biographische Anmerkungen zu Faradays Zeitgenossen in der Biographie berücksichtigt. Die 200. Wiederkehr seines Geburtsjahres wurde zum äußeren Anlaß des Erscheinens genommen.

Das Buch konnte nur durch die großzügige Unterstützung der Leiter und Mitarbeiter vieler Archive, Bibliotheken und Sammlungen zustande kommen. Ich bin ihnen allen zu großem Dank verpflichtet.

An erster Stelle sind zu nennen von der Royal Institution of Great Britain Frau Irena McCabe, Information Officer and Librarian, sowie Fräulein Judith M. Monk, Assistant Librarian, und Herr Michael Webster, Librarian Assistant. Dr. Frank A. J. L. James war so liebenswürdig, mir seine umfangreiche Sammlung von Briefen von und an Faraday sowie das Register zur Verfügung zu stellen und viele Einzelfragen mit mir zu diskutieren.

Ebenso erfreute ich mich der Auskünfte von Dr. Brian Bowers und Dr. Denys Vaugham vom Science Museum London. Die Wellcome Medical Society ermöglichte mir die Einsicht in das in ihrem Besitz befindliche Exemplar des Buchs von Professor Thomas Brande mit Anmerkungen von Faraday. Im Archiv des Institute of Electrical Engineer beriet mich Frau Leonore Symons über die vielfältigen Archivalien zu Faraday. Die Bibliothek des Trinity College Cambridge gestattete mir die Durchsicht des Briefwechsels von William Whewell und Faraday. Im Archiv der Royal Society konnte ich dankenswerterweise das dort liegende Material über Faraday einsehen. Auf die Spuren Faradays im Archiv der Königlich Preußischen Akademie der Wissenschaften führte mich Herr Dr. Rudolf Knobloch. Herr Dr. Rudolf Heinrich, Leiter der Sondersammlungen des Deutschen Museums, und Frau Christiane Hennef halfen mir bei der Benutzung der dort aufbewahrten Archivalien zu Faraday. In gewohnter Weise fand ich ständige Unterstützung und Rat bei Frau Dipl.-Bibl. Eva Ziesche von der Staatsbibliothek Preußischer Kulturbesitz. Michael Preston, NDD, ATD, FCSD, führte mich durch das London George III. und ergänzte so die Wissenschaft mit dem Leben in der Stadt zu Faradays Zeiten.

Dr. Klaus Hentschel scheute nicht die Mühe, das ganze Manuskript eingehend mit mir zu diskutieren. Frau Dipl.-Dolm. Marion Matthäus unterzog die Rohübersetzung der Zitate einer sorgfältigen Korrektur, doch trägt der Autor die Verantwortung für den endgültigen Text, der sich möglichst eng an den Wortlaut des Originals anschließt. Frau Hannelore Herzberg übernahm es, das Manuskript mit großer Sorgfalt zu schreiben.

Einleitung

Als Faraday 1791 geboren wurde, war England bereits zur führenden Industrienation aufgestiegen. Dazu hatten überwiegend einfache Handwerker durch geniale Erfindungen beigetragen. Die von ihnen entworfenen und gebauten Maschinen leisteten mehr als der Mensch. Als der Kohlebedarf für die Kupfer-Zinn-Eisen-Produktion nach 1700 stark anstieg, war man gezwungen, die Kohle aus größeren Tiefen zu fördern. Sehr bald stieß man an die technische Grenze, das in die Gruben eindringende Wasser mit Hilfe von mit Pferden betriebenen Göppel-Werken abzupumpen.

Der Schmied Thomas Newcomen erfand in Anlehnung an die Ideen des Naturforschers Davis Papin eine mit Dampf betriebene Maschine, die aus großer Tiefe mit einer Pumpe Wasser fördern konnte. Er meisterte alle Schwierigkeiten, die sich beim Bau aus der damals noch nicht entwickelten Technologie des Maschinenbaus ergaben, und 1712 wurde die erste Maschine in einer Kohlenmine in Mittelengland in Betrieb genommen. Sie entwickelte etwa fünfeinhalb PS bei 12 Pumpenhüben in der Minute. 1775 gab es in Cornwall allein sechzig Maschinen, die *Miner's friend* genannt wurden, und über hundert im mittelenglischen Kohlengebiet.

James Watt, ein Mechaniker an der Universität in Glasgow, erkannte 1765 bei der Reparatur einer Newcomen-Modellmaschine daß ihr geringer thermischer Wirkungsgrad ein grundsätzlicher Nachteil war, denn der Dampf wurde im Zylinder mit kaltem Wasser kondensiert, so daß der äußere Luftdruck dann den Kolben niederpreßte. Durch Watts Erfindung des separaten Kondensors, also der Kondensation des Dampfes in einem vom Arbeitszylinder getrennten Behälter, verbrauchte die Maschine nun wesentlich weniger Kohle, da der Arbeitszylinder immer heiß blieb, und der Arbeitsrhythmus konnte gesteigert werden. Verbesserte Fertigungsmethoden durch den Fabrikanten Mathew Boulton, mit dem Watt seit 1774 zusammenarbeitete, führten zu immer höheren Dampfdrucken und Leistungen. Das wurde nicht mehr durch Probieren, sondern durch die Messung der Maschinencharakteristik erreicht, denn Watt hatte einen Indikator erfunden, der ein Diagramm der Kolbenbewegung beim Arbeitshub aufzeichnete. Die industrielle Aktivität spiegelte sich in der Kohleförderung wider. Sie betrug um 1800 in Mittelengland ca. 10 Millionen englische Tonnen.

Auch auf dem Gebiet der Spinnerei und Weberei waren es meist Arbeiter, die den Fertigungsprozeß entscheidend verbesserten und zur künftigen Automation beitrugen. Beim Weben war die Stoffbreite durch die Griffbreite der Arme des Webers bestimmt, der das Schiffchen mit dem Schußfaden durch die Kettenfäden werfen mußte. Das begrenzte die Stoffbreite auf 70 bis 80 cm. Der Weber, John Kay, erfand 1738 einen einfachen Wurfmechanismus, der nicht nur wesentlich breitere Bahnen zu weben gestattete, sondern auch eine viel höhere Webgeschwindigkeit ermöglichte. Die Garnbeschaffung war für die Weber stets ein Problem, denn ein Weber verbrauchte je nach Stärke des gesponnenen Fadens das Garn von fünf bis sieben Spinnerinnen. Es war wiederum ein Weber, James Hargreaves, der diese Schwierigkeit mit Hilfe einer Maschine überwand. Die nach seiner Tochter Jenny *Spinning Jenny* benannte, halbautomatische Mehrfachspinnmaschine funktionierte nach vielen Vorversuchen ab 1764 zufriedenstellend. Nur von einer einzigen Frau bedient, konnten 15 Fäden gleichzeitig gesponnen werden.

Sah man der Arbeit des Webers zu, so konnte man sich nicht vorstellen, daß sie von einer Maschine ganz selbständig ausgeführt werden könnte, doch der Geistliche Edmund Cartwright fand eine Lösung zur Mechanisierung des Prozesses, und 1775 wurde ihm auf seinen mechanischen Webstuhl, der mit einer Kurbel angetrieben werden konnte (natürlich auch mit einem Wasserrad), ein Patent erteilt. Zwölf Jahre später betrieb er eine kleine mechanische Weberei mit 20 Webstühlen.

Es dauerte nicht mehr lange, bis die einzelnen Fertigungsprozesse, Garnherstellung und Weberei, in einer Fabrik vereinigt und immer weitere Fertigungsprozesse so aufeinander abgestimmt wurden, daß nicht mehr handwerklich, sondern industriell gefertigt werden konnte. Der Beginn der Automation war eingeleitet; und war der Mensch auch nicht vollständig aus dem Prozeß der Fertigung verdrängt, so führte er nur noch mechanische Bewegungen aus, die durch Maschinen zu schwierig zu ersetzen waren. Der Arbeiter wurde zum namenlosen Objekt, der Sprachgebrauch hatte für ihn nur den Begriff „hand". Doch jeder Einfallsreiche konnte hoffen, seinen Platz in der Gesellschaft durch Erfindungen zu verbessern. Einer von ihnen war der Ladengehilfe Benjamin Thompson, der spätere Graf

Rumford, dessen Erfolge und wissenschaftliche Ideen Faradays Leben beeinflussen sollten.

Die Wissenschaftler mehrten den Ruhm Englands. An erster Stelle Isaac Newton mit seiner axiomatischen Definition von Kraft, Masse und Beschleunigung und seiner mathematischen Formulierung des Gravitationsgesetzes. Eine über die Weite des Raumes hinwegwirkende Kraft, die Gravitation, beherrschte die Bewegung der Planeten. Alles am Himmel wurde durch eine geradlinig wirkende Kraft zu einem System zusammengehalten. Das Licht, Teil der Schöpfung, konnte Newton mit einem Prisma in sieben Farben zerlegen und diese Farben wieder zu weißem Licht zusammenführen; die Zahl ‚Sieben' wählte er aus religiösen Gründen. Ohne Einschränkung erkannte die Kirche diese neuen Erkenntnisse an. Sie wurden nun nicht mehr als eine Bedrohung des Glaubens empfunden.

Als Newton 1727 starb, trug man ihn wie einen Fürsten zu Grabe. Die Inschrift für sein Denkmal in Westminster Abbey verfaßte der Dichter Alexander Pope:

> Nature and Nature's laws lay hidden in night.
> God said, let Newton be!
> And all was light.

Voltaire, als Flüchtling im englischen Asyl, erlebte die Beisetzung und verkündete nach seiner Rückkehr in Frankreich die Newtonsche Physik. Durch ihn wurden auch Friedrich II. und sein Kreis darüber informiert. In der dritten Auflage der Encyclopaedia Britannica von 1797 wurde Newtons edler Charakter, sein Leben als wahrer Philosoph gewürdigt.

Dem Grafen Cavendish, dem unter anderem die Entdeckung des Wasserstoffs zu verdanken ist, gelang 1798 die experimentelle Ermittlung des Zahlenwertes für die im Newtonschen Gravitationsgesetz enthaltene Konstante. Dennoch blieben wichtige Fragen nach der Ursache und Ausbreitungsgeschwindigkeit der Gravitation offen.

Der Naturforscher Robert Boyle gab bereits 1661 in seinem Buch „Der skeptische Chemiker" eine eindeutige Definition eines chemischen Elements: es war der Stoff, der durch eine Analyse nicht weiter zerlegt werden konnte. Der analytischen Chemie war damit eine Richtschnur des Handelns gegeben.

Ein vielseitiger Naturforscher in der zweiten Hälfte des 18. Jahrhunderts war Joseph Priestley. Er studierte Theologie und wurde

1. Joseph Priestlys Reibungselektrisiermaschine

Geistlicher, ebenso war er aber an allgemeinen Fragen der Erziehung und der Naturwissenschaften außerordentlich interessiert. In seinem naturwissenschaftlichen Unterricht führte er Versuche mit einer selbstgebauten Elektrisiermaschine durch; auch entwickelte er ein Modellhaus, mit dem man die Wirkung des von Franklin erfundenen Blitzableiters vorführen konnte. Er schrieb ein umfangreiches Buch über „Die Geschichte und den gegenwärtigen Stand der Erforschung der Elektrizität", das 1767 erschien. Damals wohnte er in Leeds in Mittelengland nahe einer Brauerei und kam so bei der Beobachtung der Gärungsvorgänge auf die Idee, die Gase zu untersuchen. Er entdeckte dadurch nicht nur den Sauerstoff, den er als Element erkannte, sondern auch das Stickoxidul, den Chlorwasserstoff, den Ammoniak und das Schwefeldioxid. Ferner beschäftigte er sich eingehend mit dem Kohlendioxid und untersuchte die Atmung der Pflanzen sowie den Einfluß des Lichtes darauf. Priestley war Mitglied der Mond-Gesellschaft in Manchester. Man traf sich zur Erörterung wissenschaftlicher Fragen immer bei Vollmond, um eventuell bei Mondschein nach Hause gehen zu können. Watt und Boulton gehörten ebenfalls zu diesem Kreis.

Wie Priestley, so benötigten auch andere Wissenschaftler für ihre Experimente neben den üblichen Apparaten spezielle, nach ihren eigenen Angaben gefertigte Geräte. In England gab es im 18. Jahrhundert bereits eine große Anzahl von Instrumentenmachern und in London gab es über 20 Geschäfte für wissenschaftliche Geräte. Berühmte Instrumentenmacher in London waren Edmund Culpeper, ebenso Benjamin Martin, der in seinem Geschäft neben den von ihm gebauten Mikroskopen eine große Anzahl verschiedener mechanischer und astronomischer Instrumente anbot. Schräg gegenüber von Martins Werkstatt in der Fleet Street lag George Adams Geschäft. Er fertigte unter anderem für den Prinzen of Wales, den späteren König George III., ein Mikroskop an. Die Sammlung für den Prinzen umfaßte mehrere hundert physikalisch-chemische Instrumente. Neben so bedeutenden königlichen Kunden kauften überwiegend wohlhabende Privatgelehrte – *Gentlemen of Science* –, Ärzte und gelegentlich Geistliche die für ihre Sonntagsschule wissenschaftlichen Geräte.

Bald nach 1700 kam in Holland der Gedanke auf, populäre Vorträge über die neuesten Erkenntnisse der Physik und Chemie zu halten. Der große Erfolg der Experimentalvorlesungen des Abbé Nollet 1740 in Paris, wo sich vor seinem Wohnhaus die Kutschen der adeligen Damen und Herren drängten, um ihn zu hören, wirkte bis nach England und fand dort Nachahmer.

Auch durch die Kunst wurde das naturwissenschaftliche Experiment bekanntgemacht. Joseph Wright of Derby malte um 1770 zwei großformatige Bilder solcher Vorlesungen. In einer dramatisch gestalteten Szene wurde ein Experiment mit einer Luftpumpe dargestellt. Verschiedene Personen, teils ängstlich, teils erstaunt, teils sich gelehrt-gelassen gebend, beobachteten das Verhalten einer Taube unter einer Glasglocke beim Evakuieren und ihre Ohnmacht infolge des Sauerstoffmangels. Das andere Bild trug die Bezeichnung *A Philosopher Giving a Lecture upon the Orrery*. Modelle zur Veranschaulichung der Bewegungen der Planeten und des Mondes waren damals sehr beliebt. Einen Naturforscher „Philosoph“ oder *natural philosopher* zu nennen, war üblich. Schon Shakespeare nannte scherzhaft in *As you like it* eine gelehrte Person so.

Die Popularisierung der Naturwissenschaften war notwendig, wenn der Adel und das wohlhabende Bürgertum die gelehrten Gesellschaften und Institutionen finanziell unterstützen sollten, damit sie wissenschaftlich arbeiten konnten, denn eine staatliche Unterstützung war damals nicht üblich. An den beiden Universitäten Cambridge und Oxford lag der Schwerpunkt der Lehre auf den klassischen Fächern; London erhielt erst 1827 eine Art Universität. In Cambridge las Smithson Tennant zwar Chemie, aber Physik und Chemie als angewandte Wissenschaften wurden nicht gelehrt, und Laboratorien kannte man nicht. Sie wurden erst in der Mitte des 19. Jahrhunderts eingeführt. Der Zugang zur Universität war an Kenntnisse des Lateinischen und Prüfungen gebunden. Die Möglichkeiten, als Forscher an der Universität zu leben, waren äußerst gering, die Einkünfte im akademischen Lehramt niedrig und das Leben in einem der Colleges recht bescheiden, fast klösterlich. Newtons Leben war von 1664 an fast 20 Jahre lang von diesen äußeren Umständen bestimmt.

Viele Wissenschaftler, die im 19. Jahrhundert in England große Bedeutung erlangten, hatten nie eine Universität besucht. Ihre soziale und geographische Herkunft war sehr unterschiedlich, ebenso ihr Weg zum Ruhm. Einer von ihnen sollte sie alle überragen: Michael Faraday.

Die Entwicklung eines Genies

Herkunft und Kindheit
(1791–1803)

Michael Faradays Vorfahren lebten in einem kleinen Dorf, Clapham, in Yorkshire, einer ländlichen Gegend mit lieblichen Tälern, mit üppiger Vegetation, oft an einem kleinen Bach entlang. Die Höhen waren kahl und nur mit Gras und Heide bewachsen.

Die Spuren der Familie sind nur bis 1708 zurückzuverfolgen. In Clapham wurde auch Michaels Vater James 1761 geboren, als dritter von zehn Kindern. Er wurde Schmied. Keiner seiner Brüder ging zur See oder wurde Soldat, einer war Packer in einer Flachsfabrik, zwei führten Läden, einer wurde Schuhmacher und einer Farmer.

Die Familie war religiös, sie gehörte der Gemeinschaft der Sandemania an. In England kam es im 17./18. Jahrhundert zur Bildung zahlreicher Religionsgemeinschaften außerhalb der Staatskirche. Am bekanntesten wurden die Quäker, die sogenannte Gesellschaft der Freunde. Eine ganz kleine Gemeinschaft waren die Sandemania, auch Glasiten genannt nach ihrem Gründer John Glas, einem Geistlichen aus Schottland, oder nach seinem Schwiegersohn Robert Sandeman eben Sandemania. Glas formte seine religiösen Gedanken um 1720. Die Bibel und nur sie, ohne jedes den Inhalt gedanklich berührendes Beiwerk von Menschen, war die Grundlage für alle Zeiten, in allen Situationen. Keine Macht sollte auf der Erde etabliert werden, ein schlichtes Leben im Dienen an Gott und seine Schöpfung war der Inhalt ihres Glaubens. Die Sandemania missionierten nicht. Zur Aufnahme in ihre Gemeinde mußte man vor ihr sein Glaubensbekenntnis ablegen, seine Sünden bekennen und den Glauben an den Tod und die Wiederauferstehung von Jesus Christus bezeugen. Danach konnten zwei Ältere und dann die Gemeinde den um Aufnahme Bittenden über seinen Glauben befragen. Von ihrem Urteil hing es ab, ob die Aufnahme erfolgte. So bewahrte man eine einheitliche Glaubensrichtung. Die Älteren – jede Gemeinschaft mußte mindestens zwei von ihnen haben – wurden in offener Abstimmung aus dem Kreis der Gemeinde gewählt. Ihnen konnte ihr Amt bei Verstößen auch wieder entzogen werden. Die Sandemania besaßen an mehreren Orten eigene Kirchen und Friedhöfe.

Auch James Faraday war Sandemania. Er heiratete mit 25 Jahren Margaret Hastwell, die Tochter eines Farmers. Bald darauf zog das Paar nach London, Newington, das später *Elephant and Castle* genannt wurde, auf der Südseite der Themse.

London war bereits eine Großstadt mit fast einer Million Einwohnern. Seine geographisch günstige Lage an der Mündung eines schiffbaren Flusses hatte diesen Aufstieg ermöglicht. Die großen Dockanlagen und Lagerhäuser sowie Werften machten es zu einem bedeutenden Handelsplatz für Waren aus aller Welt.

Nach dem großen Brand von 1666 durften aus Gründen der Feuersicherheit nur Häuser gebaut werden, bei denen alle Holzteile, also die Balken für die Geschoßdecken, nach außen hin mit Mauerwerk abgedeckt waren. Die Fronten wurden über die Dachkante hochgezogen, so daß man das Dach von der Straße aus kaum sah. Viele Häuser wurden schon mit Schiefer gedeckt. In einem wohlhabenden Bürgerhaus mit Personal wohnte die weibliche Dienerschaft unter dem Dach, die Männer im ausgebauten Kellergeschoß, die Herrschaft wohnte in der Mitte. Die vielen offenen Feuerstellen im Haus hatten jeweils eigene Züge mit Schornsteinen, und bei feuchtkaltem Wetter zogen Schwaden von Rauch über die Dächer. Im Inneren des Gevierts von Häusern um einen Straßenblock herum befanden sich die Ställe für die Pferde und Kutschenhäuser.

Die soziale Struktur der Stadt war sehr unterschiedlich. Sehr arme Gegenden gab es in der Nähe der Docks. In der City hatten sich viele Landadelige Grundstücke gekauft und an einem Rechteck mit Bäumen und Gras sowie Brunnen, einem Square, ihr Stadthaus bauen lassen. Diese Squares wurden nach ihren Besitzern benannt: Cavendish Square, Russell Square, Manchester Square usw.

Die Familie Faraday, das erste Kind Elisabeth wurde 1787 geboren, der Sohn Robert 1788 und Michael am 22. September 1791, zog im Jahre 1796 in die Jacobswell Mewes, Church Street. Sie wohnten über einem Kutschenhaus in der Nähe vom Manchester Square.

Der Graf von Manchester hatte dort 1776 sein Stadthaus bauen lassen. Als er bald darauf starb, erwarb die spanische Botschaft das Gebäude, die östliche Straße erhielt den Namen *Spanish Place*. Doch auch die spanische Botschaft gab das Haus bald wieder auf, und der Marquis von Hertford erwarb es. Die freien drei Seiten des Platzes wurden nach und nach mit Miethäusern im Stil George III. für wohlhabende Bürger bebaut. In dieser Gegend wuchs Michael heran, spielte in den Straßen und besuchte später eine Elementarschule. Sein

Vater fand Arbeit als Geselle in einer nahegelegenen Schmiede, aber seine Gesundheit hatte sich schon sehr verschlechtert. Es gab Tage, an denen er vor Schmerzen nicht mehr in der Lage war, seiner Arbeit nachzugehen, wie aus erhaltenen Briefen bekannt geworden ist. Während der Wirtschaftskrise 1801 erhielt die Familie wahrscheinlich staatliche Unterstützung. Eine zweite Tochter, Jane, wurde 1808 geboren, und 1809 zog die Familie noch einmal um. Ein paar Straßen weiter östlich fand sie in der Weymouth Street 18 eine neue Wohnung. Kurz darauf starb der Vater.

Der Buchbinderlehrling und seine wissenschaftlichen Interessen (1804–1810)

Der 13jährige Michael kam als Zeitungsausträger zu einem Buchhändler, George Riebau, in die Lehre. Nichts ist über die Gründe für diese Wahl bekannt geworden, denn der Knabe zeigte beim Grundschulunterricht keinerlei frühe Begabung. Riebaus Geschäft lag in der Blandford Street, in der Nähe der Wohnung von Faraday. Der Buchhändler unterhielt neben dem eigentlichen Buchhandel der Zeit entsprechend eine Buchbinderei und eine Art Lesezirkel für Zeitungen und Zeitschriften.

Um die Verbreitung von Nachrichten unter dem einfachen Volk zu erschweren, besteuerte die Regierung die Zeitungen. Es war daher allgemein üblich, daß mehrere Personen nur eine Zeitung hielten, die durch einen Boten am Tage zwischen den Abonnenten zirkulierte. Hatte man das Blatt noch nicht ausgelesen, wenn der Bote kam, so mußte er eben noch einmal kommen.

Michael war verständlicherweise über diese zusätzlichen Gänge wenig erfreut, insbesondere an Sonntagen, wenn er im Kreis der Familie sein wollte. Riebau hat überliefert, daß Michael bei seinen Gängen durch die Stadt voller Neugier alles beobachtete und allerlei Gegenstände am Themse-Ufer aufsammelte.

Im Oktober 1805 begann die eigentliche Lehrzeit als Buchbinder und Papierhandwerker. Michael lernte sein Handwerk gründlich und beherrschte es, wie die vielen Bücher, die er später für sich selber band, noch heute zeigen.

2. George Riebaus Buchladen

Mit Michael lernten noch zwei junge Männer, doch beide blieben nicht bei ihrem Handwerk, der eine wurde Schauspieler, der andere Sänger.

Bald zeigte sich, wie folgenreich die Entscheidung war, ihn zu Riebau in die Lehre gegeben zu haben. Nicht nur hatte er einen guten, verständnisvollen Lehrherren und eine gute Meisterin gefunden, die ihn nicht zum Haus- und Küchenjungen degradierte, sondern Riebau gestattete ihm, in den zu bindenden Büchern zu lesen, wenn es die Zeit erlaubte. Es war anfänglich eine bunte Mischung, wie Faraday einmal schrieb.

Einmal bekam Faraday den Band E der *Encyclopaedia Britannica* von 1797 zum Binden, und er wurde von dem Kapitel Elektrizität gefesselt. Die 127 Seiten umfassende Darstellung der Ergebnisse und Theorie der elektrischen Erscheinungen – es handelte sich um die elektrostatischen Erscheinungen, denn die galvanische Batterie wurde erst 1800 erfunden – muß eine schwierige Lektüre für Faraday gewesen sein. Sicher war er genötigt, manche Wörter erst in anderen Lexika nachzuschlagen, um die Theorie der elektrischen und magnetischen Erscheinungen zu verstehen. Vereinfacht dargestellt, nahmen die Forscher an, daß es zwei unwägbare, imponderable Flüssigkeiten je der positiven und der negativen Elektrizität gäbe. James Tytler, der Autor des Artikels, gab der Einflüssigkeiten-Theorie den Vorzug. Alle Erscheinungen wurden auf die Anziehung und Abstoßung zurückgeführt, gleiche Arten stießen sich ab, ungleiche zogen sich an. Auch der Magnetismus wurde mit zwei Arten von Flüssigkeiten erklärt. Eine Wechselwirkung von Elektrizität und Magnetismus war aber ausgeschlossen.

Das Lesen allein reichte Faraday bald nicht mehr. Mit ganz bescheidenen Mitteln baute er sich eine Reibungselektrisiermaschine und eine Leydnersche Flasche, einen Kondensator. Später kaufte er sich einen Glaszylinder und baute – nach dem Vorbild von Priestley – eine Maschine zur Erzeugung von Elektrizität. Die Versuche wurden in Riebaus Werkstatt durchgeführt, der alles wohl mit Verständnis ansah und förderte. Er war es wahrscheinlich auch, der seinen Lehrling auf ein Buch zum Selbstunterricht, zur Selbsterziehung aufmerksam machte. Es war Isaac Watts *On the Mind*, über die Erziehung des Verstandes. Watts war Geistlicher und lebte von 1674 bis 1748. Er schrieb Kirchenlieder und beschäftigte sich intensiv mit Philosophie. Sein bekanntestes Buch, das 1724 erschien, war die Logik. *On the Mind* wurde 1741 zuerst gedruckt und erlebte viele Auflagen. Das Buch erschien auch in Amerika, und es wurden Übersetzungen in das Französische und das Deutsche gemacht. Mehrere Abschnitte aus Watts Erziehungsbuch müssen Faradays spätere Arbeitsweise und sein Verhalten gegen eigene und fremde Ergebnisse und Spekulationen tief beeinflußt haben. Die Kapitel behandelten allgemeine Regeln zur Erweiterung der Kenntnisse, Bemerkungen über das richtige Lesen, den mündlichen Unterricht durch einen Lehrer, den Nutzen richtig miteinander zu diskutieren, sich Briefe zu schreiben, den Umgang mit Freunden und Menschen, die gelehrter sind als man selber. So schrieb Watts:

> Wendet von Zeit zu Zeit einige Augenblicke auf verwickelte Streitfragen, die man über die Atome und das Leere, über die Lehre vom Unendlichen, über das Unteilbare und das ungleich zu Messende in der Geometrie führet; Sätze, die unauflösliche Schwierigkeiten zu haben scheinen. Laßt Euch mit Fleiß in diese Labyrinthe ein, um Euch einen desto stärkeren Eindruck von der Schwäche Eures Verstandes, und von der Unvollkommenheit unserer Kenntnisse zu machen.

An anderer Stelle führte er aus:

Verlaßt Euch nicht zu sehr auf ein gutes Genie, einen belebten Geist und glückliche Naturgaben; denn dies alles wird ohne Arbeit mit Fleiß nimmermehr einen gelehrten und verständigen Mann machen.

Habt nicht die Schwachheit, Euch einzubilden, daß das Leben eines Menschen, der sich dem Studium widmet, ein bequemliches und träges Leben sei. Seid nicht so unbesonnen, eine von den gelehrten Professionen zu ergreifen, wenn ihr nicht fest entschlossen seid, Euch gänzlich der Arbeit zu widmen, und wenn Ihr nicht fähig, sie zum Vergnügen und zur Freude unseres Lebens zu machen nach den Worten, die sich der berühmte Kanzler King zur Devise erwählet hatte: labore ipse voluptas. Die Arbeit selbst ist ein Vergnügen.

Der nächste Abschnitt schien direkt für Faradays weiteren Lebensweg geschrieben zu sein:

Lasset die Hoffnung, neue Entdeckungen zu machen, sowohl als das Vergnügen, das bekannte Wahrheiten begleitet, von Tag zu Tag Euren Fleiß aufmuntern. Glaubet nicht, daß die Wissenschaften zur Vollkommenheit gelangt sind.

Ei, warum sollten sich nicht in jeder Wissenschaft Newtons finden können? Ihr dürft niemals verzweifeln, dasjenige zu finden, was bisher unbekannt gewesen ist; . . .

Doch Watts warnte auch vor Übereiltheit:

Hütet Euch allzeit vor dem Entscheidungsgeist. Gebt niemals auf eine erste und unveränderliche Art einem Satze Beifall, davon Ihr nicht klare und starke Beweise habt.

So stark auch Watts für den Selbstunterricht plädierte, so schrieb er doch:

Es gibt wenig Personen von einem so durchdringenden Verstande, und von einer so soliden Urteilskraft, daß sie imstande wären, die Künste und Wissenschaften vor sich selbst zu lernen.

Im Kapitel 14 schrieb er:

Hier ist mein erster Rat vor die Jugend. Lernet beizeiten, die Sachen von den Wörtern zu unterscheiden. Suchet richtige Begriffe von allen Gegenständen Eurer Studien zu erlangen.

Eine Ermahnung, die Faraday immer beherzigte:

Eilet nicht zu sehr, in schweren und wichtigen Dingen zu einer endlichen Bestimmung zu gelangen.

Watts hatte keine Liste von Büchern angegeben, die man zur Erlangung eines Grundwissens hätte lesen müssen, doch Riebaus Kundenkreis muß ein beachtliches, weites Interessensgebiet abgedeckt haben, daß solche Werke wie die Encyclopaedia Britannica oder Jane Marcet *Conversation on Chemistry intended more specially for the female sex*, erschienen 1806, von den Kunden verlangt wurden. Frau Marcet schrieb das Buch zur Ergänzung der damals aktuellen Vorlesungen von Humphry Davy über Chemie. Die Autorin stammte aus einer reichen Kaufmannsfamilie und heiratete 1799 einen an Chemie sehr interessierten Arzt. Die *Conversations on Chemistry* erlebten viele Auflagen, doch Frau Marcets größter Erfolg war *Conversations on Political Economy*, 1816 erschienen.

Die einfache Darstellung der chemischen und physikalischen Grundtatsachen und Versuche, der Stil, der die Begeisterung für den Gegenstand spüren ließ, spornte Faraday an, selbst chemische Experimente zu machen. Eine geringe Vorbildung hatte er als Buchbinder durch das Arbeiten mit Leimen und Farben gewonnen, und an sauberes Arbeiten war er gewöhnt. Wiederum wurde in der Buchbinderwerkstatt experimentiert. Wie Riebau sich erinnerte, übte Faraday sich auch im Zeichnen. Er nahm sogar bei einem französischen Emigranten namens Masquerier Unterricht und studierte eingehend die vier Bände eines Werkes über Perspektive, das ihm Masquerier geliehen hatte. Er kopierte die Zeichnungen und wagte sich an eigene Darstellungen anderer Gegenstände.

In dieser Zeit begann Faraday, ein Merkbuch zu führen. Er band es mit einem braunen Lederrücken und Goldprägung *MF*. Die Deckel erhielten Buntpapierbezug im Stil der Zeit. Das Innenblatt wurde kalliographisch gestaltet.

„The philosophical miscellany“

Being collected of notice, occurance, events & relating to the arts & science; collected from the public papers, reviews, magazines and other works.

Intended to promote both amusement and instruction and also to corroborate or invalidate those series which are continually starting in the world of science.

Collected by M. Faraday 1809–1810

Drei Hauptthemen fanden sein Interesse: Chemie, Elektrizität und Meteorologie. Als erste Eintragung machte er einen Auszug aus *Ackermanns Repository* von 1809 über *Description of the pyromatic apparature* und fertigte dazu eine Zeichnung an. Zur Illustration von R. W. Darwins *Experiments in the ocular spectra of light and color* legte er die Zeichnung farbig an. Das Phänomen des elektrischen Fisches wurde für ebenso wichtig gehalten wie ein Aufsatz über

Sympathie und Antipathie, der sich auf Beobachtungen in der Tierwelt bezog. Mehrmals referierte er aus Frau Marcets Buch, ein Indiz dafür, daß er es nicht selber besaß.

Die erste Eintragung über Elektrizität entnahm Faraday *Gentlemen's Magazine* von 1707. Natürlich nahm er Davys Entdeckungen der Elemente Kalium und Natrium durch die Elektrolyse auf, die im *Chemical Observer* beschrieben waren.

Die verschiedenen Zeitschriften müssen alle aus Riebaus Buchhandlung stammen, denn Faraday stand damals keine andere Wissensquelle zur Verfügung. Sein Leben lang sollte er ein aufmerksamer Beobachter der wissenschaftlichen Zeitschriften bleiben, wie seine späteren eigenen Veröffentlichungen zeigen.

Der erste wissenschaftliche Unterricht (1810–1813)

Watts hatte zum Unterricht einen Lehrer empfohlen. Hielt Faraday Ausschau nach einer solchen Gelegenheit? Bei seinen Erledigungen in der Stadt sah er eine Ankündigung von Vorträgen über die Naturwissenschaften von einem Herrn John Tatum in der Dorset Street. Die Teilnahmegebühr war mit einem Schilling pro Vortrag angegeben. Faraday verdiente damals kein Geld, doch der ältere Bruder hatte wie der Vater Schmied gelernt und gab ihm das Geld, so daß Faraday 14 Vorträge in den Jahren 1810/11 hören konnte, die jeweils abends in Tatums Wohnung stattfanden. Faraday nahm nicht nur passiv an den Vorträgen teil und sah die Experimente, er saß, wie er berichtete, in der ersten Reihe und machte sich während des Vortrags Notizen – den Hut auf den Knien und darauf das Schreibpapier. Nach Hause gekommen, erweiterte er die erste Fassung und schrieb eine zweite aus dem Gedächtnis nieder, die erste ergänzend. Sobald er dann freie Zeit hatte, wurden weitere Zusätze wohl unter Zuhilfenahme von Büchern angefertigt. Alles wurde sauber auf selbst liniiertem Papier niedergeschrieben. Die Experimente wurden im Text durchnumeriert und am Ende des Textes der Vorlesung eingehend beschrieben: *Tatum nahm ... dann stellte Herr Tatum ... Herr Tatum verband die Pole ...* Ab und zu ergänzte eine Zeichnung die gesehene Apparatur.

Die erste Vorlesung hörte Faraday am 19. 2. 1810 über elektrostati-

3. Galvanis Froschschenkelversuch: Nervenreizung mit Hilfe einer Elektrisiermaschine

sche Elektrizität. Tatum illustrierte seine Ausführungen durch 27 Versuche. Es wurde unter anderem eine Reibungselektrisiermaschine vorgeführt, die Wirkung der Leydnerschen Flasche zum Speichern von Elektrizität sowie der Franklinsche Blitzableiter und seine Schutzwirkung für Gebäude demonstriert, ähnlich wie es Priestley angegeben hatte. Tatums theoretische Erklärungen basierten auf der Zwei-Flüssigkeiten-Theorie der Elektrizität. Es war für Faraday sicher faszinierend, daß er nun das kritisch durch eigenes Beobachten prüfen konnte, was er in der *Encyclopaedia Britannica* gelesen hatte.

Am 5. März gab Tatum die nächste Vorlesung, die die Wirkung der Elektrizität auf den Menschen zum Hauptinhalt hatte. Das war ein aktuelles Thema, denn der Mesmerismus, die Heilmethode mit Magneten, war durch den Aufenthalt von Mesmer in England wieder sehr ins Tagesgespräch gekommen. Bis Mitte Mai hörte Faraday fünf Vorlesungen über Elektrizität. Zwei davon bezogen sich auf Galvanismus, die galvanische Batterie. Luigi Galvani beobachtete – vielleicht beobachtete es auch seine Frau – 1791 das Zucken von Froschschenkeln, die an einem kupfernen Haken aufgehängt waren, und diese wiederum hingen an einem eisernen Balkongitter. Wenn der

Wind das untere Ende des Froschschenkels mit dem eisernen Geländer in Berührung brachte, zuckten die Froschschenkel. Die galvanische Kette war geschlossen. Der Effekt wurde zuerst als animalisch bedingt gedeutet, und viele Spekulationen wurden daran geknüpft. Wieder wurden auch imponderabile Flüssigkeiten zur Erklärung herangezogen.

Alessandro Volta konnte durch eine Reihe von Versuchen 1800 die animalische Mitwirkung bei dem Effekt sicher ausschließen. Die Elektrizität entstand seiner Meinung nach bei der Berührung zweier verschiedener Metalle, wenn, so Volta, durch eine Flüssigkeit oder einen feuchten Stoff die „elektrische Flüssigkeit" von einem Metall zum anderen fließen konnte. Schichtete er abwechselnd Scheiben aus zwei verschiedenen Metallen mit einer Zwischenlage aus Filz, den er mit einer Salzlösung tränkte, zu einer Säule, so entstand eine Batterie, deren Wirkung auf die Froschschenkel um so deutlicher war, je mehr Platten er übereinanderschichtete. [Jedes Scheibenpaar lieferte je nach Metallkombination 1,3 bis 1,7 Volt.]

Tatum führte nicht nur in der ersten Vorlesung über Galvanismus die historischen Versuche mit Froschschenkeln vor, er zeigte ebenso die Zersetzung des Wassers durch den elektrischen Strom [die Elektrolyse, ein Wort, das erst später von Faraday geprägt wurde], und er elektrolysierte Magnesiumsulfat, Glaubersalz. Die „Kraft" einer Batterie verdeutlichte er seinen Zuhörern, indem er einen Draht durch den Strom zum Glühen brachte.

Die zweite Vorlesung behandelte die großen Entdeckungen von Davy, dessen Vorlesung Tatum gehört hatte. Davy gelang es, das Karbonat des Kaliums, das man bislang im Sinne von Boyles Elementbegriff als Element angesehen hatte, mit Hilfe der Voltaschen Säule zu zerlegen, und er konnte metallisches Kalium abscheiden. Wenig später war Davy auch in der Lage, den gleichen Prozeß mit Natriumkarbonat durchzuführen. Magnesium, Strontium und Barium unterwarf er dem gleichen Prozeß und erhielt ebenfalls Metalle.

Ein machtvolles Instrument der Analyse war durch die Voltasche Säule entdeckt worden. Was für Möglichkeiten boten sich noch?

Faraday hatte Watts Buch studiert: *Ei, warum sollten sich nicht in jeder Wissenschaft Newtons finden können?*

Tatum kündigte am Schluß eine Fortführung seiner Vortragsreihe an. Für das Quartal waren acht Schilling zu entrichten. Faraday nahm auch an dieser und an noch drei weiteren Reihen teil. Am 22. August begann der Zyklus mit einer Vorlesung über Hydrostatik, wobei Tatum im historischen Rückblick die Geschichte von Archimedes und der Goldkrone vortrug. Die folgenden Themen behandelten die Optik, Licht und Schatten, die geometrische Optik und die Zerlegung des Lichts nach Newton – jedoch ohne die Erwähnung des Mikroskops. Danach gab es eine Einführung in die Phlogiston-Theorie, denn man war damals noch in der Vorstellung behaftet, daß die Wärme ein Stoff sei.

Der nächste Kurs begann Ende Januar 1811 und hatte nochmals den Galvanismus zum Inhalt. Wiederum schrieb Faraday alles sorgfältig auf. Tatum erklärte die Arbeitsweise der galvanischen Batterie mit der Produktion von positiver Elektrizität an dem einen Pol und negativer Elektrizität an dem anderen Pol. Wurden die Pole mit einem dünnen Draht verbunden, so konnte man den Draht durch den „Zusammenstoß" der beiden Elektrizitäten zum Glühen bringen.

Die letzten drei Vorträge, an denen Faraday teilnahm, bezogen sich auf die Geologie, insbesondere Mineralien, und es fiel Faraday schwer, das Gewirr von Namen und Formen aufzuzeichnen. Dann gab es noch zwei Abende über Mechanik. Das gab Tatum die Gelegenheit, ausführlich auf den Atombegriff einzugehen, wobei er sich weitgehend an Newtons Vorstellung von Anziehung und Abstoßung hielt. Die Atome berührten sich nicht. Es herrschte also ein Gleichgewicht von Anziehung und Abstoßung. Tatum rühmte Newtons Leistung. Zur Veranschaulichung führte er ein Experiment mit Magneten und Eisenfeilspänen vor und verglich das Ergebnis mit den Anschauungen über den Zusammenhang von Körpern. Jahrzehnte später entwickelte Faraday aus diesen Magnet-Feilspänen-Bildern seine Feldvorstellungen.

Tatum brachte in keinem seiner Kurse mathematische Formeln, keine verbale Interpretation des Newtonschen Gravitationsgesetzes und erwähnte auch Cavendishs Versuche nicht. In dem von Faraday sorgfältig angelegten Register für die vier Bände der Ausarbeitungen fehlen die Begriffe „Kraft" und „Energie".

Zwei der vier Bände widmete Faraday später George Riebau mit einer längeren Danksagung. In einem Band fügte er noch die Abschrift eines arabischen Märchens in Form eines surrealistisch anmutenden Traumes an.

Ein Mensch schläft über seinen Studien ein und träumt, daß er bei dem Versuch, eine Frucht mit dem Messer aufzuschneiden, in ihr verschwindet, in das Dunkel eintaucht und in einen wundervollen

Garten versetzt wird. Dort sieht er einen majestätischen Walnußbaum mit vielen Nüssen, die von Männern geerntet werden. Als er selber zwei Nüsse öffnet, sind sie taub, und ihn verwundert die Erntearbeit. Als die Männer die Arbeit beendet haben, entdeckt er im Wipfel noch eine Nuß. Es gelingt ihm, sie mit einem Stein zu treffen und herunterzuholen. Er öffnet sie und sieht in ihr Millionen kleiner Nüsse. Voll Stolz sagt er den Männern, er habe sie heruntergeholt, sie aber machen ihn darauf aufmerksam, daß er nicht heraufgeklettert sei, sie zu pflücken. Am Ende hat auch er nur eine leere Schale.

Faraday sah in der Erzählung ein Gleichnis zum Forscher, der ohne Vorbehalt die Wahrheit finden will und dann eine Frucht findet, die Millionen von Samen enthält, zukünftige Bäume.

Unter den Teilnehmern von Tatums Vorlesungen waren zwei junge Männer, mit denen sich Faraday eng befreundete: der Medizinstudent T. Huxtable und Benjamin Abbott, der als Angestellter in einer Vertrauensstellung in einem Büro arbeitete. Beide waren Faraday an Bildung überlegen, und so empfing Faraday anfänglich mehr, als er geben konnte.

Das Ende seiner Lehrzeit rückte näher, und er mußte sich nach einer neuen Stellung umsehen. Welche Ideen bewegten ihn, welche Hoffnungen hegte er, bei seiner Ausbildung wissenschaftlich arbeiten zu können?

Da trat ein Ereignis ein, das ihm die Chance dazu bot. Riebau zeigte die Ausarbeitungen der Vorträge durch Faraday einem jungen Mann namens Dance, dessen Vater Mitglied der Royal Institution of Great Britain war. Der Sohn brachte seinem Vater die Bücher, der von Faradays Interesse und seinen Fähigkeiten offenbar sehr beeindruckt war, denn er schenkte ihm die Eintrittskarten für die gerade laufende Vortragsreihe von Humphry Davy in der Royal Institution, dem seinerzeit bedeutendsten Chemiker Englands.

Die Royal Institution of Great Britain und Humphry Davy

Im 18. Jahrhundert gab es eine starke philanthropische Bewegung; wohlhabende Bürger fühlten sich verpflichtet, das Los der Armen zu verbessern. Im Sinne der Aufklärung bedeutete das auch Erziehung,

Lernen eines Handwerks. Rumford, der vom bayerischen König in den Grafenstand erhoben worden und dessen Minister und persönlicher Vertrauter war, hatte 1796 einen Vorschlag zur Gründung einer Gesellschaft zur Besserung der Bedingungen und des Wohlergehens der Armen gemacht. Denen war sein Name durch eine nahrhafte, preiswerte Suppe bekannt geworden, die er auf wissenschaftlicher Grundlage zusammengestellt hatte. Er war ein vielfältig begabter Erfinder, verbesserte Lampen, allerlei Kochgeräte und Herde. Er hatte sich mit Landwirtschaft beschäftigt und ebenso mit der Zugführung bei Kaminen. Seine Erfindungen bauten auf sorgfältigen Beobachtungen und Messungen auf. Sein wissenschaftliches Interesse war besonders auf die Wärme, Wärmeleitung und -erzeugung gerichtet.

Im März 1799 trafen sich bei dem Präsidenten der Royal Society, Sir Joseph Banks, in Soho mehrere einflußreiche Männer, unter ihnen der Erzbischof von Durham, Graf Cavendish, zwei Direktoren der Bank von England und Rumford. Sie kamen überein, Geld zu stiften und Mitglieder zu werben für eine Royal Institution of Great Britain unter dem Patronat des Königs mit dem Ziel der Gründung einer „öffentlichen Institution zur Verbreitung und Einrichtung der allgemeinen Einführung von nützlichen mechanischen Erfindungen und Verbesserungen und zur Lehre durch Kurse von wissenschaftlichen Vorträgen und Experimenten der angewandten Wissenschaft für den Zweck des allgemeinen Lebens“. Die dann einzeln aufgeführten Programmpunkte lasen sich wie eine Liste der Arbeiten von Rumford zu den verschiedenen Gebieten. In einem Brief an seinen Freund Baldwin drückte er deutlich aus, zu welchem Zwecke er die Gründung der Royal Institution angeregt hatte:

> Wird mir eine rühmliche Stellung in den Augen der Welt und Nachwelt einbringen.

Es gelang in kurzer Zeit genügend Geld zu sammeln. Als Mitglieder waren auch Frauen zugelassen. Man erwarb in der Albermarle Street 21 mehrere Wohnhäuser und ließ durch den Architekten Vulliamy ein prunkvolles Gebäude entwerfen. Die Fassade zierten 15 korinthische Säulen. Im Inneren des Gebäudes gab es einen gut gestalteten Vortragsraum mit Rang, einen großen Bibliotheksraum, eine Mineraliensammlung und natürlich eine Rumford-Küche für Versuche, eine Modellwerkstatt, einen Museumsraum für Apparate, als Lehrstätte ein chemisches Laboratorium sowie Wohnräume für den Direktor und die Bediensteten. Aktivitäten auf dem Gebiet der Forschung waren nicht geplant.

Die Deckung der laufenden Kosten erwies sich schwieriger als erwartet. Die Vorträge fanden nicht das gewünschte Interesse. Innerhalb weniger Jahre wechselten die Vortragenden. Rumford hatte keine glückliche Hand mit der Leitung des Unternehmens, auch war sein Verhältnis zu dem Arzt, Professor Thomas Garnett, der als erster die Kurse abhielt, sehr schlecht. Die Zahl der Besucher der Vorträge nahm laufend ab. Rumford sah sich nach einem zugkräftigen Mann um.

Kurz nach dem Bekanntwerden von Voltas Entdeckungen in England erschienen eine Reihe von Arbeiten über die Voltasche Säule und ihre Verbesserung von einem Außenseiter, Humphry Davy. Dieser hatte schon als Einundzwanzigjähriger eine Streitschrift gegen Lavoisier über Wärme und Licht und ihre Kombination veröffentlicht. Die Manager entschlossen sich schnell für ihn, und Graf Rumford bot ihm eine Stellung am 16. 2. 1801 an. Er wurde als Assistenz-Vortragender für Chemie, Direktor des Instituts und Assistenz-Herausgeber der Zeitschrift Royal Institution bestellt. Sein Gehalt betrug 100 Guinees (etwas mehr als 100 Pfund) im Jahr, und er konnte in der Royal Institution wohnen; außerdem erhielt er Kohle und Kerzen. Davys Start als Vortragender in der Royal Institution war ein großer Erfolg. Banks und Rumford waren anwesend, und die Besprechung im *Philosophical Magazine* fiel glänzend aus.

Davys bisheriger Lebensweg hatte immer wieder seine Fähigkeit, Menschen durch sein Erzählen in den Bann zu ziehen, gezeigt. Schon als Kind war er ein Geschichtenerzähler gewesen. Beide elterlichen Familien waren lange in Cornwall ansässig gewesen. Es war damals von England noch verkehrstechnisch weit entfernt und bewahrte eine starke Eigenständigkeit, zumal Cornish eine eigene Sprache war. Davys Vater war Holzschnitzer. Das Ehepaar lebte in Penzance, als Humphry 1778 als erstes von fünf Kindern geboren wurde. Dort besuchte er die Schule und lebte bei einem Apotheker, der nach dem Tod seines Vaters 1794 auch zwei seiner Schwestern betreute. Humphry lernte Latein und Griechisch. Die Schule beendete er in der nahen Stadt Truro im Alter von 15 Jahren.

Ab 1795 war er bei einem Apotheker in der Lehre, der anfänglich nebenbei, später aber sehr aktiv als Arzt tätig war. Davy lernte die Grundbegriffe der Chemie und die praktische Laborarbeit. Er liebte das Umherschweifen in der abwechslungsreichen Landschaft und zeigte viel Interesse für das vielfältige industrielle Leben in Cornwall. Überall gab es Maschinen auf den Kupfer- und Zinnminen anzusehen. Der junge Humphry entwarf einen Plan für sein Selbststudium, das von den Themen Biologie über Botanik, die Fächer für seine Lehrzeit, die Fremdsprachen Französisch, Italienisch und Spanisch sowie die alten Sprachen Latein, Griechisch und Hebräisch bis zur Gesamtheit der Physik überging und auch die Mathematik, Rhetorik und Anatomie umfaßte. Sein Notizbuch, das er schon früh anfing zu führen, zeigt die ganze Vielgestaltigkeit seiner Persönlichkeit. Hastig Entworfenes neben von Anfang an sorgfältig Ausgearbeitetem und schwungvoll Endendem, vermischt mit eigenen Gedichten, seine wissenschaftlichen Ideen und oft mit Zeichnungen von beachtlicher Qualität geschmückt.

Durch das Studium von Lavoisiers *Traité élémentaire de chimie* angeregt, beschäftigte er sich mit der Theorie der Wärme. Die große Autorität Lavoisiers hinderte ihn keineswegs, dessen Annahme eines imponderabilen Wärmestoffes „Caloric“ anzuzweifeln, denn er fand andere Veröffentlichungen, in denen die Wärme durch die Bewegung der Teilchen der Materie beschrieben wurde, und Davy wurde ein Wissenschaftler, der stets ein sehr genaues Quellenstudium betrieb. Davy beschloß zu experimentieren. [Wie man heute nachprüfen kann, rechtfertigten Davys Versuche keineswegs die von ihm daraus gezogenen Schlüsse.] Er war fest überzeugt, Lavoisier widerlegt zu haben, und fand einen Verleger für sein umfangreiches „Essay über die Wärme-Licht und die Kombinationen von Licht“.

Als aus Amerika die Nachricht über die Wirkung von N_2O Lachgas nach England kam, experimentierte Davy mit diesem neuen Stoff, um die Ergebnisse nachzuprüfen. Er machte Versuche mit Tieren und setzte sich selbst dann allen Einwirkungen aus. Über Freunde gelangten seine Ergebnisse zu Dr. Thomas Beddeos, der an der Universität Oxford tätig war, und der mit Hilfe von Thomas Wedgwood und James Watt sowie anderen eine Klinik zur Untersuchung des neuen Gases und seiner medizinischen Anwendung eröffnete. Er beschäftigte Davy ab 1799 als Assistent. Die Tätigkeit im „Pneumatischen Institut“ in Bristol stellte an Davy ganz ungewöhnliche Anforderungen; er mußte sich auf die Aufgabe konzentrieren, den Komplex Stickoxid als Ganzes, die Herstellung, die Analyse und die Wirkung zu untersuchen. Das Resultat seiner einjährigen, intensiven Arbeit war ein Buch von 580 Seiten. Die intellektuelle Kraft Davys dokumentierte sich darin deutlich. Davy empfahl die Anwendung von Lachgas zur Anaesthesie bei Operationen, doch niemand nahm diese wertvolle Anregung damals auf.

In Bristol kam Davy mit dem Kreis der Dichter um John Wordsworth, Robert Southey und Samuel Taylor und auch mit Wordsworth in Kontakt, die alle Davys Gedichte sehr schätzten.

In der Royal Institution mußte Davy sehr bald auf Wunsch der Manager Vorträge über das Färben von Stoffen halten, die er aber mit Ausführungen über die Grundlagen der Chemie sinnvoll verband. Als nächstes Thema mußte er über die Chemie der Landwirtschaft reden. Er tat es mit viel Schwung und kam in Kontakt mit Gutsbesitzern, die ihn aufs Land einluden, was Davy gern annahm, denn er war ein leidenschaftlicher Angler und Jäger und liebte das Landleben. Seine Kostümierungen für diese Exkursionen machten auf einige Zeitgenossen freilich einen mehr amüsierenden als gewichtigen Eindruck. Auch in London nahm Davy an vielen gesellschaftlichen Anlässen teil, was seine Arbeitskraft im Laboratorium minderte. Dennoch blieben die Ehrungen nicht aus. Er wurde 1803 Mitglied der Royal Society und erhielt 1805 die sehr ehrenvolle Coply-Medaille.

Erst 1806 nahm Davy die wissenschaftliche Arbeit wieder intensiv auf und klärte in einer Reihe von brillanten Versuchen zahlreiche Erscheinungen der Elektrolyse des Wassers. Man nahm an, es entstünden dabei immer Säuren und Laugen, doch Davys Versuche mit zweifach destilliertem Wasser in Goldgefäßen unter Vakuum bewiesen einwandfrei, daß nur Wasserstoff und Sauerstoff entstanden. Weitere genial durchdachte Versuche zeigten, wie die Wanderung der Substanzen bei der Elektrolyse ablief. Davy wies darauf hin, daß die chemische Affinität ihre Ursache in elektrischen Erscheinungen der Materie haben könnte, und empfahl die Kraft der Volta-Säule als analytisches Werkzeug. Im nächsten Jahr wandte er sich dieser Aufgabe zu.

Bereits vor ihm hatten verschiedene Wissenschaftler versucht, wäßrige Lösungen von Kaliumkarbonat, Pottasche, mit Hilfe der Elektrizität zu zerlegen. Systematisch verwendete nun Davy immer konzentriertere Lösungen. Es entstanden aber nur Wasserstoff und Sauerstoff aus der Zerlegung des Wassers. Davy sah einen Ausweg aus der Schwierigkeit, indem er nur so wenig Wasser verwendete, daß es gerade zur elektrischen Leitfähigkeit der Mischung ausreichte, so daß also ein Strom floß. Dieser erhitzte nun die Mischung sehr stark, und Davy sah in der schmelzenden Pottasche am negativen Pol kleine Kügelchen von metallischem Kalium, mit denen er nun weiterexperimentieren konnte, um die Existenz des Elementes sicherzustellen. Wenig später unterwarf er Soda dem gleichen Prozeß und erhielt

4. Sir Humphry Davy

metallisches Natrium. Zu hastig ausgeführte Experimente mit Ammoniak NH_3 ließen ihn den falschen Schluß ziehen, daß alle Basen Sauerstoff enthielten, was seinen Ruhm im Kreis seiner Fachgenossen herabsetzte, nicht so in der Öffentlichkeit.

Als er kurz nach dieser aktiven Arbeitsphase schwer erkrankte, waren die Manager der Royal Institution wegen der stürmischen Nachfrage nach dem Befinden ihres Favoriten gezwungen, Bulletins über Davys Gesundheitszustand auszuhängen.

Einem Hinweis des schwedischen Chemikers Berzelius folgend, benutzte Davy bei den weiteren Untersuchungen Quecksilber als negativen Pol der Elektrolyse, und die dort erhaltenen abgeschiedenen Metalle wurden sofort amalgamisiert. Nach dem Versuch wurde das Quecksilber abdestilliert, und man erhielt die Metalle in reiner Form. Mit einer starken Batterie konnte Davy die Erdalkalikarbonate von Magnesium, Kalzium, Barium und Strontium zu Metallen zerlegen.

Wiederum beruhte der Erfolg auf einem Trugschluß. Davy postulierte, daß Stickstoff kein Element sei, und wandte viel Zeit darauf an, das auch experimentell zu beweisen. Andererseits jedoch gelang es Davy, auch Fehler anderer aufzudecken. Das von Scheele 1774 entdeckte stechende Gas wurde als ein Oxid angesehen. In einer Reihe von logisch streng verknüpften Experimenten zeigte Davy, daß es sich um ein Element handelte. Das gelbgrüne Gas behielt den Namen Chlor, den ihm Scheele gegeben hatte. Mit Hilfe von metallischem Kalium, das eine große Affinität zu Sauerstoff zeigte, reduzierte Davy eine Verbindung des Bors zu elementarem Bor. So vermehrte er die Anzahl der von ihm entdeckten Elemente mit Hilfe der Voltaschen Säule.

In welcher Stimmung muß Faraday gewesen sein, als er am 29. Februar 1812 das Auditorium der Royal Institution betrat, um Davy über die „strahlende Materie" vortragen zu hören?

Da Tatum die Vorträge von Davy besucht und seine eigenen Vorlesungen danach gestaltet hatte, hörte Faraday einiges ihm schon Bekannte, doch Davy ermöglichte durch seine Vortragskunst den Zuhörern eine viel tiefere Erkenntnis und zeigte ihnen Einblicke in die von ihm vermuteten Zusammenhänge der Naturerscheinungen. Angefangen von den einfachen Tatsachen der Lichtausbreitung, Brechung und Doppelbrechung durch das Kalkspatkristall, wobei Davy nicht zwischen Lichtstrahlen und Lichtteilchen unterschied, beschrieb er die spektrale Zerlegung des Lichts und den Zusammenhang von Licht und Wärme. Dazu machte er Versuche in Luft und im Vakuum, demonstrierte den Unterschied von Reflexion und Absorption, von blanken und schwarzen Oberflächen sowie die Wirkung des Lichts auf chemische Reaktionen. Dann referierte er über die verschiedenen Lichttheorien von Hooke, Huygens und Newton, dessen Bedeutung und Arbeitsweise als Philosoph der Wissenschaft er unterstrich. Das Gewicht der Lichtteilchen vom Roten bis zum Violetten hin sollte unterschiedlich sein. Davy verglich das mit den Vorgängen bei der Elektrolyse, wo am positiven Pol der schwere Sauerstoff frei wurde, am negativen der leichte Wasserstoff.

Die nächste Vorlesung am 14. März war dem Thema Chlor gewidmet. Zuerst ging er auf seine Auseinandersetzung mit der französischen Schule, insbesondere Lavoisier, ein. In 20 Experimenten zeigte er, daß Chlor ein Element sei und nicht eine Verbindung mit Sauerstoff und einem anderen Element. Er mischte die Gase Chlor und Wasserstoff und stellte durch Licht oder einen elektrischen Funken die Verbindung HCl – Chlorwasserstoff her, ohne daß Wasser dabei gebildet wurde. Auch führte er Oxidationsreaktionen und Bleicheffekte mit Chlor vor.

Am 8. April hatten Davys Ausführungen die entzündbaren Stoffe zum Inhalt. Die Einleitung bildete die Phlogiston-Theorie. Insgesamt 20 Experimente wurden zur Demonstration des Verhaltens von Wasserstoff, Stickstoff, Schwefel, Phosphor und Kohlenstoff sowie deren Verbindungen gemacht.

In der letzten Vorlesung am 10. April, die Faraday hören konnte – und es war auch die letzte, die Davy in der Royal Institution hielt, denn er zog sich danach von dieser Tätigkeit zurück –, behandelte er unter dem Titel „Über Metalle", seinem Hauptforschungsgebiet, die Anwendung der Elektrizität auf die Zerlegung der Stoffe. Da Davy ein gewandter Experimentator war, müssen die Demonstrationen über die Herstellung der Alkali- und Erdalkalimetalle sicher sehr eindrucksvoll gewesen sein.

Wiederum fertigte Faraday vom Gehörten kurze Mitschriften an, die er sorgfältig ausarbeitete. Sie wiesen nur wenige Verbesserungen und einige Auslassungen auf, doch er sah mehr Platz für Zeichnungen vor, als er wirklich ausführte. Insgesamt waren es mit dem Register 409 Seiten. Ein Nachwort von Faraday bezog sich auf Davys Bemerkungen zum wirtschaftlich-industriellen Wert der Forschung, von denen Faraday zugab, sie nicht gänzlich verstanden zu haben. Zum Schluß merkte er an, daß Davy zwar viele bedeutende Forscher erwähnt hätte, sich selber aber nicht, der so wunderbar vorgetragen hatte. Faraday versuchte nun wieder, im Selbstunterricht die chemische Wirkung des elektrischen Stroms zu erkunden, und unterrichtete seinen Freund Abbott in langen Briefen darüber, obgleich sie sich oft sahen. Aber Watts hatte doch empfohlen, zur Verbesserung der Kenntnisse mit jemandem zu korrespondieren. Das tat Faraday nun auch, um seinen Stil zu verbessern. Gleich in dem ersten erhaltenen Brief an Abbott vom Sonntag, dem 12. Juli 1812, ging er darauf ein und erwähnte die Korrespondenz von Lord Chesterfield mit seinem Sohn, doch er wolle das nicht als Vorbild nehmen.

Während man bei den Ausarbeitungen der Vorlesungen davon ausgehen kann, daß sie von einem fertigen Text abgeschrieben wurden, und das Schriftbild daher nicht dem momentanen Gefühl unterlag, waren die Briefe sicher spontan zu Papier gebracht worden, alle mit der selbst geschnittenen Gänsefeder. Die Schrift ist gleichmäßig und klar, nur gelegentlich tauchen stärkere Verzierungen auf. Der Stil erweckt den Eindruck, als ob ein junger Mann aus gutem Hause und mit viel freier Zeit galant zu plaudern beabsichtige.

Im ersten Brief war die Einleitung zwei Seiten lang. Dann erst begann die Schilderung des Baus einer galvanischen Säule. Faraday hatte sich Zinkfolie gekauft und mit 1/2-Penny-Stücken aus Kupfer und mit Zwischenlagen aus salzgetränktem Papier eine Batterie geschichtet, die mit 2 x 7 Platten stark genug war, eine Magnesium-Sulfat-Lösung zu zersetzen. Faraday konnte auch die Gasentwicklung an den Elektroden beobachten. Beflügelt durch den Erfolg, baute er eine neue Säule mit 18 oder 20 Platten je Metall. Die dazwischengelegten Flanell-Scheiben tränkte er mit Salzlösung. Die Zersetzung von Salzlösungen waren auch die ersten Experimente. Dann folgte Wasser aus der Hauswasserversorgung. Nach einer Weile hörte die anfängliche Gasentwicklung auf.

Faraday nahm an, er hätte das Wasser zerlegt, und er sah auch einen weißen Niederschlag. Zuerst dachte er daran, die Batterie wäre erschöpft. *Aber in der Philosophie erkennen wir Vermutungen nicht an, und deshalb war zu prüfen, ob die Batterie inaktiv oder irgendetwas im Wasser erschöpft war,...* so schrieb er an Abbott.

Faraday fand heraus, daß, wenn er frisches Wasser nahm, alles wie vorher ablief, und er diskutierte den Einfluß verschiedener Substanzen im Wasser, Eisen, Blei aus den Rohren, Salzsäure, Kohlensäure. Dann nahm er seine Säule auseinander und sah einen Niederschlag von Kupfer auf den Zinkplatten und von Zinkoxid, wie er annahm, auf den Kupferplatten. Durch die Flanellscheiben mußte also etwas vom Metall hindurchgegangen sein. *Ich denke, dieser Umstand ist wichtig genug, notiert zu werden, und erinnere dich: Kein Effekt geschieht ohne Grund.* Er forderte Abbott auf: *Du mußt es sehen*, und bat ihn, darüber nachzudenken.

Drei Aspekte waren wichtig: Faradays Beobachtungsgabe, seine Skepsis gegenüber Ergebnissen und die Aufforderung, es selber zu sehen. Er selbst verließ dieses Fundament seines Forschens nie mehr.

Am Montagmorgen fügte er noch ein paar Zeilen an Abbott hinzu. Ihm war von einer guten Stellung für 500 bis 800 Pfund im Jahr erzählt worden, doch aus Mangel an Vorbildung in Mechanik, Mathematik und Meßkunst käme er nicht dafür in Frage. Die Mitteilung endete mit den Bemerkungen über die Notwendigkeit, sich Kenntnisse über die Dampfmaschine und alles, was mit Eisen im Zusammenhang stand, zu erwerben. Faraday wurde aber kein Erfinder von Maschinen, er wurde der Entdecker von Naturgesetzen.

Die Briefe von Faraday an Abbott flossen in rascher Folge – manche früh um 6.30 Uhr, manche abends um 22 Uhr geschrieben. Wenn das Papier knapp wurde, dann wurde über die mit waagerechten Zeilen gefüllte Seite rechtwinklig dazu ein zweiter Text darüber geschrieben, was die Lesbarkeit nicht erleichterte.

Am 11. August konnte er Abbott das Erscheinen von Davys Buch *Elements of Chemical Philosophy* melden. Bei der brieflichen Diskussion mit Abbott über chemische Fragen vermittelte Faraday nun klar das durch Davy im Vortrag Gelernte. Sein Standpunkt wurde bestimmter, zumal ihm Huxtable *A System of Chemistry* von Thomas Thomson geliehen hatte.

In einem ausführlichen Brief vom 18. August über Chlor und seine Verbindungen machte er Abbott sehr deutlich darauf aufmerksam, was er alles in Davys Vortrag sah:

> Ich habe Davy selber sie unterstützen gesehen [die Theorie, daß Chlor ein Element sei]. Ich habe ihn das Experiment vorführen gesehen. Schlüssige Experimente, Proben darauf, und ich habe gehört, wie er diese Experimente auf die Theorie anwendete und sie ausführte und durchsetzte in einer für mich unwiderstehlichen Art.

Faraday verbesserte sein Wissen über die chemische Nomenklatur, und das ermöglichte es ihm, nun genauer Abbott mitzuteilen, was bei den einzelnen Reaktionen abgelaufen war, über die er sich gerade Gedanken machte. Er erwarb sich rasch bessere Kenntnisse als Abbott, indem er unter anderem die 1811 von Davy gehaltenen Bakerian-Vorlesungen über die Verbindungen des Chlors und Sauerstoffs las. Das Lesen und Nachdenken kostete ihn viel Zeit, und im Brief vom 20. September drückte er seinen Zeitmangel dem Freund gegenüber spaßig aus:

> Oh, daß ich billig einiges von der freien Zeit unserer modernen Gentlemen kaufen könnte, nein Tage; ich denke, es wäre ein gutes Geschäft für beide, sie und mich.

Am 8. Oktober trat Faraday seine neue Stellung als Buchbindergeselle bei einem reichen Privatmann, De la Roche, an. Der Wechsel war einschneidend, denn De la Roche hatte einen schwierigen Charakter; und obwohl er sein Hab und Gut Faraday vererben wollte, war der mehr denn je bestrebt, sich der Wissenschaft zuzuwenden. Kurz nachdem er Davys Vorträge gehört hatte, versuchte er sein Glück, indem er an Sir Joseph Banks, den Präsidenten der Royal Society, schrieb und um eine Stelle bat. [Ein Dokument darüber ist nicht nachweisbar, nur eine kurze Bemerkung von Faraday selbst.] Eine Antwort blieb jedoch aus.

Nun in einer noch schlechteren Lage, sann er auf einen Ausweg. Seine seelische Stimmung in dieser Zeit teilte er Abbott verdeckt in einem Brief vom 11. Oktober mit. Es war eine der wenigen Äußerungen über seinen Seelenzustand aus jener Zeit.

Ich bin mir wohl bewußt meiner eigenen Natur, sie ist böse und ich fühle ihren Einfluß stark. Ich weiß davon – aber ich finde, ich erreiche unbewußt einen Punkt von Göttlichkeit und, da solche Dinge nicht leichtgenommen werden, will ich es unterlassen, dem nachzugehen ...

Im weiteren Verlauf des Briefes wandte sich Faraday dem Begriff der Freundschaft zu und ging so weit zu zitieren:

Einer, der seinem Begleiter dienen will, gleich nach seinem Gott.

Als Assistent im Laboratorium von Sir Humphry Davy (1813)

Am 18. Oktober schrieb Faraday an Huxtable und erwähnte kurz, daß er nun noch weniger Zeit und Freiheit hätte, und bemerkte einige Zeilen später: *Sir H. Davy ist zur Zeit, glaube ich, in Schottland.* Gegen Mitte Dezember schrieb er dann wahrscheinlich an Davy und bat um eine Stelle im Labor. Ob er diesen Schritt mit Riebau und/oder seinen Freunden besprochen hatte, ist nicht bekannt. Er fügte dem Brief an Davy den von ihm geschriebenen Band mit den Ausarbeitungen von Davys Vorträgen bei.

Das Jahr 1812 war für Davy bewegt gewesen. Er war geadelt worden, hatte eine reiche Witwe, Jane Apreece, geheiratet und sein zweites Buch geschrieben. Die Antwort von Davy an Faraday, datiert vom 24. Dezember, lautete:

Mein Herr, ich bin weit davon entfernt, über das Zeichen des Vertrauens, das Sie mir gegeben haben, unangenehm berührt zu sein, es zeigt großen

Eifer, Kraft des Gedächtnisses und Aufmerksamkeit. Ich bin gezwungen, die Stadt zu verlassen, und werde nicht vor Ende Januar wiederkommen. Ich werde Sie dann treffen, wann immer Sie es wünschen. Es würde mich mit Freude erfüllen, wenn ich Ihnen in irgendeiner Weise zu Diensten sein kann. Ich wünsche, es stände in meiner Kraft. Ich bin, mein Herr, Ihr gehorsamer, ergebener Diener. H. Davy

Eines Nachts, Anfang 1813, als Faraday zu Hause war, brachte ein Bote ihm die Nachricht, daß Davy ihn am nächsten Morgen sprechen wolle. Davy empfing ihn in der Royal Institution. Die Stelle für einen Assistenten im Laboratorium war gerade vakant geworden, und Davy bot sie ihm an. Die Bezahlung betrug 25 Schilling die Woche sowie Wohnung in zwei Räumen im Dachgeschoß. Wie Faraday sich später erinnerte, riet Davy ihm nicht, seine Berufsabsichten aufzugeben, und machte ihm klar, daß die Wissenschaft eine strenge Meisterin und die finanzielle Seite wenig verlockend sei. Davy lächelte, als Faraday seine Vorstellungen über die überlegenen moralischen Qualitäten der Naturforscher erwähnte, und meinte, er würde ihn ein paar Jahre seine Erfahrungen darüber sammeln lassen.

Auf der Sitzung der Manager am 1.3.1813 informierte Davy die Herren vom Erfolg seiner Suche nach einem neuen Assistenten. Im Protokoll hieß es:

Soweit wie Sir H. Davy in der Lage war, es zu erkunden oder festzustellen, erscheint er gut geeignet für die Stelle. Sein Betragen erschien gut, sein Wesen aktiv und fröhlich und seine Art intelligent.

Faraday wurde eingestellt.

Bis zu seinem Tode 1867 war die Royal Institution of Great Britain für Faraday die Stätte seines Wirkens als Lehrer und Forscher und sein Heim.

Albermarle Street war eine der neueren Straßen. Sie ging von Piccadilly nach Norden ab. Ein paar Straßen weiter nach Westen war die Bebauung zu Ende, und der Hyde Park begann. Obwohl am Rande gelegen, war es eine vornehme Straße mit mehreren Hotels und eleganten Clubs, in denen man für ein gutes Essen drei bis vier Pfund zahlen mußte.

Für Faraday begann sogleich die Arbeit im Laboratorium mit Davy und als Assistent in den Vorlesungen für Dr. Brande und Herrn Powell. Davy hatte von 1808 bis 1810 seinen zwölf Jahre jüngeren Bruder John in der Royal Institution als Mitarbeiter gehabt, so gab es keinen unmittelbaren Übergang von John Davy zu Faraday, dessen

5. Das Gebäude der Royal Institution of Great Britain

Vorgänger William Payne nicht zu Davys Zufriedenheit gearbeitet hatte. Es ist unklar, wie Davy seinen neuen Assistenten in die Problematik der Labortätigkeit einführte. Faraday äußerte sich nie über die Art, wie ihn Davy ausbildete, ob er ihm die Gründe für seine Forschung zuerst klarmachte und ihn dann einige Handfertigkeiten, wie das Wägen von Substanzen oder Filtrieren, üben ließ, denn das, was aktuell zu tun war, verlangte eigentlich einen ausgebildeten Chemiker.

Das Laboratorium lag im Keller der Royal Institution und hatte etwa 80 qm Grundfläche. Es wurde teilweise durch Oberlicht beleuchtet. Verschiedene Öfen waren in Nischen aufgestellt, die Regale an der Wand mit Gläsern voll verschiedener Chemikalien und Glasgeräten gefüllt. In der Mitte standen mehrere Tische, auf denen experimentiert werden konnte.

Davy interessierte sich damals für die Verbindung von Chlor und Stickstoff, NCl_3, eine äußerst schwierig zu handhabende Substanz, die immer wieder unvorhergesehen so heftig explodierte, daß dabei die Gefäße oder Rohre, in denen sie eingeschlossen war, zerbarsten, so daß und die Splitter mit großer Energie herumflogen. Faraday erlebte am ersten Tag gleich mehrere solcher Zwischenfälle. Die beiden Experimentatoren trugen zwar Gesichtsmasken, dennoch kam es bei späteren Arbeiten immer wieder zu Verletzungen. Es ging Davy um die Ermittlung der Proportionen vom Stickstoff zum Chlor in der Verbindung, um eine Formel aufstellen zu können, also entweder NCl_3 oder NCl_4. [Die erstere Formel erwies sich als richtig.] Zur Chlorbestimmung setzte er das Chlor in Salzsäuren, HCl, um, dann in Ammonchlorid, NH_4Cl, und bestimmte das überschüssige Chlor durch Titration mit Indigo, das entfärbt wurde. Um die Kraft der Explosionen zu mindern, experimentierte Davy mit möglichst kleinen Mengen der Substanz. Das erforderte aber wiederum ein sehr genaues Arbeiten, denn ihn interessierte auch das spezifische Gewicht der Substanz. Mehrmals erwähnte Faraday in seinen Briefen an Abbott einige kleinere selbständige Arbeiten, die er nach Anweisungen von Davy ausführte. Die auftretenden Explosionen dämmten keineswegs Faradays Begeisterung, und so konnte Davy mit ihm zufrieden sein.

An einigen Wochenenden kamen Abbott und andere Freunde zu Faraday, und er zeigte ihnen das Laboratorium und machte einige Versuche. Manchmal gingen sie zusammen zu einem Spaziergang, und oft war Faradays Bruder Robert mit dabei.

Trotzdem schrieb Faraday an Abbott immer wieder lange Briefe. Das Thema von vier langen Betrachtungen im Juni war der richtigen Art, Vorlesungen zu halten, gewidmet. Am Anfang entschuldigte sich Faraday bei seinem Briefpartner, daß er diesen Stoff so kritisch bearbeitet, wo er doch selbst keine Erfahrungen hatte sammeln können. Dann analysierte er die günstigste Art des Vortragsraumes. Er sollte ähnlich einem Theater angeordnet sein, so daß von allen Plätzen der Vortragende gut zu sehen sei. Auch eine gute Beleuchtung und eine ausreichende Lüftung sei wichtig, und der Inhalt der Vorlesung müsse auf das Niveau der Zuhörer abgestimmt sein. Ebenso sei die Zeit, wann zu lesen sei, zu beachten. Auge und Ohr müßten angesprochen werden. Deshalb seien Apparate und Diagramme notwendige Bestandteile und sollten für alle Besucher gut sichtbar sein. Besonders wichtig erschien Faraday die Art des Vortrags: Sprache, Tempo und Harmonie. Auf keinen Fall dürfe alles abgelesen werden. Er diskutierte ebenso die Nach- und Vorteile von Pausen. Bei Experimentalvorlesungen müßten die Versuche besonders sorgfältig ausgewählt werden, um das Gesagte zu unterstützen. Es solle nicht so aussehen wie alter Wein in neuen Schläuchen. Alles wurde von ihm selber mehr als ein Jahrzehnt später als Vortragender in der Royal Institution viele hundert Male mit großer Meisterschaft verwirklicht.

Die große Reise nach dem Kontinent (1813–1815)

Im Herbst fragte Davy Faraday überraschend, ob er ihn und seine Frau auf einer Reise zum Kontinent, Frankreich, die Schweiz, Italien, Griechenland und die Türkei als sein Sekretär und wissenschaftlicher Assistent begleiten wolle. Er versprach ihm, sich nach der Rückkehr für sein Verbleiben in der Royal Institution einzusetzen. Da Davys Diener Le Fontain plötzlich nicht mitkommen wollte, und es nicht so rasch gelang, einen geeigneten Mann zu finden, fragte Davy, ob Faraday bereit wäre, für eine kurze Zeit – er hoffte in Frankreich jemanden zu finden – dieses Amt noch zusätzlich zu übernehmen. Faraday sagte zu.

Davy hatte die von Napoleon gestiftete Medaille für die beste wissenschaftliche Arbeit über die galvanische Batterie bereits 1807 gewonnen, aber nicht in Empfang genommen. Nun wollte er mit seiner Frau die Reise nachholen und eine Grand Tour, wie es üblich war, daraus machen. Obwohl zwischen England und Frankreich Krieg herrschte, erhielt die Reisegesellschaft durch Napoleon die Pässe.

Am 17. Oktober schiffte man sich in Plymouth ein. Faraday führte ein Reisetagebuch, wie er schrieb, um sich später an Geschehenes und Erlebtes erinnern zu können. Er war, wie er bekannte, vorher nie weiter als zwölf Meilen von London fortgereist. Nun sollte er London und England vielleicht für viele Jahre verlassen. Faraday sah zum ersten Mal die See und beobachtete das Meeresleuchten. Die Überfahrt verlief ohne Zwischenfälle. In Frankreich angekommen, wurde das Gepäck streng durchsucht, die mitgebrachte Kutsche zusammengesetzt, und mit einem französischen Kutscher und Pferden ging es nach Paris, wo man am 29. Oktober ankam.

Die Reisegesellschaft – Davy, seine Frau, Faraday und Lady Davys Mädchen – wohnte im Hôtel Des Princes. In den ersten Tagen wurden die Sehenswürdigkeiten der Stadt besichtigt, und die Museen besucht, doch hatte Davy kein besonderes Interesse an den Schätzen des Louvre. Auch Faraday zählte in seinem Bericht nur die einzelnen Statuen auf, merkte aber kritisch die Art des Kunstraubs durch Napoleon an.

Ob Faraday Davy zu allen Sitzungen und Treffen mit den französischen Kollegen begleiten durfte, hielt er leider nicht für erwähnenswert. So weiß man nicht, ob er dabei war, als Joseph Louis Gay-Lussac und Alexander von Humboldt am 3. November Davy ihre Aufwartung machten.

Gay-Lussac war seit 1809 Professor für Physik an der Sorbonne. Ein Jahr später wurde er zusätzlich als Professor für Chemie an die École Polytechnique berufen und erhielt damit eine Schlüsselstellung in der französischen Wissenschaft. Seinen wissenschaftlichen Ruhm gründete er bereits 1804, als er zwei Höhenaufstiege mit einem Ballon wagte und durch die dabei gemachten Messungen neue Erkenntnisse über die Atmosphäre gewann. Zusammen mit Humboldt experimentierte er über die Bildung von Wasser aus Wasserstoff und Sauerstoff und fand die Formel H_2O. Weitere Arbeiten von ihm betrafen die Wärmeausdehnung der Gase und Methoden zur quantitativen Bestimmung von Basen und Säuren sowie ein sehr genaues Verfahren zur Bestimmung von Silber, was für die Münzen von Wichtigkeit war. Davy fand in ihm einen gleichwertigen, wenn nicht überlegenen Gesprächspartner.

Alexander von Humboldt war der berühmteste Wissenschaftler, seitdem er von seiner großen Reise durch Südamerika zurückgekehrt war und für sich den Ruhm in Anspruch nehmen konnte, als Mensch die höchste Höhe erstiegen zu haben. Seit 1808 lebte er in Paris und schrieb an seinen 35 Bände umfassenden Reiseerinnerungen. Das Zusammentreffen mit Humboldt war die bedeutendste Begegnung für Sir Humphry Davy.

Am 5. November kam André Marie Ampère, um Davy seine Aufwartung zu machen. Wie Davy war Ampère ein Autodidakt. Er hatte sich bereits als Kind selber Latein beigebracht, um die wichtigsten mathematischen Werke studieren zu können. Erst war er Privatlehrer geworden, dann erhielt er eine Professur. Ampère interessierte sich zur Zeit der Begegnung mit Davy intensiv für Chemie und arbeitete gelegentlich mit Gay-Lussac zusammen. Er war neben seiner Professur an der École Polytechnique noch Aufseher über das Schulwesen. Faraday sollte wenige Jahre später mit allen drei Besuchern in Briefwechsel stehen. Da Faraday anfangs kein Wort Französisch verstand, war er nur stummer Zeuge und fühlte sich in der Stadt, wie er schrieb, wie unter Mumien. Abgeschnitten von jeder Konversation, mit dem Mädchen von Lady Davy unterhielt er sich offensichtlich nicht, beschrieb er, was er um sich herum sah; die Zimmer und ihre Ausstattung, die Verarbeitung des Messings zu Ornamenten und das Leben in den Straßen, ihre Anlagen, den Verkehr, und er unterließ es dabei nicht, sich seinen Stolz deutlich anmerken zu lassen, Engländer zu sein und in einem Land zu wohnen, wo seiner Meinung nach das allermeiste weit besser war als in Frankreich.

Am Vormittag des 23. November besuchten Ampère, Clément und Desormes, zwei erfolgreiche Chemiker, Herrn Davy und brachten ihm eine unbekannte Substanz mit, die zwei Jahre zuvor vom Besitzer einer Salpeterfabrik, Herrn Courtois, gefunden worden war. Die Gäste führten Herrn Davy eine bemerkenswerte Eigenschaft der neuen Substanz vor. Beim Erhitzen entwickelte sie einen tief violetten Dampf, und wenn man die kondensierten Dämpfe in Alkohol löste, konnte man mit Silbernitrat einen Niederschlag erhalten. Davys Reisegepäck enthielt zwei Kisten mit Chemikalien und Laboratoriumsgeräten, eine Art Reise-Laboratorium. Mit diesen Geräten wurden nun sogleich verschiedene Experimente durchgeführt. Der bei der Erwärmung entstehende violette Dampf wurde eingehend untersucht, ebenso die Auflösung des Kondensationsproduktes in Alkohol, Iod-Lösung von tiefem Braun, und der bereits vorgeführte Niederschlag mit Silbernitrat. Es zeigte sich, daß dieser Niederschlag im Sonnenlicht auf Papier sich sehr rasch tief verfärbte. Davy untersuchte – wahrscheinlich mit Hilfe von Faraday – noch verschiedene Reaktionen mit Zink, mit metallischem Kalium und mit Phosphor. Jedesmal waren heftige Reaktionen zu beobachten. Davy vermutete, daß die Substanz kein Chlor enthielt. Die Arbeit an der Analyse wurde für einige Tage unterbrochen.

Am Sonnabend, dem 27. November, gelang es Faraday bei seinem Stadtbummel durch die Buchläden, eine französisch-englische Grammatik für Amerikaner zu erwerben. Damit konnte er seine Sprachstudien beginnen. Er fand die Bücher viel billiger als in England und war der Meinung, daß es keine Bibliophilen in Frankreich gäbe, denn ihr leichter Geist stünde gegen diese Beschäftigung.

Am Mittwoch arbeitete Davy mit der Assistenz von Faraday weiter an der Analyse der neuen Substanz. Clément hatte mitgeteilt, daß diese aus der Asche von Seetang beim Behandeln mit Schwefelsäure gewonnen worden war. Einige Experimente wurden nochmals wiederholt, zahlreiche neue, so die Umsetzung mit Ammoniak, hinzugefügt. Und wie beim Chlor wurde eine hochexplosive Verbindung der neuen Substanz mit Stickstoff entdeckt.

Faraday schloß seine Aufzeichnungen über den Tag mit allgemeinen Bemerkungen über die Bedeutung der Entdeckung einer neuen Substanz und die Fülle von Erkenntnissen, die damit die Chemiker gewönnen. Der Text entsprach wahrscheinlich Davys Aussage über seine Ergebnisse, nicht Faradays Gedanken. Danach nahm Davy bereits zu diesem Zeitpunkt an, daß es sich bei der unbekannten Substanz nicht, wie Courtios, Clément und Desormes annahmen, um eine Verbindung mit Chlor handelte, sondern um ein neues Element. Faraday war Zeuge gewesen, wie sich Davy mit sehr begrenzten analytischen Hilfsmitteln Klarheit über die Eigenschaften der Substanz verschafft hatte und die verschiedenen Verhaltensweisen kombinierte. Eine letzte Entscheidung stand aber noch aus.

Am 3. Dezember gingen Faraday und Davy in das Laboratorium von Herrn Chevreul im botanischen Garten. Dort wurden weitere Untersuchungen angestellt, und Faraday notierte, daß das Laboratorium für ihn nichts Besonderes enthielt. Fünf Tage später nahm Davy ihn mit in die École Polytechnique, und sie wohnten einer Vorlesung von Gay-Lussac bei. Vor etwa 200 Studenten behandelte Gay-Lussac das Thema Dampf, seine Erzeugung und sein Verhalten. Anschließend besichtigten sie die große elektrische, galvanische Batterie mit insgesamt 600 Plattenpaaren, deren Bau vom Staat finanziert worden war.

Große Batterien waren der Stolz der Laboratorien und bewiesen ihre Leistungsfähigkeit, doch nur selten versuchte man, damit die Grundlagen der Elektrizität zu erforschen; es fehlten die Fragestellungen und Ideen, mit welchen Experimenten man weitere Kenntnisse über das Wesen der Elektrizität erlangen konnte.

In dieser Zeit schrieb Davy an einer Veröffentlichung über die neue Substanz, die er nach dem violetten Dampf Jod nannte und die er in der Royal Society in London vorlegen ließ. Am 11. Dezember wurde noch ein abschließendes Experiment gemacht. Faraday ging zu Herrn Chevreul und borgte von ihm eine Voltasche Säule mit 24 doppelten Platten. Im Hotelzimmer versuchte dann Davy mit Hilfe dieser Voltaschen Säule – ähnlich, wie er es bei seinen Untersuchungen über Natrium und Kalium sowie die Erdalkalien gemacht hatte –, eine Zersetzung mit Hilfe der Elektrolyse oder des Funkens zu bewirken. Der neue Stoff ließ sich nicht zersetzen, also mußte es sich um ein Element handeln, das Jod. Faraday schrieb Davys Manuskript sorgfältig für die Veröffentlichung ab, bevor es nach London geschickt wurde. Davy wollte das Original wegwerfen, doch Faraday erbat es sich und bewahrte es sorgfältig auf. Die Veröffentlichung von Davy, obwohl er Gay-Lussac darin ausdrücklich erwähnte, führte später zu einer Verstimmung zwischen ihm und den französischen Chemikern, die mit ihren eigenen Arbeiten erst später an die Öffentlichkeit traten.

Kurz bevor die Reisegesellschaft Paris verließ, sah Faraday noch den Kaiser in seiner Kutsche durch die Straßen der Stadt fahren. Er saß in einer Ecke seines Wagens, fast verborgen durch eine immense Robe und das Gesicht überschattet von einem großen Federbusch seines Hutes. *Kein Beifall war zu hören, wo ich stand, und keine Kommentare*, so schloß Faraday den Bericht. Davy war dem Kaiser nicht vorgestellt worden, und es wäre für Davy, der sich sehr patriotisch fühlte, auch eine schwierige Situation gewesen, dem feindlichen Kaiser gegenüber zu stehen. Die Kaiserin Josephine hatte aber das Ehepaar Davy in Malmaison freundlich empfangen und Lady Davy beschenkt.

Am 20. Dezember verließen sie Paris. Die Fahrt ging über Lyon, Nîmes, Montpellier, wo sie einige Tage blieben und an der Mittelmeerküste gesammelten Seetang analysierten, doch nur Spuren von Jod fanden, um über Avignon, Aix-en-Provence und Nizza nach Italien zu reisen.

Im Februar, bei Schnee und Eis, wurden die ligurischen Alpen bei Col di Tend in etwa 1800 m Höhe überquert. Davy und Faraday bewältigten die steilste Strecke zu Fuß. Lady Davy und das Mädchen wurden im Schlitten transportiert. Es war ein schwieriger Auf- und Abstieg, trotzdem wurde das mitgenommene Barometer und Thermometer häufig abgelesen, und Faraday gab eine eindrucksvolle Schilderung der Tour mit den Ausblicken von der Höhe auf das Mittelmeer und die verschneite Berglandschaft. Über Turin, wo Faraday den Karneval in den Straßen der Stadt erlebte, ging es nach Genua. Dort wurden Versuche mit Torpedos, elektrischen Fischen, gemacht, um die Frage zu klären, ob die von den Fischen erzeugte Elektrizität Wasser zersetzen könne. Aber die Experimente verliefen negativ. Das Phänomen der tierischen Elektrizität hat Faraday immer wieder interessiert, und 1838 führte er sehr umfangreiche systematische Versuche auf diesem Gebiet durch.

Mitte März erreichte die Reisegesellschaft Florenz, wo Davy und Faraday zuerst die Accademia del Cimento und ihre reiche Sammlung wissenschaftlicher und medizinischer Geräte besichtigten und Faraday durch das Fernrohr von Galilei blicken durfte, mit dem dieser die Jupiter-Monde entdeckt hatte. Dann führten sie im Laboratorium der Akademie weitere Versuche mit Jod durch.

Die Akademie verwahrte aus dem Besitz des Grafen Cosmo III. ein großes Brennglas von Benedetto Bregans von Dresden aus dem Jahre 1690 mit 45 cm Linsendurchmesser und 1,58 m Brennweite. Mit diesem leistungsfähigen Instrument wollte Davy die Frage klären, ob Diamant aus reinem Kohlenstoff bestehe oder – wie allgemein angenommen wurde –, eine Verbindung von Kohle mit einem anderen Element sei – Wasserstoff meinten die einen, Sauerstoff die anderen. Denn daß ein Element in so verschiedenen Formen auftreten konnte, wie Kohlenstoff sie zeigte, war nur schwer verständlich.

Davys rasche, fast hektische Art des Experimentierens erregte Sorge bei den italienischen Wissenschaftlern um die Unversehrtheit der Linse, doch ihre Ängste waren unbegründet, und Davy verbrannte erfolgreich mehrere Diamanten im Brennpunkt der Linse. Zuerst wurde ein Diamant in einer evakuierten und dann mit reinem Sauerstoff gefüllten Glaskugel verbrannt. Es zeigte sich überraschenderweise, daß er nach der Entzündung unter starker Lichterscheinung einige Zeit von selber weiterbrannte. Weitere Versuche mit Gasfüllungen von Kohlendioxid, Chlor und Stickstoff ergaben einwandfrei, daß der Diamant aus reinem Kohlenstoff bestehen mußte.

Bei den Versuchen entwickelte sich weder Sauerstoff noch Wasserstoff, der durch die Reaktion mit Sauerstoff als Wasser hätte nachgewiesen werden können.

Tennant hatte bereits die Verschiedenheit der Kristallstruktur des Kohlenstoffs beim Graphit und Diamant diskutiert, und Davy schloß sich dieser Meinung an.

Faraday war Mitarbeiter und sicher auch Protokollant bei diesen Arbeiten über die Allotropie des Kohlenstoffs. In seinen eigenen Aufzeichnungen ließ er nicht einfließen, ob er sich durch die Meisterschaft Davys bedrückt fühlte, sich des großen Abstands seiner Kenntnisse gewahr wurde, oder ob er begeistert war, all dieses miterleben zu dürfen, und den Wunsch hegte, später einmal selber so zu forschen.

Der nächste größere Aufenthalt war in Rom. Wie Faraday von dort aus an seine Mutter schrieb, waren sie jetzt im Lande der Freunde, und er hoffte, daß sie seinen Brief erhalten würde. Doch wurde nicht die normale Postroute gewählt, sondern die Briefe wurden zusammen mit Davys Post von einem Reisenden befördert. Faradays Heimweh, seine Liebe zu seiner Mutter, seinen Freunden und seiner Heimat kamen deutlich in seinen Briefen zum Ausdruck: Wenn er krank oder kalt oder müde war, und er dann an die, die zu Hause waren, dachte, so war ihm warm zumute und Balsam durchzog sein Herz, wie er schrieb.

Eine ähnliche Stimmung herrschte auch in den Briefen an Abbott, und er gab großmütig zu, kein Kunstkenner zu sein und die Architektur Roms nicht voll würdigen zu können. Seine Bewunderung galt mehr dem Ganzen als dem Detail.

Am 5. Mai 1814 lautete die Eintragung im Reisetagebuch:

Ging diesen Tag, um ein Experiment über Magnetismus, das von Herrn Morrichini in Rom zum ersten Mal gemacht wurde, zu wiederholen und das von höchstem Interesse hinsichtlich seiner Neuheit und seiner bedeutenden Folgen sein wird.

Eine Nadel wurde mit Wachs in Nord-Süd-Richtung befestigt und ein intensiver Strahl weißen Lichtes mit Hilfe eines Prismas zerlegt und das violette Strahlenbündel mit einer Linse fokussiert. Dann wurde dieser Strahl von der Mitte der Nadel auf den nördlichen Punkt geführt. Der Vorgang wurde wieder und wieder wiederholt, doch zeigte die Untersuchung am Ende keinerlei magnetische Effekte der Nadel.

Faraday machte dafür die geringe Intensität der Sonne an diesem Tag verantwortlich und notierte, daß das Experiment vorher mehr als fünfzigmal mit Erfolg ausgeführt worden war. Einige Male konnte die Magnetisierung schon bei einer halbstündigen Bestrahlung erreicht werden. Nur die violetten und blauen bis grünen Strahlen hätten die Kraft der Magnetisierung, nicht dagegen der rote Teil des Spektrums. Es war Faraday, dem es 1846 zum ersten Mal gelang, wissenschaftlich einwandfrei die Wechselwirkung von Magnetismus und Licht zu entdecken. Der von Morrichini beschriebene und beobachtete Effekt hielt der wissenschaftlichen Prüfung nicht stand.

Weiter ging die Reise nach Neapel. In Begleitung von Führern erstiegen Davy und Faraday den Vesuv einmal am Tage und einmal am späten Abend, um das einmalige Naturschauspiel zu sehen. Der Bericht im Reisetagebuch füllte mehrere Seiten, teils mit wissenschaftlichen Beobachtungen, teils mit seinen Empfindungen beim Anblick der glühenden Lava, des Kraters und der Eruptionen.

Davy beschloß wieder nordwärts zu reisen, und auf dem Weg nach Pavia machten sie halt, um ihre Reverenz Volta zu erweisen. Faraday notierte: *Ein rüstiger, älterer Mann, der das rote Band trug und sehr frei in der Konversation war.* Dann fuhr man in die Schweiz, und sie blieben längere Zeit in Genf. Davy nahm Kontakte zu verschiedenen Wissenschaftlern und Schriftstellern auf; daneben experimentierte er weiterhin mit Jod und seinen Verbindungen. Die wichtigste Bekanntschaft für Faraday war Gaspard de la Rive, der die wissenschaftliche Begabung von Faraday sogleich erkannte. Es wurde später eine Anekdote erzählt, nach der de la Rive Davy und Faraday gemeinsam zum Essen einlud, Davy es aber ablehnte, an einem Tisch mit Faraday zu speisen, worauf de la Rive gesagt haben soll, dann müsse er eben zwei Essen geben.

Sie blieben bis zum Herbst in Genf, dann ging die Reise mit einem Abstecher nach München über Tirol, Innsbruck, Venedig, Padua, Bologna wiederum nach Florenz, und von da aus nach Rom, wo sie am 2. November 1814 ankamen und bis zum 1. März des nächsten Jahres blieben. Faraday erlebte den römischen Karneval und vergnügte sich in der Verkleidung eines Dominos.

Davy stellte drei wissenschaftliche Arbeiten fertig, die wiederum Faraday ins reine schrieb. Eine umfangreiche Arbeit behandelte die Untersuchung der Farben in antiken Gemälden, die Davys Meisterschaft als analytischer Chemiker zeigte.

Noch einmal ging es nach Neapel, und der Vesuv wurde mehrere Male erstiegen, dann ging es im Eiltempo zurück nach London. Am 21. März war man noch in Neapel, am 23. April wieder in London.

6. Alessandro Volta. Rechts steht eine Voltasche Säule, links der sogenannte Becherapparat, eine Batterie

Von den großen politischen Veränderungen in Europa, Napoleons Sturz, seiner Wiederkehr und seiner Verbannung, flossen nur wenige Zeilen in Faradays Berichte ein.

Mehrmals hatte, wie die Briefe dokumentieren, Faraday das Heimweh gepackt und seine unbefriedigende Stellung als Sekretär und gleichzeitig als Diener von Davy ihn innerlich so belastet, daß er manchmal bereit gewesen war, die Reise abzubrechen und alleine nach Hause zu fahren. Davy war es auf der ganzen Reise nicht gelungen, einen geeigneten Diener für sich zu finden, und obwohl er Faraday so rücksichtsvoll, wie es ging, behandelte, war Lady Davy offenbar nicht bereit, Faraday als Reisebegleiter anzuerkennen, obwohl er den Reisemarschall machen mußte und die Ausgaben kontrollierte. War man längere Zeit in einer Stadt, so wurden zusätzlich Diener für Davy eingestellt, die Faraday untergeordnet waren. Lady Davy liebte es, Faraday ihre Autorität zu zeigen.

Die wenigen Briefe, die Faraday nach Hause schicken konnte, gaben keinen Hinweis darauf, ob sein persönliches Verhältnis zu

Davy sich grundsätzlich geändert hatte, ob Davy ihn wie einen jüngeren Bruder angenommen hatte, ihn beschützen und fördern wollte. Sein Verhältnis zu Davy war von ganz anderer Art als das zu seinem ersten Lehrmeister Riebau, dem er einen langen Brief schrieb und seinen tief empfundenen Dank für die Lehrzeit bei ihm ausdrückte.

Während Davy auf der Reise mit Hilfe des Reiselaboratoriums und in den Laboratorien der befreundeten Chemiker seinen Ruhm weiter auszubauen vermochte, lernte Faraday zwar, wie man ein chemisches Problem Schritt für Schritt löste, aber eine Möglichkeit, seine eigenen Fähigkeiten zu erproben und der Öffentlichkeit bekannt zu machen, bot sich ihm nicht. Seine Briefe und Aufzeichnungen enthielten auch keine zukunftsweisenden Gedanken zur Chemie. Der Gewinn der Reise lag auf ganz anderem Gebiet, wenn man davon absah, daß seine Liebe zu England, zu seiner Familie und seinen Freunden vertieft wurde und seine etwas vorschnelle Art der Bemerkungen und Urteile über Menschen und Dinge am Ende der Reise abgewogener und gerechter wurde. Vielmehr hatte er in den vielen Stunden und Tagen, in denen er sich und seinen Gedanken überlassen war, über grundlegende Probleme nachdenken können, deren Ergebnis dann in wenigen Zeilen in den Briefen an die Brüder Abbott ihren Niederschlag fanden.

Es ist notwendig für einen Mann zu lernen, sich selbst richtig in jeder Situation zu führen. Um so mehr Kenntnisse er von dieser Art hat, um so mehr ist er fähig, damit fertig zu werden. Du hast unter Deinen Augen eine Kopie von Tausenden und Du hast die beste Möglichkeit, sie zu studieren. Bei der Beobachtung der Fehler wirst Du lernen, sie zu vermeiden. Was gut ist, wird durch den Kontrast stärker erscheinen. Du wirst den Einfluß der Leidenschaft von einem auf den anderen sehen und beobachten, wie anständiges Gefühl schnell zerstört wird durch die Übermacht der anderen. Zur gleichen Zeit, mein Freund, wirst Du lernen, unangenehme Situationen mit mehr Geduld zu ertragen.

Ich habe gerade genug gelernt, meine eigene Ignoranz zu verstehen und beschämt über meine Unvollkommenheit in allen Dingen, ich wünsche die Gelegenheit, sie in Ordnung zu bringen. Die geringe Kenntnis, die ich in den Sprachen erlangt habe, erweckt in mir den Wunsch, mehr von ihnen zu wissen. Und das wenige, was ich von Menschen und ihren Umständen gesehen habe, ist gerade genug, in mir den Wunsch zu erwecken, mehr zu sehen, zusätzlich zu wünschen, die glänzende Möglichkeit, der ich mich erfreue, meine Kenntnisse auf dem Gebiet der Chemie und Wissenschaft zu verbessern, was mich ständig dazu bestimmte, diese Reise mit Sir Humphry

Davy zu beenden. Aber wenn ich wünsche, mich an diesen Fortschritten zu erfreuen, so habe ich viel zu opfern; und obwohl solche Opfer ein demütiger Mann nicht fühlen würde, bis jetzt kann ich diese nicht ruhig bringen.

Die ersten selbständigen Arbeiten in der Royal Institution 1815–1816)

Hatte er Abbott gegenüber einmal geäußert, er würde doch lieber seinem alten Gewerbe, der Buchbinderei, nachgehen, so änderte sich diese Einstellung bereits vierzehn Tage nach seiner Rückkehr von der Reise grundlegend. Faraday wurde Assistent an der Royal Institution of Great Britain für das Laboratorium und die mineralogische Sammlung sowie Superintendent für die Apparate. Seine Besoldung wurde auf 30 Shilling pro Woche festgesetzt, und er erhielt nach wie vor die beiden Räume im Obergeschoß zugesprochen.

Davy wurde kurz nach ihrer Rückkehr mit einem eminent wichtigen technisch-wissenschaftlichen Problem konfrontiert. Je tiefer infolge der Entwässerung mit Dampfmaschinen die Kohlenschächte in England getrieben werden konnten, umso häufiger kam es zu Grubenunglücken durch sogenannte „Schlagende Wetter", Explosionen von großer Heftigkeit durch das Methan-Luft-Gemisch. Das Methan entwich beim Abbau aus der Kohle, und bei mangelnder Lüftung – nur wenige Gruben besaßen geeignete Lüftungsanlagen – enzündeten die zur Beleuchtung verwendeten offenen Kerzen dieses hochexplosive Gemisch.

Am 25. Mai 1812 ereignete sich im mittelenglischen Kohlengebiet ein besonders schweres Unglück, bei dem 92 Bergleute, Männer und Kinder, unter Tage ums Leben kamen. Eine Änderung der Beleuchtungsart war unbedingt notwendig, und eine private Kommission beriet über die Möglichkeiten. Zwar gab es eine sichere, doch zu schwache Lichtquelle, eine Funkenmühle. Bei ihr wurden Stahl und Feuerstein aneinandergerieben, und die kleinen Funken – ihre Energie war zu gering, das Gasgemisch zu entzünden – gaben ein entsprechend spärliche Licht.

Aus dieser unbefriedigenden Situation heraus wurde Davy gebeten, sich des Problems anzunehmen und eine neue Lampe zu entwickeln.

Es war ein ganzer Komplex von Fragen zu lösen: Welche Methan-Luft-Mischung zündete? In welchen Verhältnissen? Gab es Gase, die das Zünden verhinderten und die man zumischen konnte? Wie zündete eine Flamme die Gemische? Wie mußte danach eine Lampe konstruiert werden?

Mit großer Energie ging Davy unter Mitarbeit von Faraday an die vielgestaltige Aufgabe. Die intensive Arbeit absorbierte Faraday nahezu vollständig. Nur noch selten gingen Briefe zu Abbott, und wenn er dazu kam, so hatten sie nicht mehr die gleiche Ausführlichkeit wie früher.

Ende August 1815 besichtigte Davy den Ort des Unglücks und nahm Gasproben mit nach London. Bereits am Jahresende hatte Davy die Lösung des Problems gefunden. Die Flamme mußte zur umgebenden Gas-Atmosphäre mit einer dünnen, sehr engmaschigen Metallgaze umgeben werden, an der sich die Flammengase so stark abkühlten, daß sie das Gasgemisch nicht entzünden konnten. Die Davysche Sicherheitslampe hat sich über mehr als ein Jahrhundert mit nur geringen Abwandlungen bewährt. Davys Veröffentlichung über die Sicherheitslampe enthält in der Einleitung den Dank an Faraday für seine wertvolle Assistenz bei der Ausführung seiner Experimente: *I am myself indebited to Mr. Faraday for much able assistance in the prostitution of my experiments.* Davy ging in seiner historischen Einleitung sorgfältig auf das Problem und die früheren Lösungen, auch auf die Lampe von Alexander von Humboldt von 1796, ein. Trotzdem war es nicht zu verhindern, daß sich Opponenten meldeten, die Davy des wissenschaftlichen Diebstahls an der Idee der Sicherheitslampe bezichtigten. Besonders bitter war die Kontroverse mit George Stephenson. Am Ende mußte sich die Royal Society einschalten und ein öffentliches Statement über die Priorität von Davys Entdeckung veröffentlichen. So wurde Faraday direkt Zeuge eines wissenschaftlichen Prioritätenstreits mit allen seinen Schattenseiten.

Auch ihm sollten solche bitteren Erfahrungen nicht erspart bleiben.

Die Untersuchungen zur Sicherheitslampe waren die letzte größere Arbeit, die Davy und Faraday gemeinsam ausführten, denn Davy ging 1818 mit seiner Frau wiederum auf Reisen.

Faraday konnte 1817 aus der Fülle der für und mit Davy geleisteten Arbeit zur Sicherheitslampe zwei eigene kleine Arbeiten veröffentlichen: „Notiz zu einigen Experimenten über Flammen, ausgeführt

7. Thomas Brande

von Sir Davy" und „Über die Drahtgaze-Sicherheitslampe". Im *Journal of Science and the Arts* war 1816 Faradays erste Publikation erschienen: „Über die Analyse des einheimischen Ätzkalks der Toskana". Davy hatte die Probe aus Italien erhalten und an Faraday zur Untersuchung gegeben sowie der Veröffentlichung ein erläuterndes Nachwort zugefügt.

Gleich nach seiner Rückkehr von der großen Reise mußte Faraday Professor Brande in seinen Vorlesungen über Chemie für Medizinstudenten assistieren und die Vorlesungsversuche vorbereiten, ähnlich wie er es vor seiner Reise getan hatte. So nahm Faraday an dem systematischen Chemieunterricht teil und auch an der Entstehung des Buches von Brande *A Manual of Chemistry*, das 1819 erschien und in dessen Vorwort es heißt:

> Viel von dieser Arbeit ist im Laboratorium geschrieben worden, wo die Ergebnisse der Experimente unmittelbar auf die Seiten gebracht wurden und wo ich gleichbleibend die aktive und tätige Assistenz von Herrn M. Faraday erhielt, dessen Genauigkeit und Fähigkeit als Mitarbeiter sich als wesentliche Dienste in allen meinen Fortschritten erwiesen.

Faraday verwendete Brandes Buch für die Anlage eines eigenen Quellenverzeichnisses. Er zerlegte das Buch in einzelne Seiten, heftete Leerseiten dazwischen und trug auf ihnen alle, für den jeweiligen Sachverhalt wichtigen Zeitschriften und Buchangaben ein. Bis 1834 setzte er diese Arbeit fort.

Thomas Brande muß sehr genau Faradays Fähigkeiten erkannt haben, denn er vertraute ihm während seines Urlaubs die Betreuung der Redaktion des *Journal of Science and the Arts* an, das zwar nicht das offizielle Publikationsorgan der Royal Institution war, aber regelmäßig über die Arbeiten im Institut berichtete und später in das *Quarterly Journal of Science, Literature and the Arts* umbenannt wurde.

Das Journal erschien 1816 zum ersten Mal mit dem Programm, dem Fortschritt der Philosophie, also der Wissenschaft und der Förderung der Kunst, zu dienen. Im ersten Heft veröffentlichte Davy einen ausführlichen Aufsatz über die Sicherheitslampe, Charles Babbage schrieb etwas über die Theorie des Kreises, Frédéric Daniell einen Beitrag über Kristallisation und W. Thomas Brande über die Gasbeleuchtung mit einer interessanten Kosten-Nutzen-Rechnung; den Kohleverbrauch der Londoner Gaswerke bezifferte er auf ca. 75 000 t im Jahr. An dem analytischen Teil der Arbeit war Faraday beteiligt.

Faraday war nicht ohne Erfahrungen im Redigieren von Texten, denn als er mit Davy in Paris war, hatte dieser die 2. Auflage seines Buchs *Elements of Chemical Philosophy* vorzubereiten. Da Davy eine recht schwierig zu lesende Handschrift hatte, wurden die Ergänzungen und Änderungen von Faraday eingetragen; doch fand diese Arbeit keinen Niederschlag in Faradays Reisetagebuch, auch erwähnte er keine Diskussionen mit Davy über den philosophisch-theoretischen Aspekt der Chemie.

Mehr und mehr wurde Faraday zum selbständigen analytischen Chemiker, wie zahlreiche kleinere Veröffentlichungen zeigen. Dieses Tätigkeitsfeld bot eine ausreichende Beschäftigung unter Anwendung bekannter Methoden und ebenso zur Entwicklung neuer Analysenverfahren. Dennoch genügte Faraday das nicht, wie seine Vortragstätigkeit in der City Philosophical Society deutlich zeigte. Seine Gedanken wandten sich größeren Zusammenhängen der Naturwissenschaft zu. Eine Fülle von möglichen Themen gab es, die einen Zugang erwarten ließen. So konnte man versuchen, weitere Elemente zu entdecken, vielleicht mit der Idee, eine systematische Ordnung zu finden. Für einen analytischen Chemiker eine reizvolle Aufgabe, aber Faraday ergriff sie nicht.

Faraday beginnt Vorlesungen vor seinen Freunden zu halten (1816–1817)

Die City Philosophical Society war auch nach Faradays Rückkehr noch aktiv. Kurz vor der Abreise Faradays hatte er dort seinen Freund Abbott sprechen hören und war sehr beeindruckt von dessen Leistung gewesen. Nun, im Januar 1816, konnten die Freunde ihn als Vortragenden hören. Ganz offenbar reichte es ihm nicht aus, nur Wissen aufzunehmen, er wollte auch selbst sein Wissen, das von ihm Nachgedachte, von ihm Überdachte, anderen mitteilen. In der ersten Vorlesung am 17. Januar sprach er über die allgemeinen Eigenschaften der Materie. Der zweite Abend war der Anziehung durch Kohäsion gewidmet, der dritte der chemischen Aktivität, der vierte der strahlenden Materie, der fünfte, sechste und siebente den Elementen Sauerstoff und den Halogenen Chlor, Jod, Fluor sowie Wasserstoff und Stickstoff.

Sicher gingen den Vorträgen umfangreichere Ausarbeitungen voraus, Sammlungen von Literaturstellen sowohl aus Davys als auch aus anderen Büchern – und immer wieder das Nachdenken von Faraday, wie das Ganze seinem Hörerkreis darzubieten sei, denn er hatte ja seinem Freund Abbott gegenüber sich ausführlich über die Kunst des Vortrags ausgelassen und mußte nun die von ihm selber gesetzten Maßstäbe auch einzuhalten versuchen. Obwohl er die Vorträge bis ins Detail schriftlich ausarbeitete, wird er sie frei gehalten haben, wie er es vom Vortragenden in seinen Anweisungen verlangte.

Die Vorstellung der reputierten Wissenschaftler über die Eigenschaften der Materie konnten sich um 1815 nur auf sehr wenig Tatsachenmaterial abstützen, denn die chemisch-physikalischen Untersuchungsmethoden waren erst in der Entwicklung begriffen. Der Begriff des Atoms wurde zwar angewandt, aber nicht so sehr im Sinne einer materiellen Anschauung eines sehr kleinen elementaren Bausteins, sondern weit mehr im philosophischen Sinn. Die schon von Newton und anderen aufgestellten Theorien über den Zusammenhang der Materie, den man allgemein mit dem Begriff Kohäsion bezeichnete, beschrieben einen Zustand, ohne daß die ihn bewirkenden Kräfte näher bekannt waren. Zwar wußte man, daß die Gravitation nur eine Anziehungskraft war und keine, wie beim Magnetismus und der Elektrizität, abstoßende Wirkung zu beobachten war, aber die Verschiedenheit der Arten von Kräften und ihre Zuordnung zu den einzelnen Erscheinungen der Materie blieb unklar. Das, was man später als chemische Umsetzung bezeichnete, war ein Überwinden der Kohäsion durch eine größere Affinität.

Für einen jungen Wissenschaftler wie Faraday mußte es außerordentlich schwierig gewesen sein, den Wunsch nach Klarheit durch das Lesen der verschiedenen Anschauungen zu befriedigen. Wenn er sich in seinen Briefen an Abbott als Naturphilosoph bezeichnete, so wollte er doch nicht ein spekulativer Philosoph sein. Faraday war sich wohl bewußt, wie groß die Gefahr eines grundlegenden Irrtums war, und so muß man Faradays Ausführungen vor seinen Freunden in der City Philosophical Society auch verstehen.

Wir sind alle in einem gewissen Maße in der Lage, Ideen über die Eigenschaften der Materie zu formen, abstrahiert von der Materie selber. Und wir können das Phänomen der Anziehung oder Abstoßung diskutieren, ohne dabei die Idee an irgendwelche bestimmte Materie zu benutzen. Aber Materie kann nicht beschrieben werden außer durch ihre Eigenschaften, auch nicht unterschieden werden als durch diesen Unterschied in den Eigenschaften von anderer Materie weder in der Art noch nach dem Grad.

Ich habe drei Arten von eindeutiger Anziehung aufgeführt: die Anziehung von Gravitation, elektrische Anziehung und magnetische Anziehung, und diese erscheinen für mich ausreichend, um alle Phänomene der spontanen Annäherung und der Adhäsion zu erklären, die uns bekannt sind.

Doch bei seinen Ausführungen über den Magnetismus mußte er bekennen, daß nicht klar war, ob er eine Art der Gravitation sei oder nicht.

Besser fundierte Tatsachen konnte Faraday seinen Zuhörern über die Eigenschaften der chemischen Elemente vortragen. Im Oktober 1817 war eine Vorlesung den Metallen gewidmet, und Faraday führte aus:

Als der Mensch klarer sah, als seine wachsenden Mittel sich in seiner Hand verbesserten, wurden neue Stoffe zur Sorte der Metalle hinzugefügt, und jede Hinzufügung brachte Beifall für den Entdecker und für seinen Beitrag zur allgemeinen Chemie.

Jetzt beginnen wir, uns ungeduldig zu fühlen, und wünschen eine neue Definition des chemischen Elements. Für einige Zeit war die Anzahl der Metalle zu vergrößern, nun wünschen wir, daß ihre Anzahl abnimmt.

[Faraday meinte damit die Vielzahl der gefundenen Elemente und äußerte den Wunsch, sie auf ein Urelement zurückzuführen.]

Er selbst sollte bald danach die Zahl der möglichen neuen Metalle wieder verringern. Dr. von West aus Wien behauptete, ein neues Element in einem Mineral gefunden zu haben, das er nach dem Gestirn Sirium benannte. Eine Probe davon erhielt Davy während seines Aufenthaltes in Italien und schickte es an den Chemiker Hatchett, der es seinerseits wiederum Faraday zur Analyse gab. In einer sehr sorgfältigen Untersuchung konnte Faraday zeigen, daß es ein zusammengesetztes Mineral aus den bekannten Stoffen Schwefel, Eisen, Nickel und Arsen war. Scherzhaft schrieb Davy ihm lobende Worte über die gelungene Analyse und schloß seinen Brief: *Ihr Ergebener, Ihnen Gutes Wünschender und Freund.*

Das negative Ergebnis der Elementensuche wird ihn wohl abgehalten haben – wie viele Chemiker seinerzeit –, sich diesem Bereich zuzuwenden, denn Faraday hatte einige Jahre später noch einmal die Aufgabe, in einem Mineral ein angebliches Element nachzuweisen, und fand wiederum ein negatives Ergebnis.

Er sah seine Aufgabe als Wissenschaftler auf einem anderen Gebiet, wie aus den abschließenden Sätzen seiner Vorlesung über die Metalle hervorging. Er legte den seiner Vorlesung zugrundeliegenden Plan offen und wies auf die zwei Möglichkeiten hin: entweder über die Herstellung und die Anwendung der Metalle zu referieren oder die elementaren Eigenschaften ihrer Natur und das Geheimnis von Gesetzen und Kräften zu erläutern, auf die die Wissenschaft und alle ihre Anwendungen gegründet sei.

Neben den rein wissenschaftlichen Vorträgen bemühte sich Faraday zugleich, seinen Freunden übergeordnete philosophische Überlegungen mitzuteilen.

Im Februar 1817 konfrontierte er die Mitglieder der City Philosophical Society mit seinen Gedanken über die Möglichkeiten, Kenntnisse zu erlangen, wobei er in der Einleitung auf Watts Anweisungen einging und ein ähnliches Schema zum Lernen aufstellte. Dann machte er den Vorschlag, die Mitglieder der Gesellschaft sollten eine Art Buch anlegen, in dem Essays, Originalarbeiten und Berichte von ihnen aufgenommen werden sollten. Das Buch sollte unter ihnen zirkulieren; jeder sollte es eine Weile lang führen zum Nutzen des gegenseitigen Lernens. Es fanden sich sechs Mitglieder bereit, dieses Classbook zu führen, unter ihnen war der spätere Schwager von Faraday, Edward Barnard. Die Themen waren unter anderem: über das Studium; über die Ehre; über die Beweisführung; über Einbildung und Urteil; über die Hoffnung; über die Freundschaft und von zwei verschiedenen Mitgliedern etwas über die Ehe.

Faraday lieferte mehrere Beiträge, so den über die Beweisführung, aber auch den über die Ehre. Er zeigte, wie hoch er diese Tugend schätzte, daß sie es sei, die den Menschen glücklich mache, und er beklagte ihre zeitgenössische Geringschätzung. Im geschichtlichen Rückblick erkannte Faraday, daß die Ehre die Grundlage jeder sozialen Tugend war, und zitierte dafür Shakespeare. Als er später in Streitigkeiten über die Priorität seiner Entdeckungen verwickelt wurde, konnte man sein Verhalten im Zusammenhang mit diesen Gedanken verstehen.

In der Mitte des nächsten Jahres trug er über Beobachtungen der Trägheit des Geistes vor. Sehr dezidiert gab er seine Meinung zu grundsätzlichen Fragen ab.

Der Mensch ist ein weiterentwickeltes Tier

Wir sind durch unsere Natur fortschrittlich. Wir sind durch unseren Schöpfer in einen bestimmten Zustand der Dinge hineingestellt, die aus der vorhergehenden Existenz der Gesellschaft kombiniert mit den Gesetzen der Natur resultiert. Hier beginnt unsere Existenz, unsere erdgebundene Laufbahn.

Und kurz danach bekannte er:

Zuerst sind dann alle theologischen Betrachtungen aus der Gesellschaft zu verbannen und natürlich aus meinen Bemerkungen. Und was immer ich sagen möge, hat keinen Bezug auf einen zukünftigen Zustand oder zu den Mitteln, die erwartet werden in dieser Welt in Vorfreude auf sie. Als Nächstes: Ich habe nicht die Absicht, irgend etwas an Stelle der Religion zu setzen, aber ich wünsche den Teil der menschlichen Natur davon auszuschließen, der unabhängig von ihr ist. Moral, Philosophie, Handel, die verschiedensten Institutionen und das Verhalten der Gesellschaft; sie sind unabhängig von der Religion und können existieren mit oder ohne sie.

Dann kam er auf das eigentliche Thema – die Trägheit des Geistes – zu sprechen, indem er sie auch mit der mechanischen Trägheit der Masse verglich. Faraday versuchte, seinen Zuhörern seinen Gedanken der Trägheit des Geistes begreiflich zu machen, der Selbstzufriedenheit eines Geschäftsmannes im Erfolg seines Geschäfts, aber auch seines Falls zurück in die Armut. Faraday zitierte eine Grabinschrift von Dryden:

Here lies Sir John Guise:
No one loves, no one cries.
Where he's gone, how he fairs,
no one knows, no one cares.

Zum Abschluß seiner Ausführungen kam er noch einmal auf die geistige Trägheit zurück und fragte seine Zuhörer:

Sind in der Welt nicht mehr passive als aktive Herzen?

Faraday schrieb im Text *mind*, was Verstand, Geist bedeutete, doch auch Seele, Herz einschloß. Seine Zitierung der Verse von Dryden wies auf den letzteren Sinn hin. Das Erdenleben eines Menschen sollte nicht nur in äußeren Dingen seine Erfüllung finden.

Den Sonntag verlebte Faraday oft bei seiner Mutter und nur manchmal mit seinen Freunden, wie die Briefe belegten. So nahm er damals noch nicht an den Sonntagsgottesdiensten der Sandemania teil, denn seine Mutter gehörte nicht diesem Kreis an. Wohl aber die Familie von Edward Barnard, dessen Vater Ältester war. In keinem Brief erwähnte Faraday, ob er mit Edward über Religion sprach und ob er ihn zu Hause besuchte und seinen Vater kennenlernte. Den Eintritt in die Glaubensgemeinschaft seines Vaters vollzog Faraday erst 1821, doch begann die Hinwendung schon früher. Wissenschaft, Naturphilosophie und Glauben als Einheit zu empfinden, wurde für Faraday eine Selbstverständlichkeit, Teil seines Selbstverständnisses.

Auftragsforschung über Stahllegierungen für die Royal Society

Die Royal Society verfügte über keine eigenen Laboratorien, wo Forschungen durchgeführt werden konnten. Nach der Gründung der Royal Institution kam man überein, daß in begrenztem Umfang die Institution für die Royal Society arbeiten sollte. Ein erstes größeres Projekt war 1819 die Untersuchung von Stahllegierungen und ihre Herstellung. Der Ausgangspunkt war nicht nur von wissenschaftlichem Interesse, sondern auch von kommerziellem Nutzen. In England wurden 1806 etwa 250000 englische Tonnen Gußeisen verschmolzen. Etwa 10 % davon wurden zu Stahl aufbereitet, also der Kohlenstoffgehalt durch intensives Umrühren – puddeln – der Schmelze erniedrigt. Über die chemische Zusammensetzung war so gut wie nichts bekannt. Das Legieren von Eisen mit anderen Substanzen war weder wissenschaftlich noch technisch erforscht. Erst um die Jahrhundertwende standen die später weit verbreiteten Hauptkomponenten für Legierungen, wie Chrom und Nickel, technisch überhaupt zur Verfügung.

Daß Eisen durch geeignete Behandlung wesentlich härter gemacht werden konnte und sich damit besser für Messerklingen eignete, war seit langem bekannt, aber wissenschaftlich nicht untersucht. Rätsel gaben auch die in Indien hergestellten großen, nichtrostenden Eisensäulen auf. Proben des indischen Stahls, Wootz genannt, kamen Ende des 18. Jahrhunderts nach England und wurden dem Präsidenten der Royal Society, Sir Joseph Banks, übergeben. Ein Instrumentenmacher in London, James Stodart, ein Mitglied der Royal Institution, veranlaßte, daß Faraday einige Proben von dem Wootz der Royal Society analysierte.

Das war ein völlig neues Arbeitsgebiet, für das es keine Vorbilder gab. Faradays Analysenergebnis wies eigenartigerweise einen Anteil an Aluminium auf, der sicher nicht real existierte. Die Royal Society beschloß aber aufgrund der Analysenergebnisse und anderer Hinweise, daß in größerem Maßstab an der Royal Institution Schmelzversuche für Stahllegierungen unternommen werden sollten. Faraday wurde mit der Aufgabe betraut, und es wurde die erste größere technisch-wissenschaftliche Untersuchung, die er ausführte. Als Sohn eines Schmieds interessierte er sich natürlich für alles, was mit Eisen zusammenhing; bereits 1812 hatte er an Abbott geschrieben, daß er sein Wissen über diesen Stoff hätte erweitern müssen.

Zuerst mußte er sich einen geeigneten Ofen konstruieren, um kleine Proben zu erschmelzen. Der eigentliche Schmelztiegel stand in einer Kokspackung, die mit Hilfe eines Blasebalgs die notwendigen hohen Temperaturen beim Verbrennen erreichte. Besondere Schwierigkeiten bereitete es, geeignetes Tiegelmaterial zu finden, das nicht von den Stahllegierungen angelöst wurde oder mit dem Tiegelmaterial reagierte. Seine Erfahrungen über die Arbeiten legte er später in seinem Buch *Chemical Manipulations* nieder.

Von den Legierungen des Kupfers mit Zinn, Zink oder Silber wußte man, daß bereits kleine Mengen, besonders von Silber, ganz erheblich die mechanischen Eigenschaften veränderten, aber bei dem

Eisen lagen keinerlei Erfahrungen darüber vor. Faraday stellte Legierungen mit zwölf verschiedenen Metallen her, wobei er teilweise auch ternäre Legierungen erschmolz. Seine Zusätze waren Chrom, Kupfer, Gold, Iridium, Nickel, Osmium, Palladium, Platin, Rhodium, Silber, Zinn, Titan. Außerdem untersuchte er noch den Einfluß des Kohlenstoffs und des Siliziumgehaltes sowie des Schwefels. Die seltenen Edelmetalle erhielt er von Wollaston.

William Hyde Wollaston spielte in Faradays weiterem Leben noch eine entscheidende Rolle. Wollaston wurde in East Derhaem 1766 geboren und studierte in Cambridge Medizin. Er war in verschiedenen Städten, zuletzt in London, praktizierender Arzt, gab aber im Alter von 43 Jahren diese Tätigkeit auf und widmete sich nur noch der Wissenschaft. Er lebte in London in der Buckingham Street und hatte ein eigenes Laboratorium, zu dem er aber niemandem Zutritt gewährte, denn ihm gelang es als erstem, aus dem hoch schmelzenden Metall Platin Geräte, Drähte und Folien herzustellen, was für die weitere Entwicklung der Chemie und der Elektrochemie von Bedeutung war, da Platingeräte weitgehend inert waren. Lange Zeit hielt er den Prozeß geheim, und seine Arbeiten brachten ihm nicht nur viel Geld, sondern auch noch einen weiteren wissenschaftlichen Erfolg: es gelang ihm, das Palladium und das Rhodium in den Platinerzen zu entdecken und ebenfalls metallisch zu gewinnen.

Wollaston war ein sehr schweigsamer und zurückhaltender Mann, der sehr eng mit Davy befreundet war. Faraday erwähnte dankbar die Hilfe von Wollaston bei den Arbeiten und die Bereitstellung der Edelmetalle sowie die technischen Anweisungen zum Schmelzprozeß bei höchsten Temperaturen.

Die Zahl der durch Faraday erschmolzenen Proben war sehr groß. In seinem Nachlaß fand sich eine Kiste mit 79 sehr verschiedenen Stahlproben aus der langen Versuchsreihe. Einige waren bearbeitet, andere Stücke noch roh, wie sie aus dem Tiegel entnommen worden waren. Faraday prüfte die Homogenität der Legierungen durch Polieren an Teilen der Oberfläche, Anätzen mit verdünnter Säure und anschließender mikroskopischer Beobachtung. Dieses Verfahren ermöglichte es ihm auch, seine eigenen Resultate mit denen, die er bei Wootz und Damaszener Stahl erhielt, zu vergleichen.

Was im Laboratorium ausprobiert worden war, sollte zur kommerziellen Anwendung in größerem Maßstab wiederholt werden. Um seine Kenntnisse auf dem Gebiet der Stahlerzeugung zu erweitern, reiste Faraday zusammen mit seinem Freund Magrath auf Einladung von J.J. Guest nach Wales, um dessen Eisenhütte nahe Merthyr anzusehen.

Wie bei seiner großen Tour durch den Kontinent führte Faraday auch diesmal ein Reisetagebuch. Ausführlich beschrieb er die von der Kutsche aus, einem bequemen, sogenannten Regulator, der die Unebenheiten des Weges dämpfte, zu beobachtenden geologischen Formationen auf dem Weg nach Bristol, der ersten Station. Weiter ging es über Cardiff nach Merthyr. Faraday wurde von Guest, für den er analytisch tätig war, durch seine Fabrik geführt und sah die harte und gefahrvolle Arbeit in diesem Industriezweig, ohne jedoch in seinen Tagebuchaufzeichnungen zu den sozialen Problemen Stellung zu nehmen. Für den eigentlichen Zweck, dort Stahllegierungen zu erschmelzen, brachte die Reise wenig. Auf der Reise wurden zwei große Kupferminen besichtigt, die Faradays größtes Interesse fanden, denn er beschrieb ausführlich den Abbau der Erze. Doch sahen sich Magrath und Faraday noch einen großen Teil von Wales an, zuerst Swansea mit seiner Industrie. Dann ging es nordwärts bis nach Anglesey und von dort aus ostwärts bis nach Shrewsbury über Woolhampton, Worcester wieder zurück nach London.

Die Schmelzversuche in der Royal Institution zogen sich über mehrere Jahre hin, und am Ende wurden in einer Eisenhütte der Firma Green Picksley & Co in Sheffield mehrere Großversuche gemacht, die besonders bei den Eisen-Silber-Legierungen brauchbare Ergebnisse ergaben. Es fehlte jedoch wahrscheinlich das Interesse des Unternehmers und auch der Royal Society, auf dem eingeschlagenen Weg weiterzuarbeiten. Über ihre gemeinsame Arbeit berichteten Faraday und Stodart in zwei langen Veröffentlichungen. Eine komprimiertere Darstellung schrieb Faraday in einem Brief an Gaspard de la Rive und stellte es ihm frei, diesen Text in einer wissenschaftlichen Zeitschrift zu publizieren. Nach dem Tode von Stodart 1823 stellte Faraday alle Arbeiten über Stahllegierungen ein. Eine wissenschaftlich bedeutende Einzelheit entging seiner sorgfältigen Beobachtungsgabe nicht. Beim Erschmelzen der Eisen-Silber-Legierungen sah er im erkalteten Tiegel am oberen Teil einen Niederschlag aus Silber. Das Metall mußte aus der Schmelze verdampft sein und sich dort niedergeschlagen haben. Für den Erkenntnisstand der damaligen Zeit war das etwas Neues, denn es war die Beobachtung des vollständigen Übergangs vom festen Aggregatzustand in den flüssigen, vom flüssigen in den gasförmigen und wieder in den festen bei einem Metall. Das gab einen Hinweis darauf, daß zwischen den Atomen irgendwelche Kräfte herrschen mußten, die sich nicht durch Anziehung oder Abstoßung erklären ließen.

Ob Faraday zur Vertiefung seiner Erkenntnisse das folgende Experiment mit Quecksilber ausführte, geht aus der kurzen Notiz darüber nicht hervor. Mit einem einfachen Versuch wies er nach, daß Quecksilber bereits bei normaler Temperatur merklich verdampfte. Er brachte dazu etwas von dem Element in einen fest verschlossenen Glasbehälter, in dem sich weit oberhalb des Quecksilbers ein Stück Blattgold befand. Nach einiger Zeit beobachtete er, daß es weiß-grau wurde, amalgamiert war. Sorgfältig gemachte Kontrollexperimente bestätigten ihm das Ergebnis.

Noch während der Arbeiten über die Stahllegierungen verwendete Faraday seine wenige freie Zeit, um das Verhalten des Elements Chlor weiter zu untersuchen, das ihn und Davy besonders faszinierte. Es war die Frage zu klären: Welche Verbindungen konnte man über die bisher bekannten noch erhalten? Es war also zu untersuchen, welche Reaktionsfähigkeit, Affinität, das Chlor zum Beispiel zu Kohlenstoff hatte. Davy hatte zwei Verbindungen von Kohlenstoff und Chlor synthetisieren können; die eine davon war das äußerst giftige Gas Phosgen $COCl_2$.

Faraday setzte Chlor mit dem bereits bekannten Gas Äthylen C_2H_4 um ($H_2C = CH_2$), indem er beide Gase in einem Glasgefäß mischte und dem Sonnenlicht aussetzte. Er beobachtete, wie das gelb-grüne Chlorgas mit dem Äthylen reagierte, denn die gelb-grüne Farbe verschwand nach und nach, und er konnte so lange immer wieder Chlorgas nachfüllen, bis die Reaktion vollständig war. Er erhielt farblose Kristalle, die er Perchlorat des Kohlenwasserstoffs nannte. [Es war, was man heute weiß, Hexachloretheran, C_2Cl_6.] Er synthetisierte noch eine zweite Substanz, das von ihm bezeichnete Protochlorid (Tetrachloräthylen C_2Cl_4), das er durch Erhitzen im abgeschmolzenen, also vollständig geschlossenen Glasrohr vom Hexachlorethan erhielt. In der Einleitung seiner Veröffentlichung ging er auf Davys Untersuchungen über Chlor ein, dann beschrieb er bis ins Detail die Herstellung, Eigenschaften und das Verhalten der von ihm gefundenen Substanzen gegenüber anderen Stoffen. Alles wurde dem Leser offenbart, damit er sich – wenn er wollte – selbst überzeugen konnte, was gefunden war, und nicht dem Autor glauben mußte, daß es so sei.

Persönliches Glück und erste Erfolge

Heirat mit Sarah Barnard
(1821)

Seit 1816 führte Faraday ein *Common Place Book*. Im Gegensatz zu seinen früher selbst gefertigten Notizbüchern war es eine gedruckte Vorlage mit einer ausführlichen Anweisung über die Art und Weise der Eintragungen, wie sie der Philosoph John Locke angegeben hatte. Ein vorgedrucktes Register sollte die Ordnung der Notizen erleichtern. Faraday schrieb eine bunte Mischung von Wissenschaft, Poesie und Späßen in das Buch. Vieles entsprang dem direkten Bedürfnis, die Laborarbeit zu dokumentieren. Ein Kurs von Vorlesungen über die Geologie von Dr. Brande wurde ebenfalls aufgenommen. Bereits auf Seite 73 schrieb er ein Gedicht über die Liebe und auf Seite 80 *What is love?*, ein sehr ironisches Gedicht über die Nachteile der Liebe für einen Mann, dessen Anfang lautet:

Was ist die Plage und Seuche des menschlichen Lebens?
Es ist die Liebe
Und was ist der Fluch, den häufig eine Frau bringt?
Es ist die Liebe
Was ist die Kraft, die des Mannes festesten Verstand ruiniert?
Was täuscht seinen Gastgeber leider so freundlich,
und macht dumme Narren aus solchen, die vorher Weise waren?
Es ist die Liebe

Ausführlich berichtete Faraday über sein Treffen mit einem Wunderknaben, Zerah Colburn, dessen unglaubliche Rechenkünste ihm vorgeführt wurden. Am 2. Oktober 1816 füllte Faraday mit einem längeren Gedicht *Quarterly Night* mehrere Seiten.

Drydens langes Gedicht beschreibt Faradays Erscheinung und seinen Charakter. Der Dichter verspricht ihm eine bedeutende Zukunft.

Von klarem Verständnis, tiefer Reflexion
Kenner im Erfassen, stark im Voranschreiten
Seinem aufmerksamen Geist kann kein Gegenstand entgehen
Weder trügerische Kunst von Sophismen jemals ihn irreführen

Seine Kräfte, ungehemmt, reichen von Pol zu Pol.
Sein Geist, von Fehlern frei, frei von Schuld seine Seele.
Warm ist sein Herz, guter Humor in seinem Antlitz.
Sein Name wohlbekannt, Sir Humphrys rechte Hand.

Faraday fand es wert, einen Bericht über eine vergleichende Analyse des Blutes eines Edelmannes mit dem eines Plebejers durch den Berliner Chemiker Klaproth aufzunehmen. Klaproth konnte keine Unterschiede feststellen, was den Edelmann offensichtlich betrübte.

Am 3. Januar 1818 nahm Faraday an einem Kurs über Rhetorik von B. H. Smart teil und fertigte davon wie gewohnt eine Mitschrift an. Der Kurs ging auf alle wichtigen Fragen des guten Vortrags, wie Sprechanweisungen, Aussprache, Intonation, Körperhaltung und Gestik ein. Faraday entwickelte seine rhetorischen Fähigkeiten zu großer Perfektion, wie spätere Erfolge zeigen.

Zwischen wissenschaftliche Analysenergebnisse sind immer wieder Wortspiele eingestreut oder die Erläuterung, was ein *Dandy* sei. Einmal versuchte er, alle möglichen Varianten seines Namens Faraday niederzuschreiben. Doch neben Spaßigem nahm er auch gelegentlich Grabinschriften auf.

Das Thema Liebe hatte bislang in Faradays schriftlichen Aufzeichnungen keinen positiven Niederschlag gefunden. Den Namen des Kammermädchens von Lady Davy hielt er nicht wert übermittelt zu werden. In den Briefen an seine Freunde war nie die Rede davon, daß er mit einem Mädchen ausging oder eine Verabredung hatte, und auch alle Beteiligten haben keinen Hinweis hinterlassen, wann er zum ersten Mal Sarah, die Schwester seines Freundes Edward Barnard, gesehen und gesprochen hatte. Der Vater von Sarah war Silberschmied und gehörte zur Gemeinde der Sandemania, wo er Ältester war. Die Familie hatte zwei Söhne und drei Töchter, Edward, der Freund Faradays, und Georg, der später ein bekannter Aquarell-Maler wurde; Elisabeth, die damals schon verheiratet war mit David Reid, Sarah, die am 7. 1. 1800 geboren war, und ihre drei Jahre jüngere Schwester Jane.

Faraday hatte vielleicht Sarah beim Besuch des Gottesdienstes der Sandemania kennengelernt und sich verliebt. Sarah wird das Interesse des jungen Faraday nicht gleichgültig gewesen sein; er war ein gut aussehender junger Mann mit lebhaften Augen, einem heiteren Lebenssinn und großer Zielstrebigkeit bei der Arbeit. Der Ernst seiner Lebensauffassung wird ihr nicht verborgen geblieben sein. Der Bruder Edward muß ihr bald danach das *Commonplace Book* mit dem ironischen Gedicht von Faraday *What is love?* gezeigt haben, denn das Buch machte bei den Teilnehmern üblicherweise die Runde. Sie bat ihn um eine Aufklärung über das Gedicht. Faraday antwortete, wiederum am 11. Oktober 1819 mit einem Gedicht. In den ersten beiden Strophen nahm er Stellung zu seinem Gedicht *What is love?* und gestand seine Ignoranz ein, um darauf hinzuweisen, wie er sich gewandelt hätte. Er bat Sarah sich zu erinnern, daß Gott nicht den Schuldigen drängt, Zeugnis seiner Tat zu geben, und schloß seine Verse mit den Sätzen:

Frage mich nicht nach dem Nachweis, daß ich einmal falsch handelte, doch leite mich und führe mich auf den Weg, mich zu bessern.

Sarah fiel die Entscheidung nicht leicht, Faraday Glauben zu schenken, und deshalb schrieb er am 5. Juli des nächsten Jahres in einem Brief an sie:

Du kennst mich genauso gut oder besser als ich mich selber. Du kennst meine früheren Vorurteile und meine jetzigen Ansichten – Du kennst meine Schwächen, meinen Stolz, mein ganzes Denken; Du hast mich umkehren lassen von einem falschen Weg, laß mich hoffen, daß Du versuchst zu ändern, was an anderem noch falsch ist...

Wieder und wieder versuche ich zu sagen, was ich fühle, aber ich kann es nicht. Laß mich dennoch [von mir] behaupten, nicht das egoistische Wesen zu sein, das Deine Liebe zu unterwerfen wünscht um seinetwegen. Auf welchem Weg auch immer ich zu Deinem Glück beitragen kann, ob durch Strebsamkeit oder Abwesenheit, es soll geschehen. Verletze mich nicht durch den Widerruf deiner Freundschaft oder strafe mich in der Absicht, mehr als ein Freund zu sein, indem du mich geringer machst; und wenn Du mir nicht mehr gewähren kannst, laß mich behalten, was ich besitze, aber höre mir zu.

Wie Faradays erster Biograph Bence Jones berichtete, zeigte Sarah diesen Brief ihrem Vater, der nur bemerkte, daß die Liebe aus Philosophen Narren machen könne. Um Abstand zu gewinnen, und wohl auch, um ihre Gefühle zu klären, fuhr sie mit ihrer verheirateten Schwester nach Ramsgate. Faraday folgte ihr wenig später, ohne – wie er notierte – Rücksicht auf die Folgen des Empfangs in Ramsgate zu nehmen. Es gelang ihm nicht, sein seelisches Gleichgewicht zu bewahren, und seine Stimmung entlud sich in boshaften Bemerkungen über den Ort, die Klippen und alles um ihn herum. Doch dann wurde ihm gewahr, auf welchem gefährlichen Weg er sich befand, und er wechselte das Thema, erzählte von Freunden und von zu Hause. In den folgenden Spaziergängen führten sie tiefsinnige Ge-

8. Michael Faraday. Stich nach einem Gemälde von Phillips

spräche, und die Melancholie ergriff sie beide. In seinen Aufzeichnungen bemerkte Faraday:

> Als ich mich zu Hause in den Stuhl setzte, wünschte ich für einen Moment, daß Erinnerung und Empfindung mich verlassen würden und daß ich hinübergehen könnte in das Nichts. Aber dann kam ein Hochgefühl mir zur Hilfe, und ich fand, daß ich als letztes eine von allem unabhängige Stütze hätte, die mir versprach, mich niemals im Stich zu lassen, solange ich lebte.

In den nächsten Tagen machten sie einen Ausflug nach Dover und erstiegen die Shakespeare-Klippe. Faradays malerische Beschreibung der Natur, des wunderbaren Ausblicks von der Höhe auf den belebten Ozean im Sonnenschein und der Blick auf die Boote im Wasser und den geschützten Hafen von Dover, in der Ferne die französische Küste im Zwielicht, zeigen deutlich, daß die Krise überwunden war, und er gestand sich ein, am Ende nicht mehr seine Gefühle meistern zu können, und er schämte sich seiner feuchten Augen.

Am 7. August fuhr er zurück nach London und berichtete den zukünftigen Schwiegereltern über das Wohlergehen der beiden Töchter.

9. Sarah Barnard

Faradays Gedanken kreisen um sein zukünftiges Glück. Im Dezember schrieb er an Sarah:

Meine liebe Sarah, es ist erstaunlich, wie sehr der Zustand des Körpers die Kraft des Geistes beeinflußt. Ich habe den ganzen Morgen über an einen reizenden und interessanten Brief gedacht, den ich dir diesen Abend senden wollte. Und nun bin ich so müde und habe immer noch so viel zu tun, daß meine Gedanken ganz schwindelig sind und um Dein Bild herumlaufen, ohne irgendeine Kraft, sie zu stoppen und es zu bewundern. Ich möchte tausend Dinge sagen und, glaube mir, tiefempfundene Dinge für Dich. Aber ich bin nicht Meister der Worte für diesen Zweck. Und um so mehr wie ich darüber grübele und an Dich denke, Chloride, Versuche, Öl, Davy, Stahl, Mannigfaltiges, Quecksilber und fünfzig andere mit der Arbeit verbundene Phantasien schwimmen davor und treiben mich weiter und weiter in die Verlegenheit der Dummheit. Von Deinem liebevollen Michael.

Im März 1821 konnte ihm Davy, der wieder nach England zurückgekehrt war, mitteilen, daß Lord Spencer den Wünschen von Faraday nachkommen wollte. Es handelte sich um die Möglichkeit, in Zukunft mit seiner Frau in der Royal Institution wohnen zu dürfen. Im

Mai wurde er zum Superintendenten für das Haus und das Laboratorium der Royal Institution ernannt. Damit hatte er nicht nur für alle Beschaffungen von Laboratoriumsgerät und Chemikalien zu sorgen, sondern auch für alle Reparaturen und Renovierungen.

Am 12. Juni wurde das Paar kirchlich getraut, und die Hochzeitsfeier fand in kleinstem Kreise statt. Es sollte, wie Faraday es wünschte, ein ganz normaler Tag sein, ohne Hetze, ohne Lärm, ohne Hurra, nur eine Angelegenheit der Herzen.

Faraday hatte einen ausgeprägten Familiensinn; sobald er Geld verdiente, unterstützte er seine Mutter, und er wollte nun auch nicht, daß seine junge Frau sich von ihrer Familie trennte. In einem Brief an ihre jüngere Schwester gab er dem Wunsch Ausdruck, ganz ein Mitglied der Familie Barnard zu sein. Solange sein Schwiegervater lebte, brachte er jeden Sonnabendabend seine Frau in das Haus ihrer Eltern in der Paternoster Row, damit sie am Sonntagvormittag St. Paul's Alley, der Kirche der Sandemania, näher waren, wo sie zuerst zum Gottesdienst gingen, danach ein gemeinsames Mittagsmahl einnahmen und auch den Rest des Tages gemeinsam verbrachten.

Wenig später legte Faraday das Glaubensbekenntnis vor der Gemeinde der Sandemania ab. Es wurde berichtet, daß seine Frau davon überrascht war, denn er hatte ihr vorher nichts von dieser Absicht erzählt. Auf ihre diesbezügliche Frage hin soll er geantwortet haben, dies sei nur seine und seines Gottes Angelegenheit.

Faraday war ein eifriger Studierer der Bibel. Das von ihm selbst gebundene Exemplar muß er wieder und wieder gelesen haben. Viele Stellen markierte er durch mehrere unterschiedliche Anstreichungen, deren Sinn heute nicht mehr zu deuten ist. So wichtig für ihn sein Glaube war, er war auch in seinem späteren Leben nie bereit, sich über sein persönliches religiöses Erleben zu äußern. Drängten ihn Briefpartner zu einer Stellungnahme, so wich er aus oder vermied es, auf den Punkt zurückzukommen.

Der Beginn der eigenen Forschungen. Die Entdeckung der elektrischen Rotation

Mit 30 Jahren hatte Faraday zwei wichtige Fragen seines Lebens glücklich gelöst: sein Verhältnis zu den Menschen und sein Verhältnis zu seinem Gott. Die Frage, was er in der Wissenschaft leisten wollte, war noch offen.

Bereits im *Common Place Book* hatte sich Faraday verschiedene Spiele zum Training des Gedächtnisses notiert, und immer wieder tauchten in seinen Notizbüchern kurze Eintragungen auf, um das Gedächtnis zu entlasten. Ab September 1820 führte er ein *Diary*, ein wissenschaftliches Tagebuch, in das er den allergrößten Teil seiner Untersuchungen eintrug. Es waren zuerst lose Blätter im Quartformat, später im Folioformat. Wann Faraday die einzelnen Partien zu Büchern gebunden hat – insgesamt wurden es acht Bände –, vermerkte er nicht. Ohne Unterschied wurden chemische Analysen, Synthesen und physikalische Untersuchungen aufgenommen. Erschien es ihm notwendig, die Apparatur zeichnerisch festzuhalten, so geschah dies meistens rechts am Rand als Freihandzeichnung. Gelegentlich endeten die Eintragungen mit der fragenden Reflektion über das Experiment und was man noch hätte tun können. Manchmal lobte er den Ausgang *Sehr gutes Experiment, aber zu wiederholen!*.

Diese Niederschriften der wissenschaftlichen Tätigkeit wurden wahrscheinlich nicht im Labor angefertigt, sondern anhand von Notizen später in der Wohnung ausgearbeitet, ähnlich wie es Faraday bei den Vorlesungen von Tatum getan hatte, wo er auch nach den Notizen eine Reinschrift anfertigte. Für spontan geschriebene Labornotizen fließt die Schrift zu gleichmäßig. Auch zeigen die erhaltenen Blätter durchweg keinerlei Spuren von Chemikalien, und es ist unwahrscheinlich, daß Faraday bei den häufigen Explosionen und anderen kleinen Laborunglücken die Blätter so sauber halten konnte. So waren es Transkriptionen von Notizzetteln, ergänzt und korrigiert mit den nachher aus der ganzen Experimentalreihe des Tages gewonnenen Erkenntnissen.

Nichts in seinen Tagebüchern und Briefen deutete darauf hin, daß er eines der vielen offenen Probleme der Wissenschaft seiner Zeit zu dem seinen machte und experimentell die Lösung finden wollte.

Die Anzahl der Probleme war sehr groß. Ganz abgesehen von dem ungelösten Rätsel, was Gravitation sei, verstand man noch nicht den von Thomas Young 1807 eingeführten Begriff der Energie, denn man unterschied nicht konsequent zwischen der Energie der Lage, der potentiellen Energie, und der Bewegungsenergie, der kinetischen Energie. Ebenso war man sich nicht über das Wesen der Wärme im klaren. Auf dem Gebiet der Optik gab es zwei Schulen für die Theorie des Lichts. Die einen nahmen das Licht als Korpuskeln im

Newtonschen Sinne an, die anderen folgten der Wellenlehre. Doch beide Anschauungen konnten nicht alle optischen Erscheinungen, wie Polarisation des Lichtes, Doppelbrechung durch den Kalkspat und die Beugung widerspruchsfrei erklären.

Die Erforschung der Elektrizität stand erst an ihrem Anfang. Zwar hatte Charles Augustin Coulomb mit einer ganzen Reihe von sehr exakten Experimenten gefunden, daß die Abstoßung gleichnamiger Pole bei der Elektrizität wie auch beim Magnetismus einem analogen physikalischen Gesetz wie die Gravitation folgte, die Kraft $K = 1/r^2$ gehorchte, also umgekehrt proportional zum Quadrat der Entfernung war. Coulomb erklärte dies mit der Fluidtheorie und behauptete, daß die magnetischen Fluida nicht mit den elektrischen Fluida wechselwirken könnten, aber weitere Fortschritte waren noch nicht erzielt. Diese Ergebnisse waren 20 Jahre vor Voltas Entdeckung der fließenden Elektrizität gefunden worden und bildeten die Basis für alle weiteren theoretischen Überlegungen in Hinsicht auf das Wirken der elektrischen und magnetischen Kräfte in vollständiger Analogie zu Newtons Gravitationsgesetz.

Auf dem Gebiet der Chemie boten sich noch vielfältigere Forschungsrichtungen an. Es war unbekannt, ob man noch weitere Elemente entdecken konnte; und in der Tat, im 19. Jahrhundert wurden zahlreiche neue Elemente gefunden. Es war die Frage nach der Affinität der Elemente untereinander zu klären und zu überlegen – und dazu gab es erste Ansätze durch John Dalton –, ob sich die Elemente in ein System einordnen ließen. Und man konnte höchstwahrscheinlich noch eine ganze Fülle von Verbindungen synthetisieren, also auf dem Weg fortschreiten, den Faraday mit den Chlorverbindungen bereits beschritten hatte.

Das waren nur einige der grundlegenden Probleme, die sich für Faradays weitere Arbeiten in seiner freien Zeit anboten, denn Davy war im Frühjahr 1818 zu einem längeren Aufenthalt nach Neapel aufgebrochen. Im Klassizismus stieg das Interesse an der Erforschung der griechisch-römischen Altertümer. Bei Ausgrabungen in Herculaneum stieß man auf Papyrus-Rollen, die man, ohne stärkere Beschädigung in Kauf zu nehmen, jedoch nicht entrollen konnte. Davy hatte bereits in England Versuche über eine chemische Behandlung der Papyri zum Entrollen angestellt, und aufgrund der finanziellen Unterstützung von zwei Adeligen sowie eines Briefes des Prinzregenten an den italienischen König fand er in Neapel gute Arbeitsmöglichkeiten und Hilfe vor. Offenbar waren aber die Mitarbeiter nicht von der Qualität seines Assistenten Faraday, denn in einem Brief fragte er an, ob Faraday nicht für eine längere Zeit nach Neapel kommen wolle und sicherte ihm Bezahlung und natürlich die Rückkehr in die Royal Institution zu. Doch Faraday konnte sich zu diesem Schritt nicht entschließen. Ein Grund dafür mag gewesen sein, daß Davy in Begleitung seiner Frau nach Italien gefahren war. Die Briefe von Davy an Faraday aus Italien endeten jedoch meist mit sehr freundlichen Zeilen.

Davy kehrte im Juni 1820 nach London zurück. Der Präsident der Royal Society, sein Freund Sir Joseph Banks, mußte aus gesundheitlichen Gründen sein Amt abgeben, und zu seinem Nachfolger wurde Davy gewählt, nachdem Wollaston seine Bewerbung zurückgezogen hatte.

Die *Royal Society of London for Improving Natural Knowledge* war am 28. November 1660 gegründet worden. Sie bezeichnete sich als königliche Gesellschaft, wurde aber von der Krone finanziell nicht unterstützt, mußte aus den Mitgliedsbeiträgen den Sekretär bezahlen sowie die Anschaffung von wissenschaftlichen Geräten und Büchern finanzieren. Die wissenschaftlichen Geräte wurden nicht für eigene Forschungen im Rahmen der Royal Society gekauft, sondern standen leihweise ihren Mitgliedern, aber auch anderen Wissenschaftlern für ihre Forschungen zur Verfügung. Unter der Präsidentschaft von Joseph Banks war die Society in das Somerset House umgezogen, wo die Räumlichkeiten so eng waren, daß man das Museum mit den Geräten aufgeben mußte.

Auf den regelmäßigen Sitzungen der Mitglieder wurden sowohl ihre eigenen wissenschaftlichen Arbeiten als auch die von Nichtmitgliedern verlesen, denn Fremden war das Lesen nicht gestattet. Nicht immer trug der Autor selber seine Ergebnisse vor. Diese Maßnahmen waren damals notwendig, da durch die stark ausgeprägten Dialekte der einzelnen Regionen es durchaus vorkommen konnte, daß ein Beitrag aus Schottland, Wales oder Cornwall für einen Engländer nicht zu verstehen war. Hinzu kam, daß die Reise in den Wintermonaten so beschwerlich war, daß auswärtige Mitglieder nur selten an den Sitzungen teilnehmen konnten. Die Royal Society gab eine wissenschaftliche Zeitschrift, die *Philosophical Transactions*, heraus. Sie wurde später das bevorzugte Publikationsorgan für Faraday.

Wenige Wochen bevor Davy sein Präsidentenamt antrat, erhielt die gelehrte Welt von Hans Christian Oersted aus Kopenhagen die Nachricht, daß es ihm mit einem Experiment gelungen sei, die

Wirkung des elektrischen Stroms auf eine Magnetnadel nachzuweisen.

Oersted wurde auf der dänischen Insel Langeland 1777 als Sohn eines Apothekers geboren, und er lernte zuerst dessen Beruf, dann ging er auf die Universität Kopenhagen und studierte Medizin. Nach einer kurzen Lehrtätigkeit machte er eine große Reise durch Holland und Teile Deutschlands und hielt sich schließlich ein ganzes Jahr in Paris auf. Ab 1806 war er Professor für Physik an der Universität Kopenhagen, kam aber immer wieder nach Deutschland zu Besuch und nahm Kontakt zu dem Kreis um den nur zwei Jahre älteren Friedrich Wilhelm Schelling auf, der mit seinen naturphilosophischen Ideen zahlreiche Forscher beeinflußt hat.

Durch die Vermittlung von Goethe und Fichte war Schelling als Professor für Philosophie nach Jena berufen worden und gründete kurz danach mehrere philosophische Zeitschriften, die „Zeitschrift für spekulative Physik“ und die „Neue Zeitschrift für spekulative Physik“ sowie das „Kritische Journal der Philosophie“. Er versuchte, divergierende Wissenschaftszweige wieder zusammenzuführen. Er vertrat die Ansicht, daß die Naturkräfte, so verschieden sie den Menschen auch in Erscheinung traten, sich auf eine Urkraft zurückführen ließen. Andererseits sah er in der Anziehung und Abstoßung beim Magnetismus und der Elektrizität grundsätzliche Übereinstimmung und behauptete ihren inneren Zusammenhang, den Coulomb geleugnet hatte.

Einen Hinweis auf eine mögliche magnetische Wirkung eines starken elektrischen Stromes gab es, denn man bemerkte, daß Gegenstände aus Eisen, durch die der Blitz gefahren war, magnetisch wurden. Doch konnte man das mit Hilfe von Elektrisiermaschinen im Labor nicht nachvollziehen. So blieb die Frage offen, was eigentlich geschehen war. Diese Darstellung hatte auch Faraday in der Encyclopaedia Britannica gelesen.

Oersted nahm die Hypothese von Schelling auf und versuchte, sie experimentell zu beweisen. Seine Versuchsanordnung im Jahr 1819 war denkbar einfach. Er benutzte eine große galvanische Batterie mit Kupfer- und Zinkplatten [von etwa 20 Volt Spannung, ein Begriff, der damals noch unbekannt war]. Der Elektrolyt bestand aus einem Gemisch von Wasser, etwas Schwefelsäure und Salpetersäure. Die Stärke seines galvanischen Elements definierte Oersted durch die Tatsache, daß sie einen Draht zum Glühen bringen konnte, wenn man ihn mit den beiden Polen der Batterie verband. Dieser verbindende Draht wurde zwischen zwei Isolatoren in gerader Linie aufgespannt, und unter dem Draht befand sich eine leicht bewegliche Magnetnadel, die sich natürlich nach dem erdmagnetischen Feld einstellte. Befand sich der Nordpol der Magnetnadel zum negativen Pol hin, und wurde der Draht mit den Polen der Batterie verbunden, so wurde die Magnetnadel abgelenkt, und zwar in solcher Weise, daß, wenn man in Richtung des Flusses des Stromes vom Positiven zum Negativen blickte, der Nordpol der Nadel nach links abwich. Drehte man den Stromfluß um, so lenkte sich die Nadel nach der anderen Seite ab.

Am 21. Juli 1820 teilte Ostersted diese Ergebnisse in einer in lateinisch verfaßten Abhandlung seinen Kollegen mit. Mehrere wissenschaftliche Zeitschriften übernahmen die Abhandlung, so auch die Redaktion des „Journals für Chemie und Physik", der deutschen führenden wissenschaftlichen Zeitschrift. Hinter dem lateinischen Titel *Experimenta circa efectum conflictus elektrici acum magneticam* war ein Sternchen für eine Anmerkung gesetzt, die lautete:

> Der Absicht des Hrn. Verfassers gemäß wird diese wichtige Anzeige in der Ursprache abgedruckt, worin er sie mitteilt. Ohnehin wäre es zu wünschen, daß von der unter den Gelehrten aller Völker geltenden Gemeinsprache öfters Gebrauch gemacht würde, als es neuerdings geschieht.

Oersted nennt sein Experiment noch „Konflikt von Elektrizität und Magnetismus" nicht „Wechselwirkung" oder „Wirkung von Elektrizität und Magnetismus".

Wenig später fand Oersted die Umkehrung des Effektes, daß also nicht eine Magnetnadel von einem stromdurchflossenen Leiter beeinflußt wurde, sondern daß ein Magnet einen stromdurchflossenen Leiter bewegen konnte.

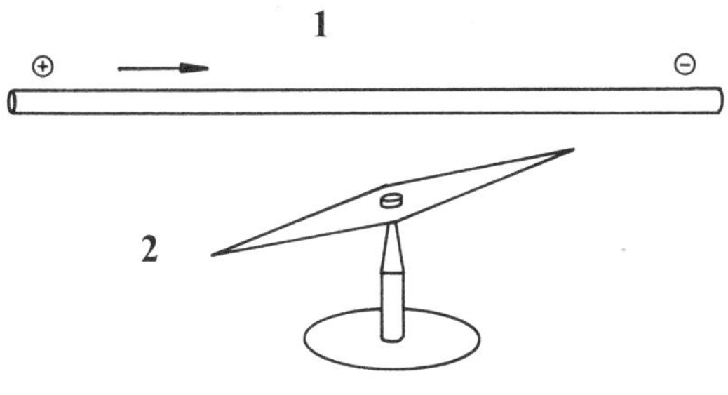

10. Versuchsanordnung von Oersted: 1 Leiter 2 Magnetnadel

Der französische Physiker Dominique François Arago brachte die Nachricht von Oersteds Versuch nach Paris. Arago war ein vielseitig interessierter Mann, der die Stelle des Sekretärs im Büro für Längenmessung in Frankreich innehatte. In dieser Eigenschaft war er zu Beginn des Jahrhunderts in Spanien tätig, um die Meridianvermessung von Barcelona aus nach Westen fortzusetzen. In den politischen Wirren der Erhebung der Spanier gegen Napoleon geriet er in spanische Gefangenschaft und kam erst nach vielen widrigen Umständen wieder frei. Er wurde Sekretär der Akademie und Professor an der École Polytechnique in Paris. Dieser hoch angesehene Wissenschaftler sah in Genf das Experiment bei de la Rive und gab am 11. September seinen Pariser Akademiekollegen Bericht von dieser grundlegenden Entdeckung.

Ampère, der, wie Arago in dem Nachruf auf den Freund schrieb, damals noch immer an Coulombs Aussage über die Unvereinbarkeit einer Wechselwirkung von Elektrizität und Magnetismus glaubte, ließ sich sofort durch die experimentellen Tatsachen überzeugen und erweiterte Oersteds Versuche auf geniale Art, indem er die gegenseitige Wirkung von zwei stromdurchflossenen Leitern untersuchte. Er fand, daß, wenn die Stromflußrichtungen parallel waren, sich die beiden Drähte abstießen; waren sie einander entgegengesetzt, so zogen sich die Drähte an. Ampère blieb nicht bei der Beschreibung der Versuche stehen, sondern bemühte sich sogleich mit Hilfe seiner umfangreichen mathematischen Kenntnisse, aus den Werken von Euler und anderen eine Theorie dieser Effekte aufzubauen. Die Grundlage für ihn war das Fernwirkungsgesetz von Newton, nach dem die Kraft K zwischen zwei Körpern umgekehrt proportional zu ihrer Entfernung r war ($K = 1/r^2$). Es erschien ihm sinnfällig, daß bei der Abstoßung und Anziehung der beiden Drähte je nach der Stromrichtung eine Erklärung aufgrund der Zwei-Fluid-Theorie der Elektrizität widerspruchsfrei möglich wäre. Den Magnetismus bei natürlichen Magneten erklärte er dann durch die Annahme, daß im Magnet selbst kreisförmige Ströme fließen müßten, denn nur so konnten die elektrischen Ströme des Magneten auf die im Draht wirken. Mehrmals hielt er über seine Arbeiten Vorträge in der Akademie.

Nach vielen Jahren angestrengter Tätigkeit legte er ein umfassendes Werk vor: *Mémoires sur la théorie mathématique des phénomènes électrodynamiques uniquement déduit de l'expérience*. Das Wort Elektrodynamik wurde von ihm geprägt, auch verwandte er als erster für den Transportvorgang der Elektrizität das Wort „Strom“.

Arago war indessen auch nicht untätig und versuchte seinerseits, die Erscheinungen beim Oerstedschen Versuch zu verstehen. Es war seit langem bekannt, daß, wenn man Eisenfeilspäne auf ein Blatt Papier streute und einen Magneten darunter hielt, man gewisse Anordnungen der Eisenfeilspäne erhalten konnte, die zeigten, daß von einem Pol zum anderen sich die Eisenkörner in regelmäßigen Formen anordneten. Diese Bilder erhielt man nicht nur bei natürlichen Magneten, sondern auch, wenn man Eisen mit Magneten bestrich, so daß das Eisen magnetisch wurde. Wie lagen nun die Verhältnisse bei dem vom Strom durchflossenen Draht, gleichgültig, ob er aus Kupfer oder aus Platin war? Arago fand, daß sich um den Draht die Eisenfeilspäne wie um einen Pol eines Stabmagneten anordneten. Diese Entdeckung machte er am 25. September 1821 in der Akademie bekannt. Arago und Ampère machten zusätzlich Versuche mit spiralig gewickeltem Draht, Spulen, die an ihren Enden deutlich Nord- und Südpol zeigten.

Auch in Deutschland wurde Oersteds Experiment studiert, und Johann Salomon Christoph Schweigger kam auf die Idee, die Magnetnadel nicht nur unter einen gerade gestreckten Draht zu halten, sondern den Draht mehrfach um die Magnetnadel in Form einer Spule zu führen. Nun war bei einem sehr viel geringeren Strom eine deutliche Auslenkung der Magnetnadel zu beobachten. Es war der sogenannte Schweiggersche Multiplikator, das erste Meßgerät für den elektrischen Strom. Wenngleich ungeeicht, war es doch geeignet, nach der Größe des Ausschlages eine quantitative Aussage zu treffen.

Über Frankreich gelangten die Nachricht von Oersteds Entdekkung und Einzelheiten der Versuchsanordnung nach England, denn offenbar hatte Oersted seine lateinisch verfaßte Flugschrift nicht an die Royal Society gesandt. In einem Brief vom 20. Oktober 1820 schrieb Davy an seinen Freund William Hasledine Pepys:

> Das Experiment, das ich wünsche Dir zu zeigen, ist nicht weniger als die Umwandlung von Elektrizität in Magnetismus; aber es ist bis jetzt geheim. Ich will zu Dir am Montag um 12 Uhr in die Poultry kommen, sei bitte so gut zu veranlassen, daß die Batterie morgen geladen wird, damit sie für uns am Montag fertig ist. Hast Du eine bewegliche Magnetnadel? Dieses und eine Luftpumpe und ein Glassturz, um einen Bogen im Vakuum zu machen zwischen Kohlen, das ist alles, was wir brauchen. Vielleicht lädst Du Dr. Babington ein und unseren werten Freund Allen. Ich will Dir die Eröffnung eines ganz neuen Feldes vom Experiment zeigen. [Im Original ist der Singular verwendet.]

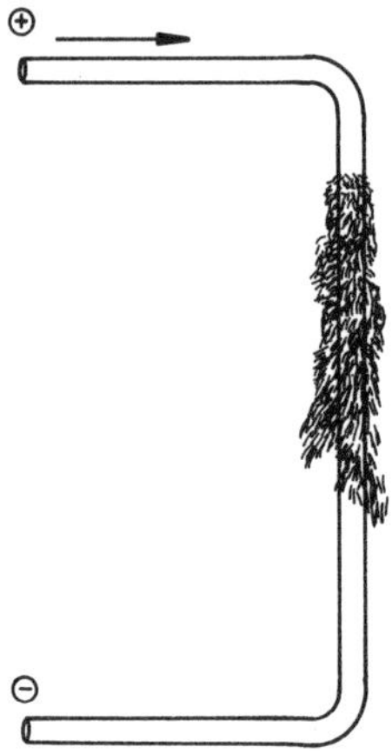

11. Bart aus Eisenfeilspänen um einen stromdurchflossenen Leiter

Experimentiert wurde nicht in der Royal Institution, sondern in der London Institution, einer neu gegründeten wissenschaftlichen Vereinigung, die eine große galvanische Batterie besaß. Nichts deutete in den Aufzeichnungen von Faraday darauf hin, daß er bei diesen Untersuchungen zugegen war oder daß er sich über die Oerstedschen Versuche bereits damals seine eignen Gedanken machte, denn er stand ja noch mitten in der Arbeit an den Stahllegierungen.

Davy machte noch weitere Versuche, über die er in der Sitzung der Royal Society am 16. November in Form eines offenen Briefes an Wollaston berichtete, ein übliches Vorgehen, um schnell ganz neue Erkenntnisse publik zu machen und sich die Priorität zu sichern.

Davy ging zuerst auf frühere, oft sehr vage Ideen anderer Forscher über die Wirkung von Elektrizität und Magnetismus ein, so auch auf die des deutschen Gelehrten Johann Wilhelm Ritter, dann diskutierte er seine eigenen Experimente. Unabhängig von Arago fand er ebenfalls, daß Eisenfeilspäne vom stromdurchflossenen Draht angezogen wurden, und zwar auf der ganzen Länge des Drahtes. Er bemerkte, daß die Menge der angezogenen Späne proportional zur Stärke der Elektrizität (also des Stromes) war. Außerdem beobachtete er, daß, je heißer der Draht war (also bei höherem Strom), desto mehr Späne an ihm klebten. Das Ergebnis verwunderte ihn offenbar. Mit mehreren Magnetnadeln prüfte er die Wirkung rund um den Draht. Niemals verwendete er das Wort „Feld“ bei der Beschreibung der Phänomene.

Eine weitere Untersuchung führte Davy mit einer Elektrisiermaschine und der Leydnerschen Flasche aus. Er steckte einen Draht durch eine Pappscheibe, auf der er Stahlnadeln im Kreis angeordnet hatte. Schickte er einen Stromstoß durch den Draht, so fand er die Nadeln magnetisiert. Er verwies auf einen Zusammenhang mit Wollastons Vorstellung vom kreisenden Magnetismus.

Am Ende seiner Ausführungen dankt er Herrn Pepys, Herrn Allen und Herrn Stodart für ihre gelegentliche und Faraday für seine ständige Unterstützung.

Im April des nächsten Jahres kam Wollaston in das Laboratorium, um mit Davy gemeinsam zu versuchen, ob man unter dem Einfluß eines Magneten nicht einen Draht um seine eigene Achse rotieren lassen könnte. Durch die Versuche von Arago, Ampère und Davy war nämlich klargeworden, daß der stromdurchflossene Leiter sich wie ein Stabmagnet verhielt, nur mit dem Unterschied, daß aus ihm senkrecht die magnetischen Linien austraten, als wäre jeder kleinste Abschnitt des Drahtes der Endpol eines Stabmagneten. Wollaston

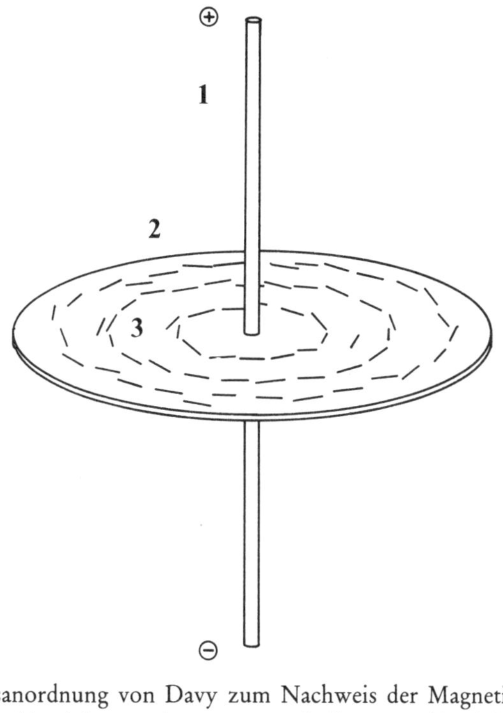

12. Versuchsanordnung von Davy zum Nachweis der Magnetisierung von Stahlnadeln: 1 Leiter 2 Pappscheibe 3 Stahlnadeln

13. Vorstellung von Wollaston über die Ausbildung der magnetischen Pole bei einem stromdurchflossenen Leiter

nahm an, daß ein stromdurchflossener Draht Nord- und Südpol auf gegenüberliegenden Seiten hätte, doch sein Rotationsversuch führte zu keinem Erfolg.

Unter dem Datum vom 21. Mai notierte Faraday in seinem *Diary*, daß sich Davy mit einem Dr. Ure, den Herren Pepys und Vernom und noch weiteren Personen sowie Faraday in der London Institution zu Experimenten traf. Es wurden in einem mit zwei Elektroden versehenen Glasbehälter, der evakuiert war, mit Hilfe der großen Batterie – sie lieferte etwa 3000 Volt – ein langer Lichtbogen gezündet. Mit einem starken Hufeisenmagneten konnte man durch die Glasglocke hindurch die Lage des Lichtbogens beeinflussen, so daß er sich aus der Achse ausbog und je nachdem, ob man ihn dem Nord- oder dem Südpol des Magneten näherte, mehr zum Magneten hin oder vom Magneten abgestoßen wurde. Führte man den Magneten um das Glasgefäß herum, so folgte der Bogen der Bewegung. Entweder wurde er zurückgedrängt oder angezogen. Der Versuch wurde dann unter Verwendung einer Elektrisiermaschine als Spannungsquelle wiederholt. Faradays Eintragung beschränkte sich auf die bloßen Fakten; eine mögliche Erklärung gab er nicht ab.

Faradays Freund, Richard Phillips, bat ihn zu dieser Zeit um einen Übersichtsartikel für die *Annals of Philosophy* über das aktuelle Gebiet des Elektromagnetismus. Diese Arbeit nahm Faraday mehrere Monate in Anspruch, und er hat wohl viele der angegebenen Versuche der anderen Autoren nachgearbeitet, um sich durch die eigene Anschauung ein Bild davon, wie die Experimente zu interpretieren waren; doch fand davon nichts seinen Niederschlag im *Diary*. Am

4. September schrieb ihm Phillips, daß er das Manuskript über den Elektromagnetismus erhalten habe und daß es genau dem entspräche, was er gewünscht hatte. Die Arbeit erschien in drei Teilen und zeigte, wie kritisch Faraday sowohl Oersteds als auch besonders Ampères Versuche analysierte.

Die Wissenschaftsgeschichte zeigt immer wieder, wie kompliziert es für jeden Wissenschaftler ist, die von einem anderen durchgeführten Experimente und seine daraus gezogenen Folgerungen zu verstehen, wenn er selber ein anderes Gedankengebäude aufzurichten bestrebt ist und in einem anderen Stil experimentiert. Das Verstehen wird um so schwieriger, je weiter sich die Vorstellung von irgendwelchen sinnlichen Wahrnehmungen entfernt. Die beobachtbaren Tatsachen beim Oerstedschen Versuch waren außerordentlich einfach. Man verband die Pole einer Batterie mit einem Draht und brachte in die Nähe dieses Drahtes eine Magnetnadel. Sie bewegte sich, wenn die Pole verbunden wurden, nach festen Regeln, wie der Strom von der Kupfer- zur Zinkplatte durch den Draht floß. Doch war alles Wissen über diesen Strom und seine Erzeugung durch die Kupfer- und Zinkplatten in der wäßrigen Schwefelsäure-Salpetersäure-Lösung unklar. Die Sprache wurde für die Beschreibung von Zuständen, die man nicht erkennen konnte, und die man in ihrer Ursache nicht verstand, benutzt. Faraday schrieb:

> Ich fand es sehr schwierig, eine klare Idee von dem zu erhalten, was getan wurde und von wem, infolge der großen Variationen der Zahl von Theorien, die in ihnen vorgestellt wurde, den verwirrenden Daten und anderen Umständen.

Faraday mußte für seine historische Übersicht die Veröffentlichungen von 20 Forschern in Europa lesen, verstehen und komprimiert wiedergeben sowie versuchen, dem Leser deutlich zu machen, in welcher Richtung ein Fortschritt der Erkenntnis über das Wesen der Elektrizität und des Magnetismus gesehen wurde. Er fügte seinem ausführlichen Text einige Illustrationen bei, die zeigten, was er veranschaulichen wollte, worüber er wahrscheinlich am intensivsten nachdachte. So versah er eine Glasplatte mit einer Kennzeichnung der Lage des Leiters und der Abweichung der Magnetnadel beim Stromdurchgang, um sich anhand des Modells über die jeweilige Ablenkung informieren zu können. Er nahm auch eine Darstellung von Davys Experiment mit den Stahlnadeln auf der Pappscheibe auf.

Faraday hatte sich schon, als er die Vorträge von Tatum in der City Philosophical Society hörte, der Ein-Fluid-Theorie angeschlossen, und deshalb war es für ihn schwierig, der Zwei-Fluid-Theorie von Ampère zu folgen. Er forderte Ampère indirekt auf, dazu Stellung zu nehmen, was er unter dem Strom verstand, von dem er dauernd sprach.

Das sehr genaue Eingehen auf die Argumente der zu referierenden Arbeiten, die analytische Durchdringung war ungewöhnlich, und es war besonders deshalb ungewöhnlich, da sich Faraday aufgrund dieser Analyse mit fast einjähriger Verspätung gegenüber seinen Mitbewerbern auf diesem wissenschaftlichen Gebiet an eigene Experimente machte.

Die letzte Eintragung im *Diary* macht Faraday vor der Sommerpause am 27. Juni über eine chemische Analyse. Erst am 3. September begann die Serie von Untersuchungen zum Elektromagnetismus, die täglich bis zum 10. September fortgeführt wurden mit Ausnahme des 9. Erst im Dezember wurden dann noch einmal Versuche zum Elektromagnetismus durchgeführt. Am ersten Tag machte Faraday Versuche mit stromdurchflossenen Drähten und Magnetnadeln in Anlehnung an die Oerstedschen Versuche. Doch er fand das Verhalten nicht so eindeutig nur auf Anziehung und Abstoßung ausgerichtet. Er notierte: *Das zeigt die Bewegung in Kreisen rund um jeden Pol folgendermaßen,* und machte eine kleine Zeichnung dazu.

Der nächste Versuch war eine Anlehnung an Wollastons Idee. Ein Draht wurde senkrecht aufgehangen, so daß durch ihn der Strom gehen konnte. Der obere Kontakt bestand aus einem kleinen Silberhütchen mit Quecksilber, im unteren Teil tauchte der Draht in ein kleines Bassin mit Quecksilber ein. Wenn Faraday einen Magneten senkrecht zum Draht näherte, so wich der Draht aus, aber er vollführte keinerlei kreisende Bewegung. Weitere Versuche machte Faraday mit gekrümmten Drähten, ähnlich Davys Versuch mit dem Lichtbogen der sich bei der Annäherung des Magneten geformt hatte. Der gebogene Draht wich dem Magneten aus, drehte sich; Faradays Beobachtungsgabe entging nicht, wie die Kraft wirklich wirkte.

Der letzte eingetragene Versuch für diesen Tag brachte ihm dann offenbar die endgültige Bestätigung für eine lang gehegte Vermutung. Eine Magnetnadel wurde in einem kleinen Gefäß mit Quecksilber aufrecht stehend befestigt. Wiederum wurde ein Draht mit einem oberen Quecksilberkontakt so eingehängt, daß er sich frei im Quecksilber bewegen konnte. Schickte Faraday nun einen Strom durch den Draht, so beobachtete er eine Umkreisung des Drahtes um den Pol des aufrecht stehenden Magneten. Die Eintragung schloß mit dem

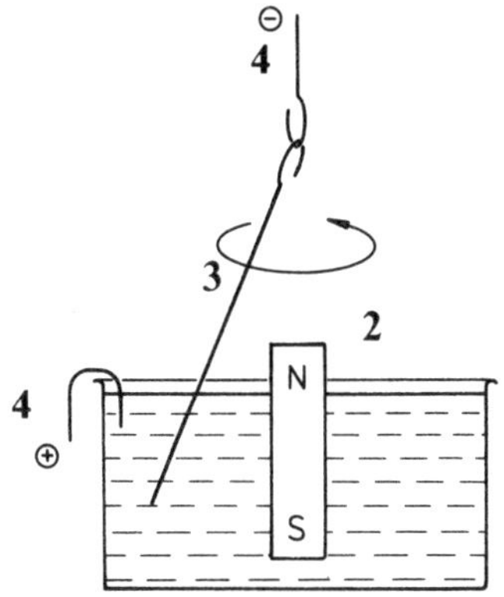

14. Versuchsanordnung von Faraday zur Rotation eines stromdurchflossenen Drahtes um einen Magneten: 1 Gefäß mit Quecksilber 2 Stabmagnet 3 Drehbar aufgehangener Draht 4 Plus- und Minuspol für den Anschluß der Batterie

Satz: *Sehr befriedigend, aber mache eine mehr empfindliche Apparatur.*

Am nächsten Tag experimentierte er mit einer verbesserten Anordnung. In den weiteren Versuchen bemühte er sich, den Magnet oder den Draht um sich selbst drehen zu lassen. Er untersuchte auch noch andere Anordnungen, unter anderem eine mit zwei Südpolen. Der frei bewegliche Draht beschrieb eine Doppelkurve um die Pole. Diese Beobachtung machte Faraday klar, welche Kräfte die Drehung bewirkten. Die Eintragung dazu lautete:

Das verstärkt die Idee, daß es nicht der Draht ist, die Ströme, die kreisen und zeigen, daß es nicht diese oder die andere Seite von dem Draht ist, die irgendeine Beziehung zum Pol hat, sondern die Position von dem Strom zu dem Pol selber.

Der nächste Tag war mit Experimenten über hufeisenförmige Leiter aus Blech angefüllt, die nichts wesentlich Neues brachten. Am vierten Tag der Experimente versuchte er, ob auch das erdmagnetische Feld die Drehung bewirken könnte. Er baute sich dazu ein einzelliges galvanisches Element aus nur einer Kupfer-Zink-Platte, die er mit einem kreisförmig gebogenen Schließdraht kurzschloß. Dieses Element ließ er in einem größeren Gefäß mit Wasser schwimmen, so daß die Leiterschleife aufrecht stand. Er bemerkte in seinen Aufzeichnungen:

Es bewegte sich sehr langsam in einer Kurve senkrecht zum magnetischen Meridian, und dann zog ein Südpol die innere Seite der Kurve nach Norden.

Als Kurve bezeichnete Faraday den Draht zwischen den Polen. Zur Sicherheit wiederholte er das Experiment und erhielt das gleiche Ergebnis. Sofort nach dem Abschluß der Untersuchungen schrieb er eine umfangreiche Veröffentlichung in Anlehnung an seinen historischen Sketch und die Versuche für *The Quarterly Journal of Science, Literature and the Art*. Als Eingangsdatum wurde der 11. September 1821 vermerkt. Unter der Überschrift „Über einige neue elektromagnetische Bewegungen und eine Theorie des Magnetismus" veröffentlichte sie Faraday mit dem Hinweis „Chemischer Assistent in der Royal Institution".

Nur einen Tag später schrieb er einen ausführlichen Brief an de la Rive. Es war die Antwort auf einen gerade erhaltenen Brief, dem eine kleine Apparatur beilag, die de la Rive gebaut hatte. Ein einzelnes Plattenpaar Kupfer-Zink war an einem Kork befestigt, so daß es auf Wasser schwimmen konnte. Die Verbindung zwischen beiden Platten wurde durch eine Drahtspirale auf einem kleinen Glasrohr bewirkt. Ließ man das Ganze in verdünnter Schwefelsäure schwimmen, so erzeugte das Element in der Spule ein Magnetfeld durch den dadurch fließenden Strom. Näherte man sich nun diesem schwimmenden kleinen Magneten mit einem Stabmagneten, so beobachtete man entsprechend der Polung Anziehung und Abstoßung. Kam man nicht genau senkrecht auf die Elektromagneten zu, so drehte sich die Spule entsprechend zum Pol.

Faraday verwertete dieses kleine Gerät auch in seiner Veröffentlichung. Wie bei seiner Arbeit über die organischen Chlor-Komponenten beschrieb Faraday auch diesmal alle seine Versuche mit größter Genauigkeit. Ausführlich wurden Experimente mit Spulen beschrieben, die er als Elektromagnete bezeichnete. Nichts sollte dem Leser unklar oder verborgen bleiben. In seiner Kritik an Ampère war er bestimmt in seiner eigenen, auf Experimente gestützten Aussage aber dennoch zurückhaltend, indem er den Ausdruck wählte *Herr Ampère ist, ich glaube....* Faraday griff auch Ampères Theorie über das Zustandekommen des Magnetismus an. Er erwähnte die große Autorität von Dr. Wollaston über die elektromagnetischen Ströme.

Was in der Veröffentlichung vorsichtig angedeutet war, im Brief an de la Rive kam es deutlicher zum Ausdruck. Faraday war sich der Tragweite seiner Entdeckung bewußt, ihm war klar, daß damit große Teile der Ampèreschen Theorie, die keineswegs vollständig – wie

Ampère geschrieben hatte – auf Experimenten basierten, durch seine Experimente widerlegt wurden. Ampère war von Anziehung und Abstoßung ausgegangen, eine zirkulare Bewegung eines Leiters konnte er nicht erklären.

Der letzte Teil von Faradays historischem Abriß über Elektromagnetismus erschien so spät, daß der Herausgeber, sein Freund Philipps, noch einen Anhang über Faradays Experimente zur elektromagnetischen Rotation anfügen konnte. So wurde in zwei wissenschaftlichen Zeitschriften nahezu gleichzeitig das Ergebnis bekanntgemacht.

Angeregt durch die Übersendung der kleinen Apparatur von de la Rive entschloß sich Faraday, von seinem Rotationsapparat auch einfache Modelle anfertigen zu lassen. Im *Quarterly Journal of Science, Literature and the Art* erschien daher bald nach der ersten Arbeit eine kurze Notiz, daß der Instrumentenbauer Newman in der Lislestreet ihm eine einfache Apparatur gebaut hatte, mit der man die Rotation eines stromdurchflossenen Drahtes um einen Magneten zeigen konnte.

Mit Newman verband Faraday schon eine jahrelange Freundschaft, denn er war eine der Personen, die er in seinen Briefen von der großen Reise grüßen ließ. Faraday verschwendete schon in der Frühzeit seiner wissenschaftlichen Tätigkeit keine Zeit auf die Herstellung von besonders komplizierten Apparaturen. Er begnügte sich später stets mit sehr einfachen Versuchsanordnungen. Benötigte er zur Demonstration oder für seine Forschungen kompliziertere Geräte, so wandte er sich an Newman, der alle seine Wünsche in wissenschaftlicher Hinsicht befriedigen konnte. Eine verbesserte Ausführung des Rotationsexperiments, wobei man nicht nur den Draht um den Magneten, sondern auch den Magneten um den Draht in einer doppelten Apparatur vorführen konnte, wurde bald darauf von Faraday wiederum mit einem kleinen Aufsatz im *Quarterly Journal* angezeigt.

Links unten im Bild ist der Zuführungsdraht für den Pluspol der Batterie. Im linken Gefäß ist beweglich ein Stabmagnet angebracht, der in einem kleinen Quecksilbersee aufrecht steht. Von oben taucht ein Draht ein. Über dem Galgen ist auf der rechten Seite ein beweglicher Draht befestigt, der wiederum in Quecksilber eintaucht; und in diesem Quecksilbersee steht aufrecht ein Stabmagnet, dessen unteres Ende mit dem anderen Pol der Batterie nach rechts hin verbunden werden kann. Schließt man nun den Stromkreis, so bewegen sich

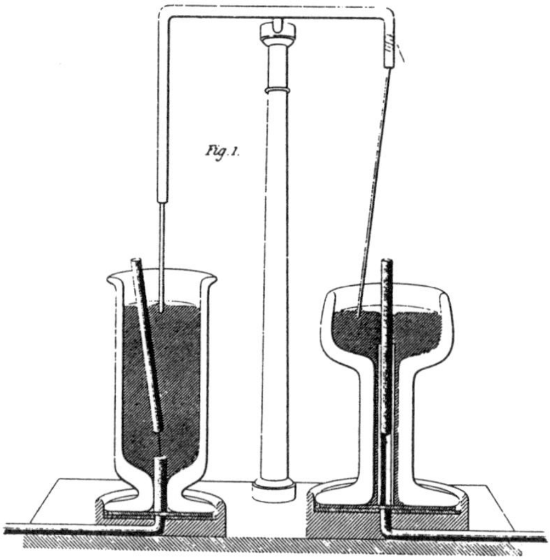

15. Abbildung des Rotationsversuches aus Faradays Veröffentlichung

Magnet und Draht gleichzeitig im Kreis. Polt man die Batterie um, so drehen sie sich anders herum.

In der vereinfachten Form war das Gerät nur eine kleine Glasröhre, in dem sich der Draht um den Magneten drehte. Ein solches Gerät verschickte Faraday an befreundete Wissenschaftler. So konnten sie sich selbst von dem Effekt überzeugen. Solange die Batterie angeschlossen war und Energie lieferte, drehte sich der Draht um den Magneten. Das war eine Erscheinung, die man bislang nicht kannte. Daß die chemische Umsetzung in der Batterie die Energie dazu lieferte, war den Zeitgenossen nicht klar, die noch immer von einer Kontaktheorie zur Erzeugung von Elektrizität ausgingen. Konnte man aus dem Phänomen auch noch keine Antriebsmaschine entwikkeln, so lag doch die Vermutung nahe, daß auf diesem Weg eine solche Maschine gebaut werden könnte.

Der Erfolg der experimentellen Arbeit von Faraday war nicht zu übersehen. Zwanzig Forscher in Europa hatten Veröffentlichungen über den Elektromagnetismus publiziert, und keinem war bei allen scharfsinnigen Betrachtungen über die Fluide aufgefallen, daß im Wechselspiel zwischen Anziehung und Abstoßung eine solche kreisende Bewegung möglich sein müßte. Nur Faraday war offenbar beim Experiment von Davy mit dem Lichtbogen und dem Magneten in Verbindung mit Wollastons Ideen, der den Draht um seine eigene

Achse sich drehen lassen wollte, der grundlegende Irrtum über die Wirkung der Anziehung und Abstoßung bei den anderen Experimentatoren klar geworden.

Ein Neuling auf dem Gebiet hatte alle überflügelt. Es war bei der menschlichen Natur der Forscher, die Faraday als moralisch höherwertig eingestuft hatte als andere Menschen, nicht überraschend, daß Eifersucht aufkam.

Schon wenige Tage nach dem Erscheinen seiner Arbeit, am 8. Oktober 1821, schrieb er an Stodart:

> Mein geehrter Herr, ich höre jeden Tag mehr und mehr von solchen Reden, die, obwohl mir zugeflüstert, mir verdächtig laut unter den Wissenschaftlern ausgesprochen werden, und die zum Teil auf meine Ehre und Ehrlichkeit wirken. Ich bin besorgt, das zu beseitigen oder zuletzt irrtümlich zu beweisen, solche Teile, die unehrenhaft für mich sind. Sie wissen ganz genau, welchen Kummer die ganz unerwartete Aufnahme meiner Veröffentlichung über den Magnetismus mir bereitet, und Sie werden deswegen nicht überrascht sein über meine Besorgnis wieder da herauszukommen, obwohl ich Ihnen und auch anderen meiner Freunde damit Ärger bereite.
>
> Wenn ich richtig verstehe, so werde ich beschuldigt, die Information anerkannt zu haben, die ich erhielt, während ich Sir H. Davy bei seinen Experimenten über den Gegenstand assistierte; die Theorie und die Gesichtspunkte von Dr. Wollaston verschwiegen zu haben; dabei gewesen zu sein, während Dr. Wollaston über diesen Gegenstand arbeitete; und schimpflich Dr. Wollastons Gedanken aufgegriffen zu haben, ihnen nachgegangen zu sein, ohne darüber Nachricht zu geben in den Ergebnissen, die ich publiziert habe.
>
> Es ist etwas Entwürdigendes in allen diesen Vorwürfen. Und wären sie am Ende wahr, ich fühlte, ich könnte nicht in dem Verhältnis bleiben, in dem ich nun mit Ihnen und mit anderen Personen der Wissenschaft in Verbindung stehe. Noch kann ich es in der Tat ertragen, daß selbst nur ein Verdacht von solchen Dingen übrigbleibt. Meine Liebe zur wissenschaftlichen Reputation ist noch nicht so groß, mich zu veranlassen, sie im Austausch zur Ehre zu nehmen, und meine Sorge, das Schandmal zu beseitigen, ist so, daß ich nicht zögere, Sie mehr zu belästigen, als Sie eigentlich gewillt sind für mich zu tun.

Faraday bat Stodart, ihm eine Unterredung mit Dr. Wollaston zu vermitteln, dessen wissenschaftliche Reputation er über jeden Zweifel erhaben sah. Er wünsche auf keinen Fall, in irgendeiner Form ungerecht zu sein. Faraday ging dann auf die einzelnen Punkte ein und schrieb, daß er bereits mit Davy gesprochen habe und hoffe, daß er ihm glaube, daß es ihm nicht möglich war, vor der Drucklegung ihm seine Ausarbeitungen zu zeigen. Dann ging er noch einmal auf die

Unterschiede von seinen Experimenten und den Ideen von Wollaston mit dem sich um seine eigene Achse drehenden Draht ein und erwähnte, daß er nicht bei den Experimenten von Wollaston zugegen gewesen sei und auch nichts von dessen Apparatur gesehen habe.

Hatte nicht Faraday bei seinem Vortrag über die Ehre vor den Freunden der *City Philosophical Society* gesagt, daß sie die Grundlage der sozialen Struktur der Gesellschaft sei? Nun erlebte er, kaum daß er mit seinen eigenen Arbeiten den ersten wissenschaftlichen Ruhm ernten wollte, wie seine Neider ihn höchst unehrenhaft beschuldigten.

Er schrieb noch in dem Brief an Stodart:

> Ich bin nur ein junger Mann und ohne einen Namen, und es macht wahrscheinlich gar nichts aus für die Wissenschaft, was aus mir wird;...

Die Unterredung mit Wollaston konnte erst nach dessen Rückkehr nach London verabredet werden, und am 30. Oktober schrieb Faraday an ihn und bat um eine Unterredung, wobei er die Hoffnung zum Ausdruck brachte, daß Wollaston durch seine Erklärung zufriedengestellt werden könne. Umgehend antwortete ihm Wollaston: *Sie scheinen mir unter der Bürde einiger Mißverständnisse über die Stärke meiner Gefühle bezüglich des von Ihnen angesprochenen Gegenstandes zu arbeiten.* Dann machte er ihm als Abgrenzung des Falls gegen Vorwürfe von anderen Wissenschaftlern klar, daß dies Faradays Problem und nicht das seine wäre, und bot ihm an: *Aber wenn Sie irgendeine Aussprache mit mir wünschen und Sie können es einrichten, morgen Vormittag zwischen zehn und halb elf vorbeizukommen, so können Sie sicher sein, mich zu finden.*

Die Unterredung muß Faraday vollauf befriedigt haben, denn Ende Dezember nahm er seine Arbeiten zum Rotationsprinzip wieder auf. Er untersuchte die Einstellung eines stromdurchflossenen Drahtes im erdmagnetischen Feld. Auch am 24. Dezember wurde experimentiert, und am 25. – dem englischen Weihnachtstag – gelang es ihm in Gegenwart seines Schwagers Georg mit einer ganz simplen Anordnung, die Rotation im erdmagnetischen Feld allein zu erreichen. In einer flachen Schale befand sich etwas Quecksilber, überschichtet mit einer wäßrigen Salpetersäurelösung. In diese Schale tauchte ein langer Draht ein, der etwas stärker aus der Vertikalen geneigt war, als die entsprechende Einstellung einer Magnetnadel im erdmagnetischen Feld. Beim Schließen des Stromflusses drehte sich der Draht in dem flachen Schälchen, bei Änderung der Stromrichtung änderte er seine

Drehrichtung. Faraday war voll Freude, wie sein Schwager berichtete, und seine Augen glänzten. Wollaston erschien mehrere Male im Laboratorium, um den Versuch zu sehen.

Faradays Veröffentlichungen führten zu einer Korrespondenz mit Ampère über die Grundlagen des Magnetismus und der Elektrizität. Ampère hatte ein Experiment durchgeführt, bei dem sich der Magnet um seine eigene Achse drehte. Er erklärte in einem nicht mehr auffindbaren Brief an Faraday, daß dieses das Experiment sei, mit dem er entscheiden könne, ob die elektrischen Ströme in einem Magneten rund um die Achse des Magneten umlaufen oder rund um jedes einzelne Partikel im Magneten [eine Theorie, die recht ähnlich der alten Wirbeltheorie von Descartes war].

Faraday formulierte seine Erwiderung sehr vorsichtig. Er folgte den Ideen von Ampère nicht, sondern er führte die Rotation auf die Wirkung des Stroms der Elektrizität zurück, und er ersann dazu auch ein entsprechendes Experiment, indem er in einem Quecksilberbad einen aufrecht schwimmenden Draht mit einem ganz genau darüber justierten Magneten zur Rotation um die eigene Achse brachte.

Im weiteren Verlauf der brieflich geführten Diskussion wich Faraday immer mehr einer direkten Konfrontation aus, indem er sich mit einem Steuermann verglich, ohne die Prinzipien der Wirkungsweise des Kompasses zu kennen. In Briefen an de la Rive beteuerte er zwar seine Bewunderung für die Theorien von Ampère, doch lehnte er es ab, sich selbst damit zu beschäftigen. Er bedauerte seine Unkenntnis in der Mathematik; aber andererseits bemerkte er, daß die Mathematiker ihrerseits sehr unterschiedliche Theorien entwickelten, und hatte er doch selber mit der Rotation einen Effekt gefunden, den man aus Ampères Theorien nicht ableiten konnte. So verstärkte sich sein Eindruck, daß nur das Experiment zum Fortschritt der Erkenntnisse beitragen konnte.

Faraday war in England bis dahin noch nie mit einem mathematisch ausgebildeten Naturforscher zusammengekommen. Weder Tatum, noch Davy, noch Brande hatten in ihren Vorlesungen Mathematik verwendet. Wollaston war ein reiner Experimentalphysiker und Chemiker. Wahrscheinlich hätte Faraday die Möglichkeit gehabt, die Lücken seiner mathematischen Bildung zu schließen, jedoch die vagen Theorien von Ampère bestärkten ihn sicher nicht in dem Wunsch, ebenfalls mit Hilfe der Mathematik die beobachteten Phänomene in ein System von Gesetzen zu bringen. Ob für ihn als Sandemanier Glaubensfragen ausschlaggebend waren, auf eine Beschäftigung mit der Mathematik zu verzichten, läßt sich aus Faradays Äußerungen nicht ableiten.

Unter Faradays unmittelbaren Bekannten befand sich ein hervorragender Mathematiker, Charles Babbage. Er war gleichaltrig mit Faraday und ebenfalls in London geboren, nur wuchs er als Sohn reicher Eltern auf und studierte in Cambridge erst Chemie, dann entdeckte er sein Interesse für Mathematik. 1819 erzählte er Wollaston von seiner Idee einer sich selber steuernden großen Rechenmaschine zur Berechnung von Tabellen. Ein offener Brief an Davy über diese Angelegenheit wurde in den *Annals of Philosophy* 1822 abgedruckt. Faraday schloß zwar Bekanntschaft mit Babbage in den 20er Jahren, dennoch kam es niemals zu einer wissenschaftlichen Zusammenarbeit.

Faradays kritische Auseinandersetzung mit den anderen Forschern über den Elektromagnetismus und sein eigener, sehr erfolgreicher Beitrag durch den Rotationsversuch führten nun aber nicht dazu, daß er sich diesem Arbeitsgebiet ausschließlich und intensiv zuwenden konnte. Die finanzielle Situation der Royal Institution war nach wie vor nicht die eines unabhängigen Forschungsinstituts. Davys glänzende Vortragskunst und die Neuheit der Erkenntnisse, die er vermittelte, hatten zuvor den Besucherstrom zu den Vorlesungen stark anschwellen lassen, nun aber, nachdem Davy ausgeschieden war, und kein brillanter Redner das zahlende Publikum anzog, waren die Einnahmen stark gefallen. Zwar liefen die Vorlesungen von Brande über Chemie und besonders die für Medizinstudenten nach wie vor, doch reichte das nicht aus, neue Geldquellen zu erschließen. Niemand unter den Managern kam auf die Idee, Faraday zu fragen, ob er Vorträge übernehmen würde. Die Zeit war dafür noch nicht reif. So bemühte sich die Royal Institution, durch chemische Analysen, die Faraday ausführte, neue Geldquellen zu erschließen und auch ihre Reputation zu erhalten.

Faradays wissenschaftliches Tagebuch gibt Auskunft über die Vielzahl von Analysen, die er auf ganz verschiedenen Gebieten durchführen mußte. Daher blieb ihm wenig Zeit für seine eigene Forschung. Was er an Problemen experimentell untersuchen wollte, legte er in einem Notizbuch nieder, das er 1822 anlegte. Er gab ihm den Titel „Chemische Notizen, Winke, Anregungen und Objekte der Beschäftigung". Zur Ergänzung fügte er noch ein paar Zeilen hinzu, daß er großen Nutzen aus diesen Notizen gezogen hätte und denke, daß eine solche Sammlung für jeden, der wissenschaftlich arbeiten wolle, hilfreich sei. Obwohl er ein Inhaltsverzeichnis anlegte, in dem allgemeine Gegenstände, ein Großteil der chemischen Elemente, Elektrizität auf sieben Seiten, Wärme und Licht auf zehn Seiten und die organische Chemie nur auf einer Seite erwähnt wurden, hielt er die strenge Einteilung nicht immer ein. Einige Eintragungen wurden später mit Bleistift durchgestrichen, andere nur mit einem Datum versehen, wann das Experiment zu den Überlegungen angestellt worden war. Unter den allgemeinen Gegenständen notierte er auch ein Experiment zur Gravitation. Eine andere Fragestellung betraf die Effekte bei der Kompression von Gasen und ihre eventuelle Kondensation zu Flüssigkeiten. Breit gefächert waren die Fragestellungen zu Effekten der Elektrizität, so die Leitfähigkeit von Glas bei Erwärmung oder von Gasen, aber auch von Quecksilberdampf und von Wasserdampf bei hohen Temperaturen. Wichtig erschien ihm auch ein Experiment über den Ort der Elektrizität auf der Oberfläche eines Leiters oder Isolators, und er stellte sich die Aufgabe: *Wandle Magnetismus in Elektrizität um.*

Im Kapitel über Wärme und Licht notierte er ebenfalls Dutzende von Fragen, so über die Durchlässigkeit von Blattgold für Licht und den Einfluß des Magnetismus und der Polarisation des Lichtes. Einige Notierungen sind wohl erst in späteren Jahren erfolgt, denn sie schließen an Dinge an, die erst 1831 von ihm entdeckt wurden. Im Notizbuch formulierte Faraday Fragen. Die Arbeitshypothesen, die theoretischen Überlegungen, die ihn zu diesen Fragen geführt hatten, gab er ganz selten an.

Die meisten Naturforscher und Naturphilosophen der damaligen Zeit hatten es nicht wie Faraday nötig, ihr Geld durch Auftragsarbeiten zu verdienen, sondern waren Privatgelehrte, die aus reichen Familien stammten oder Landbesitz hatten, der ihnen ein auskömmliches Leben und die Anschaffung von Laborgeräten ermöglichte.

Der in Estland geborene Thomas Johann Seebeck stammte aus einer wohlhabenden Kaufmannsfamilie und widmete sich nach dem Studium der Medizin in Göttingen der freien Beschäftigung mit den Wissenschaften. Mit Goethe machte er gemeinsam Experimente zu dessen Farbenlehre und beschäftigte sich eingehend mit der Untersuchung des polarisierten Lichts. Ab 1818 lebte er in Berlin, wo er bald danach Mitglied der Preußischen Akademie der Wissenschaften wurde. Nach der Entdeckung des Elektromagnetismus durch Oerstedt wandte er sich diesem neuen Gebiet zu. Aus verschiedenen Experimenten, die Seebeck anstellte, schloß er, daß eine magnetische

Wirkung auf einen geschlossenen Leiterkreis auch ohne eine galvanische Batterie auftrat. Die galvanische Batterie bezeichnete er als einen feuchten Leiter. Er benutzte den sogenannten Schweiggerschen Multiplikator, also ein einfaches Galvanometer, wo in einer Spule aus Kupferdraht eine Magnetnadel angebracht war. Auf einen der Zuleitungsdrähte des Galvanometers legte Seebeck eine Scheibe aus dem Metall Wismut. Wenn er nun mit dem anderen Draht diese Wismut-Scheibe berührte, so beobachtete er eine Ablenkung der Magnetnadel aus der Ruhelage, also floß ein Strom. Zuerst nahm er an, daß die Feuchtigkeit seiner Hand bei der Berührung ein Element erzeugte, dann überzeugte er sich aber bald davon, daß es die Erwärmung des Metalls durch seine Hand war, die den Ausschlag der Nadel bewirkte. Er untersuchte die Paarung von verschiedenen anderen Metallen und fand nicht nur sehr unterschiedliche Ausschläge des Galvanometers bei gleicher Temperaturdifferenz der Erwärmungsstelle zur Umgebung, sondern auch eine Umkehrung des Effekts in der Polarität. Er hatte den heutzutage als Thermoelektrizität bezeichneten Effekt entdeckt. In mehreren Mitteilungen berichtete er darüber in der Akademie unter dem Titel „Magnetische Polarisation der Metalle und Erze durch Temperatur-Differenz“. Er untersuchte ferner Legierungen von verschiedenen Stoffen auf die Intensität der Thermoelektrizität und stellte Hypothesen über die Erzeugung des erdmagnetischen Feldes durch die Thermoelektrizität an.

Die Nachricht von Seebecks Entdeckung muß im Herbst 1822 nach London gekommen sein, denn am 21. Oktober beschrieb Faraday in seinem Tagebuch Experimente zu Seebecks Entdeckungen; er fertigte zwei kleine Zeichnungen dazu an und vermerkte bei der einen, wie die Magnetnadel sich bei dem Herumführen um den Schließdraht zwischen dem Thermoelement ausrichtete. Längere Zeit kam er nicht auf die Experimente zurück, doch beschäftigte er sich im Januar des folgenden Jahres noch einmal mit der Rotation eines Magneten um seine eigene Achse, wie es Wollaston vorgesehen hatte. Die Eintragung trug die Zeile *Januar 21. oder 22.*, was die Hypothese stärkt, daß die Aufzeichnungen nicht unmittelbar im Laboratorium gemacht wurden. Kritisch setzte sich Faraday noch einmal kurz mit dem Ergebnis seines Rotationsversuchs auseinander. Verschiedene Anordnungen wurden probiert, ohne daß eine zum Erfolg führte. Er diskutierte auch, ob er einen Versuch mit einem Rohr aus Magneten durchführen sollte. Da er aber kein Rohr zur Verfügung hatte und auch keines anfertigen lassen konnte, überlegte er sich, ob eine Reihe von kleineren Magneten dasselbe bewirken könne, verneinte aber die Frage schließlich.

Der 5. März 1823 brachte eine überraschende Wende in der Arbeitsrichtung von Faraday. An diesem Abend war Faraday allein im Laboratorium der Royal Institution und hatte eine kleine Menge von Chlor und Chlor-Hydrat in ein Glasrohr eingeschmolzen und es an einem Ende erwärmt, als John Ayrton Paris auf seinem Weg zu einer Verabredung bei Davy zum Dinner noch kurz in das Laboratorium hereinschaute. Faraday zeigte ihm sein Experiment, und Paris bemerkte eine ölige Substanz in dem Rohr und meinte, es handele sich um irgendeine Verunreinigung. Faraday überzeugte sich nun auch von dem Tatbestand, nahm eine Feile, um das Glas anzuritzen und es zu öffnen, als der Inhalt plötzlich explodierte und die ölige Substanz verschwunden war. Paris, der nicht länger Zeit hatte, ließ Faraday allein. Am nächsten Morgen erhielt er einen ganz kurzen Brief:

Sehr geehrter Herr, die ölige Substanz, die Sie gestern bemerkten, entpuppte sich als flüssiges Chlor. Ihr sehr ergebener M. Faraday.

Das war ein ungewöhnliches Ergebnis, daß ein Gas unter höherem Druck zu einer Flüssigkeit kondensierte. Paris berichtete Davy auf dem Dinner von Faradays Experiment, und am nächsten Morgen erschien Davy im Laboratorium, um mit ihm die Sache noch einmal zu besprechen. Faraday wiederholte sein Experiment mit einer längeren Glasröhre und konnte bei genauerem Experimentieren auch den Vorgang deutlich machen und den wäßrigen Teil aus dem Chlorhydrat von dem flüssigen Chlor trennen.

Bereits am 13. März wurde vor der Royal Society Faradays kurze Mitteilung verlesen, und obwohl seine Veröffentlichung wohl abgewogen war und Davys Anteil an der Untersuchung des Chlorhydrats und Faradays Arbeit voll berücksichtigte, fügte Davy dennoch eine Bemerkung an. Sie sollte dem Leser klarmachen, daß er die Versuche veranlaßt und er das Ergebnis der Verflüssigung des Chlors geahnt hatte. Die Frage der Priorität der Verflüssigung des Chlors klärte Faraday später durch ein genaues Studium der Literatur. Weder Davy noch ihm gebührte der Ruhm; es war Northmore, der das Experiment bereits 1805/06 erfolgreich ausgeführt hatte.

In den nächsten Wochen experimentierte Faraday mit großer Intensität. Die verschiedensten Gase wurden hergestellt, und er versuchte, sie zu verflüssigen teils unter Anwendung von Kältemischung und/oder von Druck in abgeschmolzenen Glasröhren, aber auch mit Hilfe einer einfachen Stiefelpumpe zur Erzeugung der notwendigen hohen Drucke. Oftmals zerbarsten bei den Explosionen die Glasröhren, und er zog sich schmerzhafte Verletzungen – auch der Augen – zu, wie aus einem Brief an seinen Freund Huxtable vom 25. März hervorgeht. Manche der von ihm verflüssigten Gase, inbesondere die Zyan-Verbindungen, waren hoch giftig, andere wieder sehr aggressiv, wie Schwefeldioxid oder Flußsäure. Soweit es irgend ging, versuchte Faraday, die physikalischen Bedingungen der Verflüssigung genau festzustellen, Druck und Temperatur anzugeben sowie eine Bestimmung des spezifischen Gewichts und des optischen Brechungsindexes vorzunehmen. Auch machte Faraday einige technologische Experimente mit einem Hochdruckdampfbrenner. Dazu verflüssigte er ein brennbares Gas und zündete bei der Rückverwandlung in ein Gas die Flamme. Bei diesen Versuchen waren mehrmals Freunde anwesend.

Am 10. April wurde die zweite Mitteilung von Faraday in der Royal Society verlesen. Wiederum dankte er ausführlich Sir Davy für sein Interesse an der Arbeit und für die Möglichkeit, diese Forschungen durchführen zu können. Ohne eine Bemerkung über die Theorie der Kondensation und irgendwelche Überlegungen über die Kräfte, die dabei wirken mußten, wurden die experimentellen Ergebnisse beschrieben. Auch im Tagebuch notierte Faraday keine Arbeitshypothese.

Im Juli erhielt Faraday von dem Astronomen Thomas Robinson einen Brief, in dem dieser ihm mitteilte, daß Professor Higgins, Professor für Chemie an der Dubliner Royal Society, gestorben sei, und er fragte ihn, ob er nicht Interesse hätte, den Posten zu übernehmen. Leider ist das ablehnende Antwortschreiben von Faraday unbekannt geblieben, doch muß ihn diese Aufforderung sicher sehr gefreut haben, zumal sich das persönliche Verhältnis zu Davy schwieriger zu gestalten begann.

Im August fuhr das Ehepaar Faraday in die Sommerferien nach Folkestone. Beide liebten sowohl die Küste als auch das Land und machten gern weite Spaziergänge. Beim Beobachten der Seemöven stellte sich Faraday die Frage: *Wie fliegen diese Vögel, und warum kann nicht ein Mensch oder eine Maschine in der gleichen Art und Weise unter den gleichen Umständen fliegen?*

Im Herbst war er wieder mit chemischen Analysen und der Untersuchung von Stahllegierungen beschäftigt, doch fand er Zeit, zwei elektrische Experimente zu machen. Beide Male handelte es sich, ähnlich wie bei Seebecks Experimenten, um einen geschlossenen

Leiterkreis ohne eingeschaltete Batterie. Wiederum gab es keinen Hinweis auf den theoretischen Hintergrund.

Faradays wissenschaftliche Reputation war in den letzten Jahren so gestiegen, daß seine Freunde sich entschlossen, seine Mitgliedschaft zur Royal Society zu beantragen. Dazu mußte eine Liste mit Namen aufgestellt werden, die seine Kandidatur unterstützten. Sein Freund Phillips nahm die Angelegenheit in die Hand, und es gelang ihm, daß Wollaston als erster unterschrieb; es folgten John Children, Babington, Sir John Herschel, Babbage und 24 andere. Der Regel nach mußte diese Liste mit dem Wahlvorschlag bei zehn aufeinanderfolgenden Sitzungen der Society verlesen werden. Davys Unterschrift fehlte auf der Liste ebenso wie die des Sekretärs der Royal Society, Brande. Davy war verärgert über die Nominierung Faradays und forderte ihn auf, seine Kandidatur zurückzuziehen, doch Faraday antwortete ihm, daß er dies ja nicht könne, denn nicht er hätte den Vorschlag gemacht, sondern seine Freunde, und Davy als Präsident müsse entscheiden, was für die Gesellschaft das Beste sei.

Nachdem Davy sich vergeblich bemüht hatte, für seine Haltung Freunde zu gewinnen, gab er den Widerstand auf, und nach der 10. Lesung wurde Faraday am 8.1.1824 mit nur einer Gegenstimme gewählt. Die Abstimmung fand durch das Ziehen von weißen oder schwarzen Kugeln statt, was man damals Ballottieren nannte.

Daß die Verstimmung zwischen Davy und Faraday nicht bleibend war, geht daraus hervor, daß im gleichen Jahr ein eleganter Herrenclub, das Athenaeum, gegründet wurde, dem unter anderem Davy vorstand und in dem Faraday als Club-Sekretär fungierte, ein Amt, das er aber bald wieder aufgab und seinem Freund Magrath übertrug. Der Club, in dem nur eine begrenzte Anzahl von Mitgliedern aufgenommen wurde, die einen hohen Beitrag zahlen mußten, war bald so vermögend, daß er ein eigenes, elegantes Haus mit Restaurantbetrieb und wunderbaren Aufenthaltsräumen bauen konnte. Auch eine Zeitschrift wurde herausgegeben, die über Wissenschaft und Kunst informierte. Viele Vorträge Faradays wurden in dieser Zeitschrift referiert.

Das ganze Jahr 1824 über war Faraday auf dem Gebiet der Analytik und der präparativen Chemie tätig, vor allem widmete er seine Zeit der Untersuchung eines neuen Naturstoffs, dem Kautschuk. Als später die ersten Gummi-Regenmäntel aufkamen, kaufte Faraday für seine Frau und sich solche Mäntel, und sie waren sehr zufrieden mit ihrer wasserdichten Kleidung.

Das Jahr 1824 brachte überdies eine wichtige Entscheidung für

Faraday: Die Royal Society unter ihrem Präsidenten Davy entschloß sich, eine zweite technologische Aufgabe an die Royal Institution zu geben. Als seefahrende Nation benötigte England leistungsfähige Fernrohre. Die Qualität optischer Geräte war direkt von der Qualität der verwendeten Gläser abhängig. Während in Deutschland durch die Arbeiten von Joseph Fraunhofer in Benediktbeuren bei München wesentliche Fortschritte der Erzeugung von schlieren- und blasenfreiem Glas erreicht worden waren, war es den englischen Glashütten nicht gelungen, in ähnlicher Weise am Fortschritt teilzuhaben. Daher wurde Faraday beauftragt, wissenschaftliche Untersuchungen über das Erschmelzen von Gläsern aufzunehmen. Zuerst dachte man wohl mehr an eine beratende Tätigkeit für eine Glashütte, der Firma Green & Pellat, doch zeigte sich nach mehr als einem Jahr, daß die Royal Institution eigene Schmelzversuche unternehmen mußte. Die Übertragung dieser Aufgabe an Faraday war wiederum ein Beweis für das Vertrauen Davys in dessen chemisch-technologische Kenntnisse. Im Winter 1824 nahm Faraday auch seine Tätigkeit als Vortragender in der Royal Institution auf, wie er in einem Brief seinem Freund Abbott mitteilte.

Am 28. Dezember notierte er einige wenige Zeilen in sein Tagebuch über ein Experiment, das ihm Aufschluß über die Wechselwirkung von Magnetismus auf den elektrischen Strom, also die Umkehrung des Oerstedt-Experiments, bringen sollte. Mit einer Batterie verband er einen Draht und schloß in den Stromkreis ein Galvanometer (ein Meßinstrument) ein, um die Stromstärke zu messen [Begriffe, die man damals noch nicht verwandte]. Dann näherte er den Draht einem starken Magneten, so daß dieser unter dem Einfluß des Feldes ausgebogen wurde; er konnte jedoch keine Änderung der Intensität des Stromflusses beobachten. Auch andere Modifikationen mit kürzeren oder längeren Drähten und einer stärkeren Batterie brachten kein Ergebnis.

In der Zwischenzeit war kein neuer elektromagnetischer Effekt gefunden worden, doch war der aufmerksamen Beobachtungsgabe von Arago nicht die Tatsache entgangen, daß die Schwingung einer Magnetnadel in unmittelbarer Nachbarschaft von metallischen Gegenständen sich verlangsamte. Er machte die Beobachtung, als er zusammen mit Alexander von Humboldt, seinem Förderer, geomagnetische Messungen ausführte. Eine systematische Untersuchung des Effekts führte zu einem höchst eigenartigen Ergebnis: Drehte man eine Scheibe aus Kupfer oberhalb oder unterhalb einer Magnetnadel, so wurde diese von einer unsichtbaren Kraft drehend im Kreise mitgeführt. Hielt man die Kupferscheibe an, so kam die Nadel sehr schnell zur Ruhe, schneller, als wenn man die Scheibe wegnahm. Man konnte eine Glasplatte oder Holz zwischen die Magnetnadel und die Kupferscheibe halten, ohne daß sich der Effekt änderte.

Peter Barlow berichtete Faraday von diesen Versuchen am 5. Mai 1825. Babbage und Herschel hatten ebenfalls Experimente mit Aragos Anordnung, jedoch mit verschiedenen Materialien gemacht und unterschiedlich starke Mitnahmeeffekte gefunden, doch ihnen war entgangen, daß die elektrische Leitfähigkeit der verwendeten Scheibe den entscheidenden Einfluß auf den Effekt hatte.

Die aufsehenerregende Mitteilung fand keinen Niederschlag in einem Experiment durch Faraday; in seinem Tagebuch wurde nichts darüber notiert. Vielmehr beschäftigte sich Faraday intensiv mit Chemie; unter anderem besuchte er die in London ansässigen Gaswerke, die aus Walöl durch thermische Behandlung ein unter Druck verflüssigbares Gas herstellten, das sie in eiserne Flaschen abfüllten. Man konnte dieses Gas zum Kochen, aber auch als Lichtquelle verwenden. Wenn das Gas aufgebraucht war, blieb eine Flüssigkeit im Behälter zurück. Mit verschiedenen physikalisch-chemischen Methoden machte sich Faraday an die Untersuchung derselben. Aufgrund sorgfältiger Analysen kam Faraday zu dem Schluß, daß es sich um eine einheitliche chemische Substanz handeln müßte, die er das *bicarburate of hydrogene* nannte. Es war das Benzol, und es sollte nach wenigen Jahren das Ausgangsprodukt für die Anilin-Farbenherstellung werden. Die Umsetzungen, die Faraday mit dem Stoff machte, führten jedoch damals nicht zu irgendwelchen aufsehenerregenden neuen Substanzen, und er gestand Jahre später Justus von Liebig gegenüber, daß ihn die organische Chemie mit ihrer Vielfalt von Substanzen nie sehr stark interessiert hatte. Doch er stellte noch zwei weitere organische Verbindungen her, die später Bedeutung erlangten, da sie einen Weg zu wasserlöslichen organischen Substanzen aufzeigten. Faraday ließ Schwefelsäure auf Naphthalin einwirken und erhielt Sulfosäuren [die isomeren α-, β-Sulfosäuren], die er durch die unterschiedliche Löslichkeit der Bariumsalze trennte und als identische Stoffe erkannte, ohne ihre Isomerie zu erkennen.

Auftragsforschung über Glas für die Royal Society. Faraday wird Direktor an der Royal Institution (1825–1830)

Je mehr Experimente Faraday auf dem Gebiet der Chemie machte, desto dichter wurden seine Kenntnisse und um so vielfältiger konnte er bei Analysen vergleichende Reaktionen durchführen und richtig einordnen. Seiner geschulten Beobachtungsgabe entging nahezu keine Nebenreaktion. Das zeigte sich später deutlich bei den Versuchen zum Erschmelzen neuer Gläser und ihrer Untersuchung. Nachdem die Versuche in der Glashütte nicht den gewünschten Erfolg hatten, entschloß sich die Royal Society, in der Royal Institution einen eigenen Glas-Schmelzofen bauen zu lassen. Faraday entwarf einen kleinen koksbeheizten Ofen mit einem Gebläse für die notwendigen, sehr hohen Temperaturen. Als Tiegelmaterial für Glasschmelzen im Labormaßstab konnte man keine Gefäße aus Ton verwenden, da die Glasschmelze mit dem Wandmaterial stets reagierte und bei kleineren Volumina demzufolge keineswegs einheitlich blieb. Faraday verwendete daher aus Platinblech gefaltete Tiegel. Die Platinfolie lieferte ihm sein Instrumentenmacher Newman. Die noch erhaltenen Rechnungen zeigen den großen Umfang der Lieferungen. Wenn Faraday später zum Erschmelzen von sogenannten Flintgläsern [d. h. Gläsern mit sehr hohem Brechungsindex] stark bleioxidhaltige Ausgangsmischungen verwenden mußte, so geschah es gelegentlich, daß die fertige Schmelze Schleier von offenbar metallischem Blei aufwies. In seinem abschließenden Bericht über die Schmelzversuche beschrieb Faraday sehr anschaulich, wie er Schritt für Schritt das Rätsel dieser Erscheinung aufklären konnte. Es mußte sich um einen Reduktionsprozeß vom Bleioxid zum Blei handeln, der nur über die Wirkung der Koksfeuerung und einem eisernen Rost zustande kommen konnte, der das Kohlendioxid zu Kohlenmonoxid reduzierte und damit ein Reduktionsmittel für das Bleioxid lieferte.

Die Arbeit an der Glasforschung wurde 1825 von der Royal Society offiziell einem Komitee übertragen, dem Faraday als Chemiker und Technologe angehörte, George Dolland, der Instrumentenmacher, war für die Herstellung von Prismen und Linsen zuständig,

Sir John Herschel für die Untersuchung der optischen Eigenschaften. Mit Unterbrechungen wurde bis 1830 weitergearbeitet.

Im Frühjahr 1825 nahm Dr. Brande einen Posten bei der Königlichen Münze an. Damit mußte die Direktorenstelle in der Royal Institution neu besetzt werden. Die Manager, unter ihnen natürlich auch Davy, entschlossen sich, Faraday mit der Aufgabe zu betreuen. Er bekam eine jährliche Bezahlung von hundert Pfund, freies Wohnrecht, Kohle zum Heizen sowie Kerzen für die Beleuchtung; für seine Vortragstätigkeit in der Royal Institution erhielt Faraday noch zusätzlich etwa hundert Pfund. Zusammen mit den Einkünften aus Aufträgen für chemische Analysen, meist handelte es sich um Trinkwasseruntersuchungen, sicherten diese Einnahmen dem Ehepaar Faraday einen ausreichenden Lebensstandard. Im Vergleich dazu verdiente ein Stahlarbeiter, ein sogenannter Puddler, für seine harte und anstrengende Arbeit etwa hundert Pfund im Jahr.

Die Anzahl der Vorlesungen, die Faraday im Jahr hielt, schwankte. Im allgemeinen waren es sechs zusammenhängende Vorlesungen über die Chemie, später auch über die Elektrizität. Zur Unterrichtung der Manager führte er Vorlesungen am Freitag ein. Im Anschluß daran fand ein informelles Gespräch in der Bibliothek statt, wo eingegangene Bücher und Sonderdrucke befreundeter wissenschaftlicher Institutionen und Gegenstände, die der Institution geschenkt oder für kurze Zeit leihweise überlassen worden waren, ausgestellt wurden. Hierbei handelte es sich nicht nur um wissenschaftliche Geräte, sondern häufig um Stücke von Ausgrabungen, seltene Pflanzen, Versteinerungen und andere Merkwürdigkeiten. Die von Faraday veranstalteten Freitagabend-Vorlesungen behandelten verschiedene wissenschaftliche Themen von allgemeinem Interesse. Einen großen Teil der Vorträge übernahm Faraday selber, zu anderen lud er Wissenschaftler ein. Wenn es irgend möglich war, wurden die Vorträge durch Vorführungen ergänzt. Der große Vortragssaal faßte über 600 Personen, und der Verkauf der Eintrittskarten war eine zusätzliche Einnahmequelle für die Institution.

In einem der ersten dieser Freitagabend-Vorträge beschäftigte sich Faraday mit dem Experiment von Oerstedt. In den Stichworten für den Vortrag führte er noch Ampères Experimente sowie sein Rotationsexperiment auf. Er machte die Zuhörer darauf aufmerksam, daß keine wirkliche Anziehung zwischen dem Pol und dem Draht festzustellen sei; auch erwähnte er die zahlreichen Theorien der Philosophen zur Erklärung der Effekte.

In freier Rede vor dem Auditorium – ganz auf sein Gedächtnis gestützt und nur von den Apparaten, die auf dem Tisch standen, auf die Höhepunkte des Vortrags hingewiesen – entwickelte er seine Vorstellungen und versuchte, sie den Zuhörern klarzumachen. Die Versuche zeigten den Teilnehmern, was er entdeckt hatte. Sie folgten, geleitet durch ihre Beobachtung, Faradays Gedanken und bestätigten dadurch die von ihm getroffene Interpretation der beobachtbaren Tatsachen. Diese Wechselwirkung war eine Eigentümlichkeit von Faradays Arbeitsweise.

Nur ein Experiment zum Thema Elektrizität zeichnete er im Jahr 1825 in seinem Tagebuch auf. Am 28. November untersuchte er die Induktion zwischen zwei Stromkreisen. Es war aus den elektrostatischen Versuchen bekannt, daß ein elektrisch geladener Körper diese Ladung durch Induktion *„Influenz"* einem benachbarten Körper mitteilte. Diesen Effekt suchte Faraday nun bei der galvanischen Elektrizität. Dazu machte er zwei Kreise. Der erste bestand aus einer Batterie, deren Pole mit einem Draht verbunden waren. In engster Nachbarschaft, nur durch zwei Papierblätter getrennt, lief ein zweiter Draht parallel dazu, der an einem Galvanometer angeschlossen war. Allerdings konnte er keinen Effekt beobachten. In der nächsten Anordnung wand er den stromdurchflossenen Draht zu einer Spule und führte den zweiten Draht in der Mitte der Spule, konnte aber wiederum keinen Effekt entdecken. Auch die Umkehrung, Anschluß der Batterie an den gerade ausgestreckten Draht, ergab kein Resultat. Er schrieb: *Konnte nicht in irgendeinem Fall einen Grund für eine etwaige Induktion augenscheinlich von dem verbindenden Draht angeben.* Dann versuchte er noch in Anlehnung an Aragos Experiment die Rotation eines Magneten. Dazu hing er eine elektrophoretische Säule [eine elektrostatische Spannungsquelle mit sehr geringer Stromstärke] an einem langen Seidenfaden auf und machte aus ihren beiden Polen eine Art Stromabnehmer, unter denen er eine Kupferplatte rotieren ließ. Es erfolgte jedoch kein Mitnahmeeffekt durch die rotierende Kupferplatte auf die angehangene Spannungsquelle.

Nichts in Faradays Aufzeichnungen deutete darauf hin, daß er für das negative Ergebnis der Experimente am 28. November eine zu geringe Empfindlichkeit seines Galvanometers in Betracht zog. Ebenso gab er auch nicht an, ob er einen Effekt direkt beim Herstellen des Kontakts mit der Batterie bereits beobachten konnte oder aber erst den stationären Fall, das heißt, wenn die Batterie eingeschaltet war und er zum Galvanometer hinüberging, um zu sehen, ob es sich bewegt hatte oder bewegte.

Man muß annehmen, daß ähnliche Anordnungen, wie sie Faraday wählte, auch von anderen Forschern, unter anderen Ampère, aufgebaut wurden und daß auch sie keinen *Induktionseffekt* beobachten konnten.

Im ganzen Jahr 1826 führte Faraday kein Experiment zur Elektrizität aus. Von den 17 Freitagabend-Vorträgen übernahm er sechs; zwei behandelten seine eigenen Arbeiten an der Royal Institution über den Kautschuk sowie über die Schwefelderivate des Naphthalins, zwei weitere waren ingenieurtechnischen Leistungen von Isambard Kingdom Brunel gewidmet. Isambard wurde 1806 geboren und erlernte sehr früh technisches Zeichnen von seinem Vater, der ein vielseitig begabter Ingenieur war. Der junge Brunel dachte sich eine Antriebsmaschine aus, die auf der Verflüssigung der Gase bei Abkühlung beruhte, dem Effekt, den Faraday bei der Kondensation verschiedener Gase genauer studiert hatte. Der Maschine war nach vielen Jahren mühevoller Experimente am Ende kein Erfolg beschieden, weil die damalige Technologie nicht in der Lage war, genügend dichte Zylinderkolbenpassungen herzustellen. Faraday trug damals über die erste technische Anwendung einer rein wissenschaftlichen Forschung vor. Das zeigt, daß er es als Aufgabe der Wissenschaft betrachtete, die Grundlagen für zukünftige Techniken zu schaffen; er selbst fühlte sich jedoch nicht aufgerufen, an der Entwicklung der Technik teilzuhaben.

Der junge Brunel fühlte sich aber keineswegs durch die Arbeiten an der Gasmaschine ausgelastet, sondern strebte nach der Realisierung eines ganz großen Projekts, der Untertunnelung der Themse in Höhe der Docks. Die ersten größeren Dockanlagen entstanden zu Beginn des 19. Jahrhunderts stromabwärts des Towers von London. 1828 wurden die sogenannten Sankt-Katharinen-Docks eingeweiht, zu deren Bau 1250 Häuser abgerissen werden mußten. Wenige Jahre später waren sieben große Docks mit zahlreichen Lagerhäusern in Betrieb, und man konnte also 1826 bereits absehen, daß der Verkehr über die nächstgelegene London Bridge nicht mehr zu bewerkstelligen war. Brunels Vater Marc hatte ein Tunnelvortriebssystem entwickelt, das die Grundlage zum heutigen Schildvortrieb bildete. Mit hydraulischen Pressen wurde das Schild gegen die Seiten versteift und nach vorne zum Arbeitsraum hin vorgetrieben. Am 9. Juni 1826 hielt Faraday über die Planung und den Beginn der Arbeiten einen Vortrag. Er ging auf viele technische Einzelheiten ein, und sein Konzept enthielt große Mengen von Zahlenangaben und Rechnungen. Die beiden anderen Vorträge behandelten die Lithographie sowie eine neue Lichtquelle für die Gasbeleuchtung.

Um 1825 muß Faraday bereits mit dem Schreiben seines einzigen Buches begonnen haben, das den Titel trug: „Chemische Manipulationen, Instruktionen für Studenten der Chemie über die Methoden zur Ausführung von Experimenten zur Demonstration oder zur Forschung mit Genauigkeit und Erfolg". Das Werk erschien 1827 und war seiner Hoheit, dem Grafen von Somerset, Präsident der Royal Institution, gewidmet.

In der Einleitung betonte Faraday, daß die Chemie notwendigerweise eine experimentelle Wissenschaft sei, und die Experimente zwei prinzipielle Gründe verfolgten: einmal die Erweiterung unserer gegenwärtigen Kenntnisse, zum anderen aber auch die Demonstration zur Vertiefung der schon errungenen Kenntnisse. Um die Bedeutung der Handfertigkeiten für die Chemie zu unterstreichen, gab er zwei Beispiele an, einmal die Bedienung eines pneumatischen Feuerzeugs mit Feuerschwamm: bei dem bei zu langsamer Handhabung die Temperatur zur Entzündung nicht erreicht wird, als zweites Beispiel führte er die Analyse von sehr geringen Mengen einer Substanz an und erwähnte die sehr unterschiedlichen Resultate dreier Chemiker bei einer archäologisch-chemischen Analyse für das Britische Museum. Inhaltlich war das Buch in fünf Themenbereiche gegliedert: über den Raum und die Ausstattung des Labors, die chemischen Apparate und ihren Gebrauch, die Methoden der chemischen Operation, die Fälle aus der Praxis, die Gründe für Fehler. Der gesamte Inhalt machte dem Leser die Meisterschaft Faradays auf allen Gebieten deutlich, sei es die Pflege der Waage für die Analytik oder die Bedienung der elektrostatischen Maschine und ihre Wartung, insbesondere bei feuchtem Wetter, der Betrieb der galvanischen Batterie, das Hantieren mit starkwandigen Glasrohren für Hochdruckexperimente, sogenannten Bomben-Rohren, oder die pädagogisch höchst sinnvolle Auswahl von Fällen aus der Praxis, an denen der Leser selbst seine Fertigkeiten erproben und verbessern konnte. Die 640 Seiten Text waren in 1282 einzelne Paragraphen unterteilt, wodurch das Verweisen wesentlich erleichtert wurde. Ein 16 Seiten umfassender Index erleichterte das Auffinden des entsprechenden Paragraphen.

Das Werk erlebte 1830 eine zweite, revidierte Auflage, 1842 wurde ein unveränderter Nachdruck publiziert. In späteren Jahren lehnte es Faraday stets ab, sich noch einmal mit dem Werk zu beschäftigen.

Mitte des Jahres 1827 hielt Faraday in einer der Freitagabend-Vorlesungen einen Vortrag über den von Arago gefundenen magnetischen Effekt, wenn Metalle sich in Bewegung befinden. Ausgehend vom bekannten Magnetismus, ging er kurz auf den Einfluß des Lichts auf die Magnetisierung ein, wie er es in seinem Experiment auf der Reise mit Davy in Rom gemacht hatte. Dann erwähnte er Seebecks Arbeiten über die Thermoelektrizität, wo der Schließdraht zwischen dem Thermoelement auch einen magnetischen Effekt zeigte, um ausführlich auf die Experimente von Arago einzugehen. Die Stichworte zum Ende des Vortrags lauteten: *Gegenwärtiger Stand, in dem wir sind: Alte Hindernisse werden beseitigt, neue kommen hervor, höchst progressiv.*

Die Tätigkeit als analytischer Chemiker, Forscher und Vermittler des wissenschaftlich-technischen Fortschritts füllte Faradays Arbeitstag voll aus, dennoch gab es für ihn einen privaten Lebensbereich, den er nicht zu Gunsten der Wissenschaft schmälerte. Es war die aktive Teilnahme am Leben seiner Religionsgemeinschaft und die Verbundenheit mit der Familie. Da die Ehe der Faradays kinderlos blieb, doch beide ein sehr herzliches Verhältnis zu Kindern hatten, nahmen sie in den 20er Jahren zwei Nichten von Frau Faraday auf. Faraday hatte nur elementaren Schulunterricht erhalten, doch interessierte er sich schon früh für Didaktik, und sein pädagogisches Verhältnis zu Kindern wurde noch durch die Tatsache unterstrichen, als er sich im Winter 1827 entschloß, zu Weihnachten eine besondere Vorlesungsreihe für jugendliche Hörer zu geben, die sogenannten *Juvenile Lectures.* Das Thema der ersten Reihe von sechs Vorträgen war die Chemie. Es waren keine hochgelehrten Dinge, die er den Jugendlichen nahebrachte, sondern die alltägliche Chemie um sie herum, die Luft, das Wasser, die verbrennbaren Stoffe, die Säuren und die Metalle. 86 Experimente verdeutlichten das Gesagte.

Kritisch beurteilte Faraday seine eigene Leistung als Vortragender. 1828 hatte er an sechs Abenden über die Operationen im Laboratorium gesprochen und mußte feststellen, daß es ihm nicht gelungen war, das Auditorium mit dem Stoff vertraut zu machen und es zu fesseln. Er sah auch keinen Weg, wie man es besser hätte machen können, und vermutete, daß es günstiger wäre, über allgemeine Punkte der chemischen Philosophie zu sprechen.

Nach zehn Jahren wissenschaftlicher Tätigkeit in der Royal Institution war immer noch nicht abzusehen, in welcher Hauptrichtung sich Faradays Forschungen bewegten. Seine Vortragstätigkeit lag überwiegend auf dem Gebiet der Chemie, doch in den Freitagabend-Vorlesungen wurden auch viele technische Dinge behandelt, in die sich Faraday erst einarbeiten mußte.

Gegen Ende der 20er Jahre wandte Faraday sich einem neuen Arbeitsgebiet zu. Er hatte bereits 1818 eine kleine Arbeit über die Erzeugung von Tönen durch Flammen, die in engen Rohren brennen, geschrieben, einem an sich bekannten Effekt. Christian Oerstedt besuchte London 1823. Sein Interesse galt aber damals nicht den elektromagnetischen Erscheinungen, sondern der Akustik, die sich unter dem Einfluß des deutschen Physikers Ernst Florens Friedrich Chladni und dessen geistreichen Experimenten zu einer blühenden Wissenschaft entwickelt hatte. Unter anderem hatte Chladni nachgewiesen, daß Platten, wenn sie mit einem Geigenbogen angestrichen wurden, in bestimmten Figuren schwangen, und man diese Schwingungen durch aufgestreuten feinen Sand sichtbar machen konnte.

Oerstedt hatte sicher die Royal Institution besucht und Faraday kennengelernt. Ob bei einem allgemeinen Treffen auch Charles Wheatstone mit dabei war, der sich ebenfalls intensiv für Akustik interessierte, wurde nie geklärt. Doch Faraday und Wheatstone verband ab Mitte der 20er Jahre ein reges Interesse an der Akustik. Faraday war sehr musikalisch, er hatte als junger Mann Flöte gespielt, und er und seine Frau gingen, wenn er Zeit hatte, in die Oper. Wheatstone, elf Jahre jünger als Faraday, war vielseitig begabt, interessierte sich für verschiedene Zweige der Wissenschaften und bastelte leidenschaftlich gern. Oerstedt und Wheatstone hatten unabhängig voneinander gefunden, daß man an Stelle von Sand sehr viel bessere Klangfiguren erhalten konnte, wenn man Lycopodion-Samen benutzte. Durch diese Untersuchungen angeregt, beschäftigte sich Wheatstone intensiv mit der Schallausbreitung auf Drähten und festen Stäben. Das führte ihn zur Erfindung eines unsichtbaren Musikinstrumentes. Wurde zum Beispiel eine Harfe mit einem straff gespannten Metalldraht mit einem resonanzfähigen Gebilde verbunden, so übertrug der Draht den gesamten Klang. Wheatstone arrangierte diese Anordnung in zwei verschiedenen Stockwerken eines Hauses und gab Konzerte gegen Eintritt, wobei die Zuhörer nicht das gespielte Instrument sahen, sondern nur den dünnen Draht durch die Decke, der zum Resonanzkörper ging. Fararay wird sicher einmal einer solchen Vorführung gelauscht haben.

Wheatstone, der sehr scheu war und sich nicht zutraute, selber in der Royal Institution zu reden, stellte Faraday für eine Freitagabend-Vorlesung am 15. Februar 1928 die Unterlagen für einen Vortrag über Resonanz zur Verfügung. An diesem Abend wurden verschiedene javanesische Musikinstrumente vorgeführt, die aus der Sammlung von Lady Raffels stammten. Am 9. Mai sprach Faraday dann über die Natur des musikalischen Schalls. Beide Vorträge wurden mit vielen Experimenten belebt. Dennoch griff Faraday das Problem nicht sofort auf, sondern ließ zwei Jahre verstreichen, bis er sich dann – eigenartig plötzlich – intensiv den Chladnischen Klangfiguren zuwandte.

Die Arbeit im Laboratorium war ausgefüllt mit Schmelzen von Versuchsgläsern. Seit dem 3. Dezember des Jahres 1827 stand Faraday Sergeante Anderson von der Royal Artillery als Hilfskraft zur Verfügung. Er wurde Faradays treuer, ergebener Helfer. Oftmals, so berichtete Faraday, arbeiteten sie stundenlang stumm im Laboratorium, ganz so, wie es Faraday sich für seine hohe Konzentration auf die eigene Arbeit wünschte. Doch Anderson war für Faraday kein *hand*. Als er in den *Philosophical Transactions* eine umfangreiche Veröffentlichung über die Glasarbeiten machte, dankte er in der Einleitung Anderson und lobte seine Sorgfalt, Beständigkeit, Exaktheit und Gewissenhaftigkeit. Die Veröffentlichung ließ nichts von der Mühsal der Arbeit, den schwierigen Schmelzversuchen, den sich anschließenden Analysen, den immer wieder neuen Mißgeschicken, bis endlich Gläser von ausreichender Qualität erreicht wurden, erkennen. Alles wurde ausführlich in den beiden Glasschmelznotizbüchern niedergelegt. Immer wieder mußte Newman neue Platinbleche liefern, aus denen Tiegel gefaltet wurden.

Nur ein Experiment wurde am 22. April 1828 zu Aragos Effekt gemacht. Faraday fertigte sich einen Ring aus einem Kupferdraht an, den er zusammenlötete und an einem langen Faden in Art einer Drehwaage aufhängte. Dann brachte er einen Magneten, wahrscheinlich einen Stabmagneten, in die Nähe des Ringes oder steckte ihn durch den Ring. Doch er beobachtete keinen Effekt.

Ebenso zeigte ein Experiment aus einem nur zusammengedrehten Draht keine Reaktion auf den Magneten. Auch wenn der Ring aus Platin- und Silberdrähten alternierend hergestellt wurde, zeigte sich nichts. *Konnte keine direkten Ergebnisse erzielen*, notierte er. Die kurze Beschreibung des Experiments ließ wiederum offen, warum er nicht nach den Gründen der negativen Aussage suchte.

Das Jahr 1829 war wiederum mit viel Arbeit im Laboratorium ausgefüllt. Faraday gab in der Mitte des Jahres sechs Lektionen über verschiedene Gebiete der Chemie; die vorletzte behandelte die Sicherheitslampe, und zum Schluß sagte er:

Das ist die philosophische Geschichte von dieser hochbedeutenden Entdeckung. Ich will nicht auf die Ansprüche von anderen auf die gleiche Erfindung eingehen, nicht mehr sagen, daß ich Zeuge in unserem Laboratorium war von der schrittweisen und herrlichen Entwicklung des Gedankenzugs und der Experimente, die sie hervorgebracht haben. Die Ehre ist bei Sir Humphry Davy, und ich denke, daß dieser herrliche Edelstein in der reichen Krone des Ruhmes, die ihm gehört, nie wieder durch den unwürdigen Atem des Verdachts verdunkelt wird.

Als Faraday diese Worte sprach, konnte er nicht wissen, daß am 28. Mai Davy in Genf seinen Krankheiten erlegen war, für die er Heilung oder Linderung in Italien gesucht hatte.

Mit dem Tod von Davy ging für Faraday ein Lebensabschnitt zu Ende. War ihm Davy Lehrer gewesen? Hatte Davy Faradays Beobachtungsgabe für die Ergebnisse von Experimenten geschärft? Davy war seiner Persönlichkeitsstruktur nach weniger Lehrer, vielmehr einer, der durch sein Beispiel begeisterte. So hat Faraday wahrscheinlich die in ihm schlummernden Begabungen dank Davys Anforderungen und dem Wunsch, diesen zu genügen und der Wissenschaft zu dienen, voll entwickelt. Faradays Buch *Chemical Manipulations* zeigte, daß er weitaus mehr pädagogisch begabt war als Davy. Die später gegen Faraday gerichteten Handlungen Davys machen auch deutlich, daß es sich nicht um ein Lehrer-Schüler-Verhältnis handelte, denn Davy war nicht stolz auf seinen Schüler. Nicht die Freude, einen Nachfolger zu finden, der die wissenschaftlichen Arbeiten aufgriff, bewegte ihn, und er vertraute Faraday daher auch nicht die ihn noch beschäftigenden Probleme an, damit dieser sie hätte weiterführen können. War Davy ihm ein Vater? Der Abstand im Lebensalter beider war zu gering, um ein solches Verhältnis zu rechtfertigen. Wenn überhaupt in ihrer ersten gemeinsamen Arbeitszeit im Laboratorium Ansätze zu einer solchen Verbindung zu finden gewesen waren, so hatte Davys Verhalten während der Reise Faraday deutlich gemacht, daß keine innere Verwandtschaft zwischen ihnen existierte. Weder in der persönlichen Lebensführung noch in der für Faraday fundamentalen Bedeutung des Glaubens hatten Davy und Faraday gemeinsame Wurzeln. Faraday vermied in seinem Leben all das, was Davy nach seiner Meinung nicht richtig gemacht hatte. Es verband sie einzig und allein eine ganz intensive, für ihr Leben unbedingt notwendige Begeisterung für die Wissenschaft.

Mitten in den Glasschmelzversuchen erhielt Faraday von Professor Dionysius Lardner eine Anfrage, ob er eine Professur an der zu gründenden Londoner Universität annehmen würde. In seinem Antwortbrief vom 8. Oktober 1827 ging Faraday ausführlich auf die Vorzüge ein, die ihm die Arbeit in der Royal Institution gewährte und für die er dankbar sei. Doch sei die Situation der Royal Institution noch nicht stabil genug, als daß er sie zum jetzigen Zeitpunkt verlassen könne. Als frühstmöglichen Zeitpunkt gab er zwei Jahre an. Er dankte für die Ehre des Angebots, doch fühle er sich unter den gegebenen Umständen nicht in der Lage, es anzunehmen.

Der Grund für die Ablehnung war wohl nur vorgeschoben. Faraday hat auch später nie als Professor oder in der Royal Institution mit Studenten gearbeitet. Ende August 1828 schrieb er an seinen Freund Richard Phillips, nachdem das Ehepaar nach einem zweimonatigen Urlaub auf dem Lande erfrischt zurückgekommen war und Faraday nicht mehr so stark unter nervösen Kopfschmerzen und Schwäche litt, recht ironisch über die akademischen Zustände in London. Von der Londoner Universität hatte er lediglich gehört, daß sie im Oktober eröffnet werden sollte. Vom King's College erfuhr er nur, daß es durch Subskriptionen gestützt werden sollte. Er selbst fühle sich, schrieb er, sehr indifferent allen diesen Dingen gegenüber – mit Ausnahme der Royal Institution –, und er amüsiere sich über die Besucher, die ihn nach dem wissenschaftlichen Betrieb in London fragten und annähmen, er wäre über all das informiert.

Es verging kaum ein Jahr, in dem Faraday nicht einen aus sechs bis acht Lektionen bestehenden Kurs über Chemie in der Royal Institution hielt. Die Notizen dafür wurden auf ein Doppelblatt geschrieben. Links die Liste mit den durchzuführenden Experimenten, teils mit Anmerkungen, welche Geräte aus der Sammlung dafür verwendet werden sollten, rechts knappe Angaben zum Inhalt und nur gelegentlich ein Stück vollständiger Text für eine besonders wichtige Aussage. Handelte es sich um einen neuen Stoff, so wurden später Bemerkungen über die Länge und die eventuelle Aufteilung in mehrere Vorträge hinzugefügt. Die Notizen lagen auf dem Tisch, und so geschah es ab und zu, daß sie Spuren der Chemikalien abbekamen.

Diese Vorträge waren aber nicht als eine allgemeine Einführung zur selbständigen Arbeit gedacht. Entsprechende Kurse, die 20 Lektionen umfaßten, hielt Faraday von 1829 an bis 1849 vor Kadetten der

Königlichen Militärakademie in Woolwich. Diese Aufgabe war von Colonel Thomas Drummond, dem Leiter der Militärakademie, Faraday im Juni 1829 angetragen worden. Seine Antwort vom 29. Juni bewies, daß er sich seines Wertes als Lehrer voll bewußt war, denn er machte Drummond darauf aufmerksam, daß er für Vorträge in der Royal Institution £8 und sh 15 erhielt, doch die Bedingungen in Woolwich ihm mehr Zeit abverlangen würden, so daß er für das Unterrichtsjahr £200 verlangen müsse, da seine Zeit sein einziges veräußerbares Gut sei. Die Bedingung wurde angenommen. Er machte sich zur Gewohnheit, am Nachmittag oder Abend vor dem Vortrag nach Woolwich zu gehen, um dort die Experimente aufzubauen, dann kehrte er nach einem weiten Spaziergang wieder nach Hause zurück. Die Vorlesung fand dann am nächsten Morgen statt.

In den Freitagabend-Vorlesungen beschäftigte sich Faraday auch mit ganz aktuellen, höchst umstrittenen Themen. 1827 fand der englische Botaniker Robert Brown bei der mikroskopischen Untersuchung des Problems der Befruchtung von Blumen, daß die in Wasser aufgeschwemmten Pollen der Clarcia puchella eine eigenartige, nicht zur Ruhe kommende Zitterbewegung ausführten. Diese Erscheinung veranlaßte ihn zu weiteren Studien, die er auf fein gemahlene anorganische Substanzen ausdehnte. Er untersuchte sogar eine Probe pulverisierten Granits von einer ägyptischen Sphinx. In allen Fällen fand er die charakteristische Zitterbewegung. Er vermutete, daß die Teilchen selber aktiv wären und sich bewegen könnten.

Darüber trug Faraday am 13. Februar 1829 vor. Er hielt sich streng an die bekannten Fakten und streifte nur die verschiedenen möglichen Theorien, ohne sich darauf einzulassen, ob er die zu beobachtende Bewegung als einen Ausdruck der Belebtheit auch der sogenannten „toten Materie" betrachtete. Manche seiner Zeitgenossen neigten dazu und nahmen an, man hätte jetzt die Urmonade von Leibniz entdeckt. Doch Faraday erwähnte Begriffe wie atomare oder molekulare Anschauung.

Die mühsamen Glasschmelzversuche führten im April 1829 zu einem ersten Erfolg. Es gelang, ein Glas mit einem hohen Anteil an Bleioxid zu erschmelzen, und Faraday konnte ein großes, nahezu blasen- und schlierenfreies Stück an Dolland zur weiteren Bearbeitung senden. Im November hielt er dann vor der Royal Institution seine erste *Bakerian Lecture*. Ursprünglich von einem wohlhabenden Engländer Baker gestiftet und mit einem Preis von einem Pfund ausgesetzt, war es im 19. Jahrhundert weit mehr eine Ehre, diese

Vorlesung zu halten, als daß ein finanzieller Gewinn damit verbunden war. Faraday ging sehr ausführlich auf alle Schwierigkeiten der Glasherstellung ein, doch ähnlich wie bei der Stahlerzeugung fehlte das Interesse der Industrie, um die gewonnenen Erkenntnisse zu nutzen. Zwar wurde ein Fernrohr unter Verwendung eines von Faraday erschmolzenen Glases gebaut und auf seine optischen Eigenschaften hin geprüft, doch das positive Ergebnis, daß sowohl die Auflösungskraft groß und der Achromatismus [Farbzerstreuung] gering war, führte nur dazu, daß Faraday den Auftrag bekam, ein möglichst großes Stück reinen Glases zu erschmelzen.

Am 4. Juli 1831 antwortete Faraday dem Sekretär der Royal Society und legte vier größere und zwei kleinere Manuskripte zur Veröffentlichung über seine Glasarbeiten bei. Die Bitte, eine größere Probe Glas zu erschmelzen, lehnte er ab.

> ... Ich habe meine ganze freie Zeit den Experimenten, wie bereits beschrieben, gewidmet und daher auf die Verfolgung solcher philosophischer Fragen verzichten müssen, die mir selber eingefallen sind, und ich wünsche, unter diesen Umständen das Glas für eine Weile beiseite zu legen, damit ich mich daran erfreuen kann, meine eigenen Ideen über andere Gegenstände zu bearbeiten.

Er fügte dem noch hinzu, daß er für die Fortführung in der Richtung, wie sie die Royal Society wünschte, keinen Erfolg versprechen könne, insbesondere im Hinblick auf die Perfektionierung einer Herstellung, wo er selber nicht Unternehmer sei. Anderthalb Jahrzehnte später ergänzte Faraday die Aussage durch eine kurze Notiz:

> Ich betrachte unsere Ergebnisse als negativ, wenn ich von dem Positiven, was mit meinem schweren Glas in der Hand von Amici und meinen späteren Experimenten mit Licht erreicht wurde, einmal absehe.

Der vielseitig tätige Giovanni Battista Amici baute mit Hilfe von Faradays schwerem Glas Mikroskopoptiken, die nur noch ganz geringe Farbfehler aufwiesen. Faraday selbst fand 1846 mit Proben seines hoch bleioxidhaltigen Glases die Weschselwirkung zwischen Licht und Magnetismus.

Faraday hatte von seinen eigenen Ideen geschrieben, denen er sich zuwenden wollte; doch das Jahr 1830 zeitigte keine große wissenschaftliche Ausbeute. Den allergrößten Teil der Arbeitszeit benötigte Faraday für die kommerziellen Analysen auf den verschiedensten Gebieten der sich damals entwickelnden chemischen Industrie. Das sicherte ihm ein beachtliches zusätzliches Einkommen, und später hat

John Tyndall, sein Nachfolger, Einblick in die Unterlagen nehmen können, die zeigten, daß Faraday 1830 ca. £800 zusätzlich erhielt.

Doch ernste Anzeichen einer Überarbeitung machten sich bemerkbar. In einem Brief vom 26. März teilte er seinem Freund Magrath mit, daß er im Athenaeum mit seinem Arzt Dr. Whitlock Nicholl dinieren wollte, aber nicht dazu in der Lage gewesen wäre. Auch hätte er den nächsten Freitagabend-Vortrag noch nicht fertig – vermutlich der Bericht über die Wanderung des Sandes unter Druck, den er am 23. April hielt. Sogar seine Kurse in Woolwich hätten ihm nicht gutgetan, und er fühlte alle möglichen Spuren von Indispositionen.

Vorspiel zu einer großen Entdeckung, Chladnische Klangfiguren (1831)

Im Februar 1831 begann plötzlich und ohne Ankündigung durch irgendwelche Vorversuche wieder eine ganz intensive Beschäftigung mit den Chladnischen Klangfiguren. Gleich am ersten Tag wurden 28 Experimente gemacht. Das Tempo wurde jedoch nicht beibehalten; bis 18. Februar waren es erst 66 Experimente. Dann folgte eine Pause bis zum 17. Juni.

Am 19. April sah er, als er von der Akademie heimging, eine Aurora, ein Nordlicht. Er ging zu Herrn Christie, und sie beobachteten eine Kompaßnadel während der Erscheinung der Aurora. Als sich ein feiner Lichtstreifen bildete, sahen sie ein Vibrieren der Nadel. Es bestand kein Zweifel, die Aurora beeinflußte das Magnetfeld der Erde.

Am 30. Mai experimentierte Faraday mit einer sehr eigenartigen Anordnung. Er nahm einen Ring aus Silberdraht, stellte ihn aufrecht und befestigte in seinem Scheitel darüber eine Magnetnadel an einem langen Seidenfaden. Der untere Teil des Rings wurde mit Wasser gekühlt, indem er ihn in ein Bassin eintauchte. An der Seite wurde der Ring mit einer Spiritusflamme erwärmt. Faraday drehte dann den Ring, so daß die von der Flamme erwärmte Stelle wieder in das kalte Wasser eintauchte, und beobachtete, ob sich die Magnetnadel über dem rotierenden Ring bewegte. Doch er konnte keinen Effekt erkennen. Ausnahmsweise vermerkte er den Grund für dieses Experiment: *Das Experiment wurde gemacht, um sicherzustellen, ob die fortschreitende Wärme von Partikel zu Partikel irgendwelche Elektrizität in Bewegung setzt.*

Die von Faraday durchgeführten Experimente ab Juni 1831 waren grundlegend verschieden von denen von Chladni, der die Platten bestäubt hatte, denn Faraday untersuchte nun das Verhalten von flüssigkeitsbeschichteten Platten bei Vibration. Zu diesem Zweck umgab er die Platten mit einem kleinen Rand. Er beobachtete, wie die Flüssigkeit in Form von Springbrunnen aufstieg. Die Vibration erzeugte er entweder durch Reiben mit dem feuchten Finger oder, wie Chladni, durch Anstreichen mit einem Geigenbogen.

Ende Juni machte er schon Versuche mit sehr großen Platten, wahrscheinlich mit der Absicht, bei einem Vortrag die Erscheinungen einem großen Auditorium sichtbar machen zu können. Er experimentierte nicht nur mit Flüssigkeiten und Eiweiß, sondern zusätzlich noch mit Mischungen von Sand und anderen fein gemahlenen Materialien und in Flüssigkeiten. Die Beschreibung der Versuchsergebnisse zeigt seine Begeisterung: ... *von extremer Schönheit, eine herrliche und perfekte und konstante Formation erhalten.* Seiner Beobachtungsgabe entging nichts. So notierte er zwischen den Versuchen, daß er in der letzten Nacht ein Brauereifahrzeug gesehen hatte, das mit leeren Fässern, auf die es geregnet hatte, über das Pflaster fuhr. Das Fahrzeug rumpelte über die Steine, und auf der regennassen Fläche der Faßböden erschienen die gleichen kleinen Fontänen, die er im Laboratorium gesehen hatte.

Anfang Juli waren die Versuche beendet, und später trug er darüber in der Royal Institution vor. Am 18. Juli gab es eine Eintragung aus Hastings, aus der hervorging, daß das Ehepaar sich in der Sommerfrische befand.

Die reiche Ernte des Experimentierens und Philosophierens

Die große Entdeckung – die elektromagnetische Induktion (1831)

Das wissenschaftliche Tagebuch begann mit der Eintragung am 29. August 1831 unter dem § 1 „Experiment über die Produktion von Elektrizität aus Magnetismus, etc. etc." Was war dieser Überlegung und den dann folgenden Experimenten vorangegangen?

Zwischen dem Rotationsversuch von 1821 und den nun folgenden Experimenten hatte Faraday gelegentlich Experimente ausgeführt, die im Zusammenhang mit nicht niedergelegten Gedanken über die Umwandlung von Magnetismus in Elektrizität gestanden hatten. Während er in seiner Veröffentlichung über den Rotationsversuch sich eingehend mit Elektromagneten beschäftigt hatte, machte er nur ein einziges Experiment in der Folgezeit zum Magnetismus. Am 26. Februar 1828 nahm er eine Stange weichen Stahls und spannte sie in eine Apparatur ein, mit der man durch die Hilfe eines Hebelmechanismus sehr empfindlich die Längenänderung messen konnte, einem sogenannten *Wedgwood Pyrometer.* Dann magnetisierte er diese Eisenstange mittels eines starken Magneten, doch er konnte die Längenänderung, die er erwartete, wenn jedes einzelne Teilchen unabhängig von dem anderen seine Anziehungskraft ausüben konnte, nicht feststellen. [Faraday untersuchte damals das, was man heutzutage „Magnetostriktion" nennt – die Längenänderung eines ferromagnetischen Körpers beim Magnetisieren infolge der Umordnung kleiner magnetischer Bereiche.]

Der nächste Paragraph in Faradays Tagebuch begann:

> Habe einen eisernen Ring gemacht (weiches Eisen), [dann folgten die Abmessungen des Ringes: 7/8 Zoll dick mit einem äußeren Ringdurchmesser von 6 Zoll, ca. 2 cm, 15 cm].
>
> Wand viele Spulen von Kupferdraht um die erste Hälfte.

Die Spulen wurden voneinander getrennt durch Zwirn und lackiertes Leinen. Da waren drei Längen von Draht, jeder etwa 24 Fuß lang, [ca. 7,2 m] und sie konnten verbunden werden als eine Länge oder getrennt als einzelne Längen benutzt werden.

Welche Vorstellungen bewegten Faraday, sich einen ringförmigen Elektromagneten zu machen? Bei einem Elektromagneten mit einem Eisenkern entsteht, wie bei einem normalen Magneten, an einem Ende ein Nordpol, am anderen ein Südpol – je nach Flußrichtung des Stroms. Ging er bei diesem Experiment davon aus, daß die magnetischen Fluida beim Zusammenstoßen von Nord- und Südpol in Schwingungen versetzt werden würden? Mit einem natürlichen Magneten konnte man keinen Ring herstellen, doch konnte man zwei hufeisenförmige Magnete gegeneinanderhalten; sie zogen sich an oder stießen sich ab. Faraday brachte auf der freien Hälfte des Eisenringes noch eine zweite Spule an, die wiederum aus zwei Teilspulen bestand. Diese beiden Spulen verband er miteinander, so daß es eine Spule auf der einen Seite gab. Die beiden Enden verband er nun mit einem Draht, den er weit weg vom Experimentiertisch über eine Magnetnadel führte, ähnlich der Oerstedtschen Anordnung. Dann verband er die Enden der ersten Spule mit einer starken galvanischen Batterie; er machte also einen Elektromagneten daraus.

> Unmittelbar ein sensibler Effekt auf Nadel. Sie oszilliert und kommt zuletzt im Originalzustand zur Ruhe. Beim Öffnen der Verbindung der Seite A mit Batterie wieder eine Störung von der Nadel.

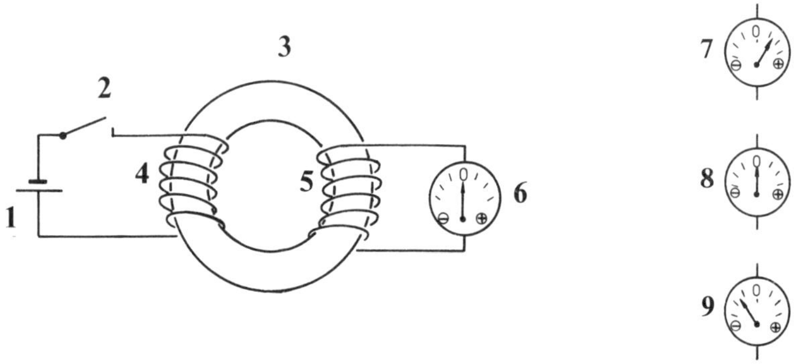

16. Versuchsanordnung von Faraday zur Entdeckung der Induktion mit zwei Spulen (Prinzip des Transformators): 1 Galvanische Batterie 2 Schalter 3 Eisenring 4 Primäre Spule 5 Sekundäre Spule 6 Galvanometer 7 Ausschlag der Galvanometernadel im Moment des Schließens des Schalters 8 Stellung der Galvanometernadel bei geschlossenem Schalter (keine induzierte Spannung nachweisbar) 9 Ausschlag der Galvanometernadel im Moment des Öffnens des Schalters

Was war geschehen? Der durch die eine Spule fließende Strom hatte das Eisen magnetisiert, und im Moment der Magnetisierung hatte sich die Nadel bewegt, war in der anderen Spule ein Strom geflossen. Wurde der Stromkreis unterbrochen, die Magnetisierung also wieder aufgehoben, denn es handelte sich um weiches Eisen, bewegte sich die Nadel wiederum. Magnetismus war in Elektrizität umgewandelt worden; genauer formuliert: das sich ändernde Magnetfeld hatte Elektrizität erzeugt. Faraday hatte den Effekt der elektromagnetischen Induktion – oder kurz gesagt: der Induktion – entdeckt.

Die Wissenschaftler kannten bis dahin nur stationäre Wechselwirkungen. Die Entdeckung der Induktion war etwas vollständig Neues, gedanklich anfänglich etwas überhaupt nicht Verstehbares. Nur die Änderung eines Zustandes bewirkte einen anderen, nicht der stationäre Fall. Wenn, wie bei der Induktion, der Strom dauernd durch die eine Spule floß, kam die Magnetnadel, die den Stromfluß in der anderen Spule anzeigte, in der Ausgangsstellung wieder zur Ruhe.

Die Eintragungen im Tagebuch dokumentieren keinerlei Überraschung über den Ausschlag der Magnetnadel beim Schließen und Öffnen des Stromkreises. Nach jahrelangem Suchen hatte Faraday den vermuteten Effekt endlich gefunden. Eine Analyse der früheren Versuche von 1825 und der Experimente von Arago, Ampère und de la Rive mußten ihm später deutlich machen, daß in den meisten dieser Fälle die Induktion hätte beobachtet werden können, aber nicht erkannt worden war. Bei den Experimenten über die Klangfiguren vibrierender Platten hatte er noch seine Freude über gelungene Anordnungen eingetragen. Nun, bei den weitaus bedeutenderen Ergebnissen, verzichtete er auf jede persönliche Bemerkung. Weitere Anordnungen der Spulen und des Galvanometers wurden in der Folge untersucht. So wurden die drei Spulen auf der A-Seite zu einer einzigen zusammengeschlossen, was den Effekt auf die Magnetnadel sehr verstärkte. Dann wurde auf der B-Seite die Magnetnadel nicht unter eine einfache Leiterschleife gestellt, sondern in das Innere einer entlang des magnetischen Meridians ausgerichtete Spule gestellt. Das verstärkte den zu beobachtenden Effekt. Jedesmal notierte er, daß beim Schließen des Stromkreises bei A die Nadel, die an B angeschlossen war, nach der einen Richtung ging und beim Öffnen des Stromkreises in A nach der anderen Richtung ausgelenkt wurde.

Ein Experiment wurde noch mit einem eisernen Zylinder gemacht, auf den vier Wicklungen aufgebracht wurden. In der Kritik am Ergebnis tauchte zum ersten Mal die Bemerkung auf, daß der Effekt eventuell auch ohne Eisen zu beobachten sei. Danach probierte er aus, ob die in der zweiten Spule erzeugte Elektrizität in der Lage war, eine chemische Reaktion – also die Zersetzung – durchzuführen, aber er konnte kein sicheres Resultat erhalten. Danach wandte er sich der Untersuchung der magnetischen Anordnung des Ringes mit den Spulen zu, indem er alle untereinander und mit der Batterie verband. Das Verhalten einer Magnetnadel zeigte ihm, wie zu erwarten, zwei Nord- und zwei Südpole. Dann legte er Papier über den ganzen Ring und bestreute ihn mit Eisenfeilspänen und beobachtete ebenfalls vier Pole, doch nicht gleichmäßig verteilt, was ihn zu der Bemerkung veranlaßte, daß das Eisen kein perfekter Leiter sei, womit er offensichtlich das magnetische Fluidum meinte.

Um die typischen Erscheinungen der Elektrizität nachweisen zu können, untersuchte er, ob er bei der Berührung der Drahtenden der Spule B mit Graphit einen Funken beobachten konnte, aber das gelang ihm nicht. Er war der Meinung, *die Welle sei zu kurz und plötzlich*.

Der § 17 enthielt keine experimentellen Beschreibungen, sondern eine Vermutung: Könnten diese Übergangseffekte nicht im Zusammenhang mit den Gründen der Unterschiede der Kraft von Metallen in Ruhe und in Bewegung bei Aragos Experiment stehen?

Im 19. Versuch wurde noch einmal der eiserne Zylinder benutzt und am Ende bemerkt, daß der Ringmagnet nicht notwendig war. Wenn die Hypothese vom Zusammenstoß der magnetischen Fluida als Ausgangspunkt gedient hatte, so war es ihm nun seiner Meinung nach einwandfrei gelungen aufzuzeigen, daß dieses nicht der Grund für die Induktion sein konnte.

Die am 29. August 1831 durchgeführten verschiedenen Experimente benötigten einige Vorbereitungszeit. Faraday mußte sich aus einer Eisenstange den Ring schmieden, wozu er als Sohn eines Schmieds wohl fähig war. Dann mußten die Spulen aufgebracht werden. Das bedeutet, daß man bei einer Ringwicklung das lange Drahtende durch die Spule fädeln muß. Bei der damals recht unvollkommenen Isolierung des Drahtes mußte dieser Vorgang mit Sorgfalt ausgeführt werden. Faraday erwähnt nicht, ob Anderson damit betraut gewesen war. Ein halber Arbeitstag wird mindestens für diese Vorbereitungen verbraucht worden sein. Doch es ist natürlich auch möglich, daß alle diese Arbeiten vorher ausgeführt wurden, und die Apparate am 29. fertig auf dem Labortisch standen.

Erst am 12. September wurde weiterexperimentiert. Die erste Zeile der Eintragung lautete diesmal: *Habe verschiedene Spulen und Spiralen etc. etc. etc. präpariert.* Es waren Spulen mit Kupferdrähten, aber auch solche mit Eisendrähten dabei. Am 24. wurde dann intensiv nach dem neuen Effekt gesucht. Im 33. Paragraph der Serie erwähnte er folgende Versuchsanordnung: Ein Eisenzylinder mit einer Spule aus Kupferdraht von 14 Fuß Länge [ca. 4,2 m] wurde an dem einen Ende mit dem Nordpol eines Stabmagneten berührt, auf dem anderen Ende des Zylinders mit dem Südpol eines anderen Stabmagneten, die beide mit ihren entsprechenden Nord-Süd-Polen zusammengelegt wurden. Immer wenn der magnetische Schluß aufgehoben wurde – gleichgültig, ob es der Nord- oder Südpol war –, beobachtete Faraday einen Ausschlag an dem an der Spule angeschlossenen Galvanometer. Er notierte. *Folglich hier deutlich Umwandlung von Magnetismus in Elektrizität.*

Noch am 23. September war er im Zweifel über die Richtigkeit seiner Versuche und ihrer Deutung. Er schrieb an Phillips:

Ich bin gerade wieder mit dem Elektromagnetismus beschäftigt, und ich glaube, ich habe eine gute Sache erwischt, aber kann es nicht genau sagen. Es mag Unkraut sein, anstatt eines Fisches, was ich nach all meiner Arbeit am Ende herausziehen werde.

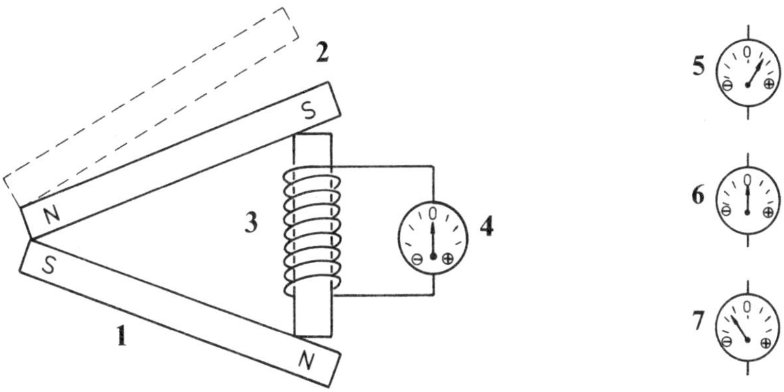

17. Versuchsanordnung von Faraday zum Nachweis der Umwandlung von Magnetismus in Elektrizität: 1 Stabmagnet 2 Stabmagnet 3 Spule 4 Galvanometer 5 Ausschlag der Galvanometernadel beim Öffnen des magnetischen Kreises 6 Ausschlag der Galvanometernadel bei geschlossenem magnetischen Kreis (keine Spannung nachweisbar) 7 Ausschlag der Galvanometernadel beim Schließen des magnetischen Kreises

Am 1. Oktober begann eine Serie mit Spulenanordnung ohne Eisen. Der gefundene Effekt auf das Galvanometer war schwach. Dann wurde noch einmal das Experiment mit dem Eisenring wiederholt, um einen Funken zu erhalten. Nun konnte er ihn beobachten, wenngleich der Funke sehr klein war. Er versuchte, einen Platindraht durch den Induktionsstoß zu erwärmen, aber der Draht war wahrscheinlich zu dick. Im 53. Experiment verwandte er wiederum den Eisenzylinder mit den Wicklungen und machte ein Experiment mit Eisenfeilspänen. Er erhielt einen sehr kleinen Buschen, der im Moment abfiel, wenn der Kontakt geöffnet wurde. Die Eintragung schloß: *Good class expt.*, was besagte, daß Faraday schon in diesem frühen Stadium der Forschung sich Gedanken darüber machte, wie er einem größeren Auditorium die gefundenen Effekte vorführen könne. Denn die Eintragung sollte wohl lauten: ‚Gutes Klassenraum-Experiment'.

Nicht immer waren seine Vermutungen in diesem frühen Stadium zutreffend. Am Ende des 54. Paragraphen vermutete er, daß ein Elektromagnet nicht den von Arago gefundenen Effekt bewirken könne.

Am 17. Oktober fertigte er sich auf einem Pappzylinder eine Spule mit acht verschiedenen Wicklungen; insgesamt waren es 220 Fuß [ca. 66 m] Draht, die er gewickelt hatte. Wiederum war er erfolgreich bei der Suche nach Effekten der Induktion. Steckte er in die Papprōhre einen Magnetstab, so konnte er damit eine Welle von Elektrizität erzeugen.

Mit einigen Tagen Abstand wurden weitere Versuche unternommen. Der 27. Oktober schloß mit der Eintragung: *Bereit, morgen zu Herrn Christie zu gehen.* In Christies Laboratorium in Woolwich stand der große, aus natürlichen Magnetstäben geschichtete Magnet der Royal Society. Um Fehlmessungen zu vermeiden, wurde das Galvanometer etwa 3 m vom Magneten entfernt aufgestellt. Mit Befriedigung konnte Faraday feststellen, daß der sehr viel kraftvollere Magnet bereits in Spulen mit einer halben Windung einen deutlichen Ausschlag des Galvanometers bewirkte. Dazu legte er quer über die Pole ein Rundeisen, umschlang es mit einer halben Windung, die mit dem Galvanometer verbunden war, und öffnete den magnetischen Kreis durch Wegziehen des Zylinders.

In den Zeiten zwischen den Experimenten hatte Faraday sich offenbar eingehend über Aragos Experiment und seine Deutung auf der Grundlage der neuen Erkenntnisse der Induktion von Spannun-

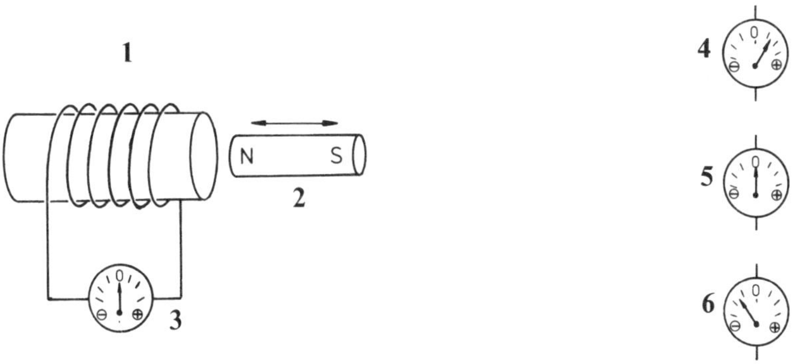

18. Versuchsanordnung von Faraday zum Nachweis der Umwandlung von Magnetismus in Elektrizität mit einer Spule: 1 Spule 2 Stabmagnet 3 Galvanometer 4 Ausschlag der Galvanometernadel beim Einschieben des Magneten in die Spule 5 Ausschlag der Galvanometernadel bei eingeschobenem Magneten (keine induzierte Spannung nachweisbar) 6 Ausschlag der Galvanometernadel beim Herausziehen des Magneten

gen in den Leitern bei Änderung des Magnetfeldes Gedanken gemacht. Nun, vom 99. Paragraphen an, wurde intensiv mit Aragos Scheibe experimentiert. Dazu legte er auf die Pole des großen Magneten zwei Weicheisenstücke, um den Polabstand zu verkleinern, und in diese Spalte ragte eine drehbar gelagerte Kupferscheibe. Sowohl von der Achse als auch vom Rand der Scheibe konnte er mittels Kontakten, die er durch Amalgamieren herstellte, eine eventuell auftretende Spannung abnehmen. 19 kleine Skizzen veranschaulichten die experimentelle Anordnung, die Lage des Magnetpols auf dem Durchmesser der Scheibe und die Punkte der Abnahme der Spannung. Je nach Drehrichtung der Scheibe erfolgte der Ausschlag nach der einen oder der anderen Seite, was die Umkehrung der Stromrichtung anzeigte. [Der von der Apparatur abgenommene Strom lag wahrscheinlich unter 1 mA, es war daher nicht verwunderlich, daß Faraday die größte Sorgfalt auf die Vermeidung von allen störenden Effekten legen mußte, um überhaupt etwas beobachten zu können.] Nur in einer Zeile ließ er seine Modellvorstellung über den ablaufenden Vorgang durchblicken. *Folglich, wenn irgendwelcher Wirbel, muß er sehr diffus sein.*

Am 4. November war er wieder bei Christie und brachte Scheiben aus verschiedenen Materialien mit: Eisen, Zink, Zinn und Blei.

Jedesmal konnte er den Effekt beobachten. Auch versuchte er, die üblichen Erscheinungsformen der Elektrizität, wie Geschmack mit der Zunge oder die Bildung eines Funkens zu finden. Doch infolge der geringen Stromstärke gelang ihm dieses natürlich nicht. An Stelle der Scheiben wurden nun auch Ringe oder flache Spulen untersucht.

Vom Beginn der Untersuchungen an hatte er 168 Paragraphen notiert und beendete die Eintragungen mit *R. S. Paper Read 24. November 1831*. So hatte er in nur 20 Tagen nach dem Abschluß der letzten Untersuchungen seine Ergebnisse in eine vortragsreife Form gebracht und den Kollegen von der Royal Society präsentiert. Danach mußte das Ganze möglichst rasch für die Veröffentlichung geschrieben werden. Aus den Experimenten, insbesondere zum Aragoschen Rad, waren die Konsequenzen für die Deutung der Erscheinung zu ziehen.

Am 21. November teilte er Herrn Children, einem der Sekretäre der Royal Society, mit, daß er aus gesundheitlichen Gründen für acht bis zehn Tage London verlassen werde und deshalb nicht zur nächsten Sitzung anwesend sein könne. Am 29. November schrieb er einen langen Brief an seinen Freund Richard Phillips. Er habe, so schrieb er, einen extra langen Bogen Papier genommen, um ausführlich sein zu können, denn er hätte den Eindruck, zum ersten Mal nicht unter Zeitdruck zu stehen. Nachrichten hätte er nicht mitzuteilen, nur über sich selbst, denn er hätte sich mehr und mehr von der Gesellschaft entfernt, doch sie hätten sich gut erholt, und er wäre dabei, seine Veröffentlichung zu schreiben, was ihn immer gesundheitlich außerordentlich stark belaste. Als Titel denke er zu wählen „Experimentelle Untersuchungen über Elektrizität". Er ging dann kurz auf seine früheren Untersuchungen und die ersten Ergebnisse ein, daß lediglich bei der Änderung des Stromflusses der Effekt zu beobachten sei. Ein Hinweis auf eine mögliche Erklärung der Vorgänge in der Voltaschen Säule erwies sich später nicht als haltbar. Für die Erscheinung wolle er ein neues Wort verwenden: elektrotonisch, und er fragte seinen Korrespondenzpartner:

> Was halten Sie davon? Bin ich nicht ein kühner Mann. Unwissend wie ich bin, schmiede ich neue Worte. Aber ich habe Gelehrte konsultiert. Der neue Zustand [gemeint ist der elektrotonische Zustand] setzt mich in den Stand, alle die von Arago gefundenen Erscheinungen des rotierenden Magneten oder der Kupferplatte vollständig zu erklären. Da aber große Namen mit in Betracht kommen (Arago, Babbage, Herschel etc.), so habe ich mich mit Bescheidenheit ausgedrückt, die Sie so gut kennen und die Sie sowohl als ich

und auch John Forst in gleicher Weise besitzen und für welche wir von der Welt mit Recht gepriesen werden.

Seiner Befriedigung über den Erfolg gab er deutlich Ausdruck:

Es ist für mich sehr erfreulich zu erkennen, daß das Experiment nicht vor der Mathematik zurücktreten muß, und ich bin erstaunt, daß das, was die großen Mathematiker als wesentliche Bedingungen für die Rotation erklärt haben, nämlich, daß Zeit benötigt wird, so wenig begründet ist; daß, wenn die Zeit möglicherweise voreilen könnte, anstelle [Zeit] zu benötigen, daher, wenn die Ströme vorher entstehen könnten, bevor der Magnet über die Stelle käme, anstelle später [dann] würde der Effekt ebenso entstehen. [Nämlich die Erzeugung eines elektrischen Stromes in der Scheibe des Aragoschen Rades]

Der Text der Veröffentlichung enthielt eine genaue Beschreibung aller Experimente und ging sorgfältig auf die Arbeiten der französischen Schule ein. Ampère hatte mit Faraday in den vergangenen Jahren mehrfach korrespondiert, und die Antworten von Faraday zu dessen Ideen zur Elektrodynamik hatte er nur vorsichtig pariert, immer darauf hinweisend, daß ihm die mathematischen Kenntnisse für das Verständnis von Ampères Arbeiten fehlten. Doch hatte sich in ihm längst die Erkenntnis durchgesetzt, daß viele der Erklärungen nicht durch Experimente gestützt werden könnten. Die Hilfsannahmen, daß in der Kupferscheibe bei Aragos Versuch durch die Magnetnadel Magnete entstünden und daß dieser Vorgang eine gewisse Zeit benötigen könnte, erschienen ihm nicht stichhaltig genug. Nun, in der Veröffentlichung, bewies er, daß einzig und allein die Induktion eine widerspruchsfreie Erklärung für die beobachteten Vorgänge ermöglichte. Die Arbeit erschien in den *Philosophical Transactions* im Frühjahr 1832 unter dem Titel *Experimental Researches in Electricity* (Experimentalforschungen über Elektrizität), *I. On the Induction of Electric Currence* (Über die Induktion elektrischer Ströme), *III. On the Evolution of Electricity from Magnetism* (Über die Erzeugung von Elektrizität durch Magnetismus), II. *On a new Electric Condition of Matter* (Über einen neuen elektrischen Zustand von Materie), *IV. On Arago's Magnetic Phenomena* (Über Aragos magnetisches Phänomen). Die Versuche mit der Spule auf einer Papphülse und einem Magneten, den er in die Spule hineinbewegte, hatten Faraday gezeigt, daß die Änderung des Magnetfeldes einen Strom in der Spule erregte. Auch die Umkehrung des Effektes, also die Bewegung der Drahtspule auf den Magneten, bewirkte einen Stromstoß. Damit konnte auch der Aragosche Versuch erklärt werden. Drehte man eine Magnetnadel ober- oder unterhalb einer Scheibe aus einem leitenden

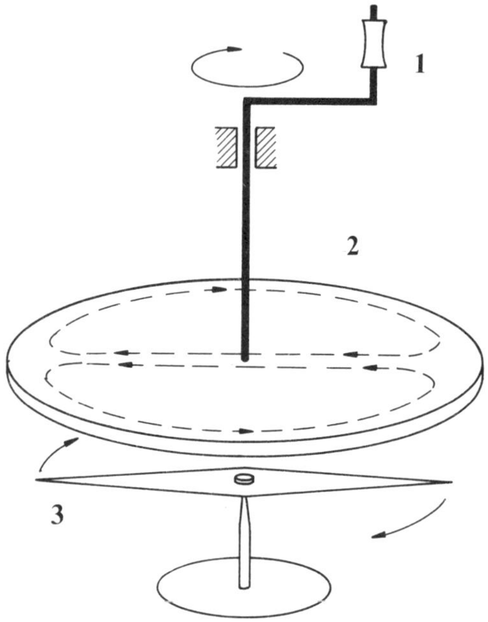

19. Aragos Rad: 1 Kurbelantrieb 2 Kupferscheibe 3 Magnetnadel. Anstatt die Scheibe anzutreiben, kann man auch die Magnetnadel rotieren lassen, dann dreht sich die Kupferscheibe mit

Material, also z. B. Kupfer, dann erzeugte sie in dem Kupfer einen elektrotonischen Zustand.* Die Suche nach den in der Scheibe fließenden Strömen durch Faraday zeigt, daß ihm von vornherein klar war: wenn sich die Scheibe durch Induktion drehte, so müßte in ihr

* In der heutigen Auffassung greift das magnetische Feld an die im Kupfer frei beweglichen Elektronen an und bewirkt eine senkrecht auf der Feldlinie stehende Kraft, Lorentzkraft. Es fließt in der Scheibe ein elektrischer Strom, der wiederum ein magnetisches Feld erzeugt. Diese Kraft bringt die Scheibe in Rotationsbewegung. Zu beobachtende Verzögerung stammt von der Trägheit der Masse der Scheibe her und von der Notwendigkeit, daß die Bewegung des Feldes immer etwas hinter der Bewegung der Scheibe hinterherhinkt. Man nennt dies den Schlupf. Auf diesem Prinzip beruht die Konstruktion des weit verbreiteten Asynchron-Motors, der oft als Antriebsmaschine für Haushaltsgeräte verwendet wird. Der sich drehende Teil, Läufer, besteht aus einem Metallkäfig. Das drehende Magnetfeld wird durch einen mehrphasigen Wechselstrom als räumliches Drehfeld erzeugt.

I Michael Faraday.
Ölgemälde 1842 von Thomas Phillips

II Michael Faraday in dem Laboratorium der Royal Institution of Great Britain. Aquarell von Harriet Moore

III Das Magnet-Laboratorium in der Royal Institution of Great Britain.
Aquarell von Harriet Moore

IV Der eiserne Ring mit den Wicklungen, mit dem Faraday die Induktion entdeckte

V Versuchsanordnungen von Faraday zum Nachweis der Umwandlung von Magnetismus in Elektrizität

VI Glasgefäße zur Untersuchung der Vorgänge der Elektrolyse. Rechts die erste Ausführung des Voltameters

VII Apparaturen zur Untersuchung der Influenz

VIII Evakuierbares Gefäß zur Untersuchung des elektrischen Durchschlags

ein elektrischer Strom fließen. Nur in einer Anmerkung erwähnte Faraday die Frage, wie der Strom entstehen könnte. Ob der Leiter die magnetischen Kurven [Feldlinien] durchschneiden müßte, ob er von größerer zu kleinerer magnetischer Kraft übergehen müßte, oder ob es ausreichend für die Erzeugung einer Spannung sei, wenn der Leiter in Kurven gleichmäßiger Intensität bewegt würde. Er fand diesen Fall bereits für hinreichend geklärt.

Wenige Tage nach seinem Vortrag vor der Royal Society, am 5. Dezember, nahm er die Versuche wieder auf. Am 14. Dezember gelang es ihm, ohne Anwendung eines zusätzlichen Magnetfeldes, nur mit dem Erdmagnetfeld, den Nachweis der induzierten Spannung in der Platte zu führen. Um den schwachen Effekt zu verstärken, drehte er die Platte hin und her, um somit die Oszillation der Magnetnadel seines Galvanometers aufzuschaukeln. In einem einzigen Satz fügte er im § 227 noch zu: *Folglich Aragos Scheibe eine neue elektrische Maschine.* Zwei Tage später verwendete er statt des erdmagnetischen Feldes einen Stabmagneten und notierte:

> Wie die Scheibe sich drehte, ein Weg von Elektrizität floß vom Zentrum zum äußeren Rand; wenn sie in der anderen Richtung gedreht wurde, vom äußeren Rand zum Zentrum. Das zeigt, solange wie das Rad sich bewegt, wird Elektrizität erzeugt, und wie der Radius dabei nicht den Pol als Ganzes passiert, aber immer in derselben Relation zu ihm ist, zeigt, daß es nicht die Nachbarschaft, sondern die Bewegung ist, welche Elektrizität hervorbringt. Muß dies sofort bedenken.

Der nächste Paragraph lautete:

> Einleuchtend, daß eine Maschine auf diesem Weg gebaut werden kann.

Doch schon der nächste Versuch zeigte ihm, daß er nicht in der Lage war, damit eine Kupfersulfatlösung elektrolytisch zu zerlegen. Faraday beschäftigte sich jedoch nicht mit der Konstruktion von Motoren.* Im ersten Jahr nach der Entdeckung, daß eine Spule sich wie ein Magnet verhält, wurden mehrere Versuche gemacht, mit Hilfe der abstoßenden und der anziehenden Wirkung solcher Elektromagnete Antriebe zu konstruieren. Auf Anregung von Ampère baute

* Die von Faraday erfundene Maschine ist eine sogenannte Unipolarmaschine. Im 19. Jahrhundert wurde mehrmals versucht, sie sowohl als Generator als auch als Motor zur technischen Reife zu entwickeln. Verschiedene konstruktive Schwierigkeiten konnten aber bislang nicht überwunden werden, obwohl man auch Versuche mit supraleitenden Magneten machte

der Pariser Instrumentenmacher Hippolyte Pixii 1832 einen elektrischen Generator, bei dem ein Hufeisenmagnet über feststehenden Spulen rotierte. Der damit erzeugte Strom war ein Wechselstrom wegen des Polwechsels Nord-Süd über den Spulen. Mit Hilfe von Umpolschaltern konnte man daraus einen Gleichstrom machen. In Abhängigkeit von der Stellung des Magneten wurde der Schalter gesteuert. Pixiis Maschine wurde 1833 in London ausgestellt. Bald kam es zu zahlreichen Verbesserungen, aber an keinen dieser Dinge hatte Faraday selbst Anteil.*

Mitte der 20er Jahre hatte der Londoner Ingenieur William Sturgeon außerordentlich kräftige Elektromagnete gebaut, die man unter anderem zum Heben von Eisenteilen verwenden konnte. Der amerikanische Naturwissenschaftler Joseph Henry, er wurde in Albany im Staat New York 1797 geboren, beschäftigte sich ebenfalls mit der Konstruktion großer Elektromagnete, unter anderem mit dem Zweck, damit Eisenerz von taubem Gestein zu trennen. Seine Magneten bestanden aus mehreren einzelnen Wicklungen. Bei diesen Versuchen hatte er, etwa zur gleichen Zeit als Faraday seine Entdekkung machte, auch einen auf der Induktion des Stromflusses einer Spule auf die andere Spule stattfindenden Effekt beobachtet, doch war er ja nicht – wie Faraday – auf der Suche nach der Umwandlung von Magnetismus in Elektrizität und schenkte daher seinen Beobachtungen nicht genügend Aufmerksamkeit. Ihre Tragweite wurde ihm erst bewußt, als er Faradays Veröffentlichung zu lesen bekam. Da er nicht wie Faraday ein ausführliches wissenschaftliches Tagebuch führte, konnte er nicht die Priorität für die Entdeckung in Anspruch nehmen. Auf seiner ausgedehnten Europa-Reise 1837 lernte er Faraday persönlich kennen. Sie schlossen Freundschaft und experimentierten gemeinsam bei John Daniell in dessen Laboratorium mit thermoelektrischen Strömen, wobei Henry seinen experimentellen Einfallsreichtum bewies. Einen Prioritätsstreit über die Entdeckung der Induktion hat es mit Henry nie gegeben.

Aber Faradays Freude über die gelungene Entdeckung wurde dennoch getrübt, denn seine Arbeit in den *Philosophical Transactions* erschien erst im Frühjahr 1832, und schon im Dezember 1831 hatte er Jean Nicolas Pierre Hachette nach Paris rasch einen Brief geschrieben

* Die heutigen Generatoren, seien es die Lichtmaschinen in Kraftfahrzeugen oder die Großgeneratoren in Kraftwerken, beruhen alle auf dem von Faraday 1831 entdeckten Induktionsprinzip.

und ihm einige Einzelheiten der Entdeckung mitgeteilt. Hachette veröffentlichte den Brief sogleich. Den Lesern mußte die Bedeutung dieser neuen Entdeckung klargeworden sein, denn unter anderem arbeiteten Leopoldo Nobili und Vincenzo Antornio, so gut sie es verstanden, Faradays Versuche nach und glaubten, sie hätten sie entwickelt. Ihre Resultate veröffentlichten sie vor Faraday bereits am 31. Januar 1832. So stiftete Faradays eigener Brief anfänglich Verwirrung. Doch nach einem kurzen Prioritätsstreit wurde dieser bald zu Faradays Gunsten entschieden.

In den Arbeiten im Dezember 1831 bemühte sich Faraday um den Nachweis, daß sowohl der Erdmagnetismus als auch der Magnetismus aus natürlichen Magneten identische Effekte in Spulen, Drähten und Platten erzeugte. Die große Sorgfalt, die Faraday auf diesen Versuch mit dem Erdmagnetismus bei sehr kleinen Effekten verwandte, bewies, daß es ihm darauf ankam, jeden Zweifel über den grundlegenden Effekt auszuräumen. So nahm er eine aus Blech geformte Kugel von 4 Zoll [ca. 10 cm] Durchmesser, wie sie für Elektrisiermaschinen üblicherweise verwendet wurden, und ließ sie im erdmagnetischen Feld rotieren. Durch Induktion entstand in ihr ein Strom, der seinerseits auf eine in der Nähe aufgestellte Magnetnadel wirkte. Der rotierende Metallkörper glich der rotierenden Erde. Am 21. Dezember trug er über diese neuen Ergebnisse in der Royal Society vor.

Auch im neuen Jahr wurden weitere Experimente angestellt. Gleich am 7. Januar notierte er:

> Ist nicht die Erzeugung von Elektrizität in dem Draht hervorgerufen durch einen elektromagnetischen Pol ein vermutlicher Beleg dafür, daß Zeit benötigt wird, in dem elektrischen Kreis und vielleicht mehr Zeit; ist nicht Effekt hervorgerufen in dem Draht fortschreitend in der Richtung des Stromes in dem einen Teil und entgegengesetzt in dem anderen?

Die Frage muß ihn intensiv beschäftigt haben, denn am 12. März 1832 entschloß er sich, einen versiegelten Brief bei der Royal Society zu hinterlegen, in dem er seinen Prioritätsanspruch für die Zukunft anmeldete: er habe sich Gedanken über die Ausbreitungsgeschwindigkeit der Induktionsphänomene gemacht und glaube, daß er sie in Verbindung mit seinen Beobachtungen bei den Chladnischen Klangfiguren eventuell über eine Theorie der Vibration erklären könne. Er fügte hinzu, daß ihm durch seine Arbeit in der Royal Institution nicht genügend Zeit bliebe, diese selbst gleich experimentell zu prüfen.

Die Beobachtung, daß auch das erdmagnetische Feld bereits aus-

20. Michael Faraday

reichte, um eine Induktion in einem bewegten Leiter hervorzurufen, veranlaßte Faraday, mit leitenden Flüssigkeiten Experimente auszuführen. Es war ihm klar, daß das im Laboratoriumsmaßstab nicht mehr möglich war, um einen meßbaren Effekt zu erhalten. So bat er über den Grafen von Sussex um die Erlaubnis, im künstlich angelegten See vor dem Kensington-Palast seine Geräte aufzubauen. Die Erlaubnis wurde erteilt, und er tauchte zwei große Kupferplatten in Nord-Süd-Richtung 160 Yards voneinander entfernt ein. Das Ergebnis der Galvanometerbeobachtung war nicht einwandfrei. Die nächsten Schritte galten einer extrem genauen Untersuchung möglicher Fehlerquellen, Thermokontakte beim Zusammenwirken der verschiedenen Drähte, die Bildung von galvanischen Elementen über die von ihm benutzten Kontakte kleiner Kupfernäpfe mit Quecksilber darin. Bald war es ihm klar, daß diese Effekte die Ausschläge des Galvanometers bewirkt hatten, und er war keineswegs enttäuscht von dem negativen Ausgang, sondern begeistert, wie empfindlich seine Apparatur zum Nachweis geeignet war. Am 12. Januar wurde in noch größerem Stil experimentiert. Mit Unterstützung von Bridell, dem Sekretär der Royal Society, ließ er Platten von der Waterloo-Brücke in die Themse herab und beobachtete bei strömendem Wasser, ob der bewegte flüssige Leiter, Seewasser vermengt mit Themse-Wasser, einen Induktionseffekt im Magnetfeld der Erde hervorbringen würde. Doch wiederum waren andere Fehlerquellen stärker.*

Im Februar gelang Faraday zum ersten Mal die Erzeugung von Funken durch Induktionsstrom. Endlich, Anfang Juni, konnte er auch die chemische Zersetzung demonstrieren.

In knapp einem Jahr hatte er neben der anderen Arbeit in der Royal Institution über 400 Versuche zur Induktion durchgeführt und die Ergebnisse experimentell nach allen möglichen Seiten hin gesichert. Außerdem hatte er die Ergebnisse folgerichtig und ohne Lücken interpretieren können. Ein Großteil der theoretischen Annahmen, die Ampère oder Poission gemacht hatten, um z. B. das Aragosche Rad zu erklären, waren hinfällig geworden. Faraday wandte sich neuen Gebieten zu und überließ es den anderen Wissenschaftlern, Einzelheiten des Induktionsvorganges zu studieren; unter ihnen waren auch zahlreiche deutsche, so auch Heinrich Wilhelm Dove, Professor an der Friedrich Wilhelms-Universität in Berlin. In den von Poggendorff herausgegebenen „Annalen der Chemie und Physik" erschienen alle Arbeiten Faradays zur Induktion sowie die folgenden Veröffentlichungen in der Übersetzung durch Poggendorff, freilich mit mancher übersetzerischer Freiheit.

* Die Blätter mit den Aufzeichnungen im wissenschaftlichen Tagebuch sind im Aussehen identisch mit den im Laboratium geschriebenen, was wiederum als ein Beweis dafür angesehen werden kann, daß es sich um spätere Niederschriften und nicht spontan gemachte Aufzeichnungen handelt.

Friedrich Schelling würdigt Faradays Entdeckung

Faradays Erkenntnisse wirkten bis in die Philosophie hinein. Am 28. März 1832, auf der öffentlichen Sitzung der Königlich Bayerischen Akademie der Wissenschaften, sprach Friedrich Schelling über Faradays neuste Entdeckung. Nach einer historischen Einleitung über Galvanis Experimente und die Voltasche Säule führte Schelling aus:

Den Zusammenhang nun, oder vielmehr die Einheit des elektrischen und des chemischen Gegensatzes hatte die Voltasche Säule zur unzweifelhaften Tatsache erhoben; und da die Verwandtschaft der elektrischen und magnetischen Erscheinungen von jeher sich dem Beobachter aufgedrungen hatte: So war, schon infolge des Axioms, daß zwei Dinge, die einem dritten gleich sind, auch sich selbst gleich sind, unvermeidlich der Schluß, daß derselbe Zusammenhang auch zwischen den magnetischen und den chemischen Eigenschaften stattfinden müsse, und um so natürlicher, nach der Erfindung der Voltaschen Säule, die von vielen, zumal in Deutschland, gehegte Überzeugung, daß jedes großes Phänomen, das bereits den Chemismus von sich abhängig gemacht hatte, nicht ermangeln werde, auch noch den Magnetismus in seinen Zauberkreis zu ziehen. Nur denjenigen, deren – weniger combinatorisch als compilatorisches Talent die begriffslos vereinzelte Mannigfaltigkeit der Erscheinungen sich angemessen erachtete, als die geistig durchdrungene, war es verstattet, eine solche Erwartung vorläufig als Schwärmerei zu verhöhnen.

Dann ging er auf den Oerstedtschen Versuch ein und behauptete, daß, wenn die Säule mit einem Draht kurzgeschlossen wäre, alle äußeren Zeichen der elektrischen Spannung aufhören würden.

Nach dem früher Gezeigten verhält sich der Magnet wie die beständig geschlossene Kette, und die eigentlich elektrischen Wirkungen, Funken, Lichtbüschel, Erschütterungen tierischer Teile zeigen sich nur im Moment entweder des Schließens oder des Öffnens der Säule. Wer konnte nun für möglich halten, daß Mittel gefunden würden, den Magnet so zu bestimmen, daß in ihm ein Moment der Schließung oder Öffnung, und damit eine Möglichkeit elektrischer Wirkung entstehe? Und dennoch ist eben dies kürzlich vollbracht worden durch eine Entdeckung, von der soeben nur die allererste allgemeinste Kunde, zwar was die Sache selbst betrifft, hinlänglich verbürgt aber ohne alle näheren Angaben der bei dem Versuch angewendeten Mittel zu uns gedrungen ist. Dieses Experiment war dem englischen Naturforscher Faraday vorbehalten, demselben, der mit ebensoviel Beharrlichkeit und Geist den Oerstedtschen Versuch, als einst sein großer Vorgänger Davy die elektro-chemische Seite der Voltaschen Erfindung verfolgt hatte.

Faraday wird Schellings Ausführungen nicht gelesen haben, denn er beherrschte die deutsche Sprache nicht, was er Zeit seines Lebens immer wieder in Briefen bedauerte.

Der große Erfolg von Faradays Forschung traf nicht auf die gesamte englische Wissenschaft zu, denn in den wissenschaftlichen Gesellschaften gab es viele Mitglieder, die gar nicht aktive Forscher waren. Da erschien 1830 Charles Babbages „Reflektionen über den Niedergang der Wissenschaft und einige ihrer Gründe". Mit bitterem Sarkasmus hatte Babbage die Mißstände der Royal Society und anderer wissenschaftlicher Gesellschaften angeklagt, deren Mitglieder größtenteils dem Adel entstammten und nie eine wissenschaftliche Arbeit ablieferten. Es war Babbages Kampf gegen die Amateure in der Wissenschaft, zu denen auch der Präsident der Royal Society, Davies Gilbert, gehörte. Der Thron des Präsidenten kam ins Wanken, und es wurde eine neue Liste für etwaige Kandidaten aufgestellt. Der eine war Sir John Herschel, der andere Faraday. Doch als es zur Abstimmung kam, gewann knapp der Herzog von Sussex. An eine Reform war unter diesen Umständen wiederum nicht zu denken. So kam es 1831 zur Gründung der englischen „Vereinigung für die Förderung der Wissenschaften". Faraday blieb zwar der Royal Society treu und veröffentlichte alle seine Arbeiten in den *Philosophical Transactions*, doch lehnte er jede Mitarbeit im Vorstand ab. Viele Jahre lang ging er nicht einmal zu den Treffen.

Die unruhigen Zeiten in der Wissenschaft waren von blutigen Auseinandersetzungen über die soziale Frage in England begleitet. Ausgangspunkt für die Auseinandersetzungen war eine lange versprochene, doch nie durchgedrückte Wahlrechtsreform. Zwar sollte es noch kein Wahlrecht für Fabrik- und Landarbeiter geben, aber wenigstens die Kleinbürger sollten mit einbezogen werden. Glanzvolle Feste, wie zum Beispiel anläßlich der Eröffnung der neuen *London Bridge* am 1. August 1831, mit viel Pomp gefeiert und dem Auslaufen von Hunderten von Schiffen, konnten nicht über die Unruhen im Land hinwegtäuschen, die im Herbst losbrachen, als das *House of Lords* die Gesetzesvorlage ablehnte. Es kam zu Streiks; die Bevölkerung holte das wenige Geld von den Banken ab. Es wurde erst ruhiger, als am 4. Juni 1832 das Gesetz schließlich angenommen wurde.

Der Tagesablauf in der Royal Institution

Faraday war mitten in seinen Untersuchungen über die Induktion. Er hatte weder Zeit noch Interesse, sich an den Kämpfen um die Führung in der Wissenschaft oder in der Politik zu beteiligen. Sein Tag war voll ausgefüllt mit Pflichten und wissenschaftlichen Unterredungen und Experimenten. Nach dem Frühstück, um acht Uhr, machte er einen Rundgang durch das Gebäude, für das er verantwortlich war. Dann ging es in den Keller, wo das Laboratorium lag und wo Anderson auf ihn wartete. Schweigend – oft wurde stundenlang kein Wort zwischen ihnen gewechselt – begann die Arbeit, bei der Faraday – entgegen dem Stil der Zeit – einen Arbeitskittel trug. Wenn Besucher gemeldet wurden, so empfing sie Faraday normalerweise im Erdgeschoß. Nur besonders gute Freunde hatten Zutritt zum Laboratorium. Um halb drei wurde Mittag gegessen, und danach schrieb Faraday Briefe oder ergänzte sein Tagebuch. Wahrscheinlich machte er sich aber auch Notizen über die Weiterarbeit, denn bei seinem zunehmend schlechteren Gedächtnis war es ihm wohl nicht möglich, längere Versuchsreihen ohne sorgfältige Planung zügig durchzuführen. Doch hat sich von diesen Notizzetteln nichts erhalten. Gelegentlich mußte er natürlich auch an Sitzungen von Komitees teilnehmen, in die er gewählt worden war. Wenn nichts vorlag, so wurde am späten Nachmittag bis in den Abend hinein weiter im Laboratorium gearbeitet. Wurden freitags Vorlesungen gehalten, so empfing Faraday die Gäste, überzeugte sich, daß alles im Vortragsraum richtig angeordnet war, hörte den Vortrag mit an und war bei der Verabschiedung wieder dabei. Gelegentlich wurden die Freunde dann zum Abendessen in die Wohnung heraufgebeten. Die Tafel bei den Faradays waren nicht üppig, aber es gab eine gute Mahlzeit und auch Wein, gelegentlich selbstgebrauten Ginger-Wein. Da bei den Vorträgen in der Royal Institution auch Frauen als Zuhörerinnen kamen, war die Unterhaltung sicher nicht nur auf wissenschaftliche Gegenstände beschränkt, zumal die Faradays öfter ins Theater gingen und Freude daran hatten, den Zoologischen oder den Botanischen Garten, das Paradies in Kew, zu besuchen. Wenn Faraday selbst vortragen mußte, bereitete er alles zusammen mit Anderson sorgfältig vor und

21. Faradays Arbeitszimmer in der Royal Institution, links steht ein Gummibaum

so, wie er es als junger Mann angegeben hatte, wurden die Geräte gut sichtbar aufgestellt, die während des Vortrags zur Erläuterung dienen sollten. Lagen am Abend keinerlei Verpflichtungen vor, so las Faraday den Seinen gern etwas aus der englischen Literatur vor, wobei er sich ganz der Stimmung des Textes hingab, lachte oder zu Tränen gerührt war. Es wurden auch lustige Spiele mit den Nichten und Freunden veranstaltet. Da beide Faradays aus großen Familien kamen, fehlte es nicht an familiären Festlichkeiten, die in der Royal Institution stattfanden.

Die tägliche Arbeit im Laboratorium zur Erforschung der Vorgänge der Elektrizität wurde von Faraday am 25. August 1832 wiederaufgenommen, und bis Ende Dezember beschäftigte er sich mit der Frage, ob die verschiedenen Quellen der Elektrizität identische Elektrizität abgäben. Die Arbeiten waren in 221 Paragraphen gegliedert, doch die spätere Veröffentlichung in den *Philosophical Transactions* teilte Faraday in 360 Paragraphen auf. In ganz großem Umfang verarbeitete er historisches Material, um deutlich zu machen, daß die aus der Reibungselektrizität – er nannte sie *gemeine Elektrizität* –, der Voltaschen Elektrizität – also aus einer galvanischen Batterie –, die durch magnetische Induktion erzeugte Elektrizität, die Thermoelektrizität und die damals noch ganz ungeklärte tierische

Elektrizität alle die gleiche Wirkung auf die unterschiedlichen Meßinstrumente hätten.

Am Ende der mühevollen Arbeit konnte Faraday eine Tabelle erstellen, die die Übereinstimmung der Elektrizität aus verschiedenen Quellen in den allermeisten Fällen bestätigte. Er empfand die fünf Arten der erzeugten Elektrizität nicht nach ihrem Wesen, sondern nur nach ihrem Grad verschieden, wobei er die Ausdrücke Quantität und Intensität verwendete. Damit schloß er bereits an die nächste umfangreiche Arbeit an, die der Klärung dieser Begriffe gelten sollte.

Die wirtschaftliche Situation der Royal Institution hatte sich trotz der glänzenden und gut besuchten Vorträge von Faraday wieder verschlechtert, und die Manager teilten ihm zu ihrem Bedauern mit, daß sie sein Gehalt von £ 100 nicht erhöhen könnten. Da stiftete ein reicher Unterhausabgeordneter, John Fuller, einen Lehrstuhl für Chemie an der Royal Institution, der Faraday zugesprochen wurde. Das ergab nochmals ein Einkommen von £ 100. Diese Aufbesserung war sicher willkommen, denn Faraday hatte, je mehr er sich der Erforschung der Elektrizität zuwandte und sie zu seinem Hauptarbeitsgebiet machte, die kommerzielle Tätigkeit als analytischer Chemiker stark eingeschränkt, so daß seine Einnahmen beträchtlich geschrumpft waren. Später gab es Jahre, in denen er gar nichts dazuverdiente.

Faradays Arbeiten zur Elektrochemie (1833–1834)

Den Winter 1833 benutzte Faraday dazu, experimentell die elektrische Leitfähigkeit von Eis zu untersuchen. Sorgfältige Messungen von trockenem Eis zeigten ihm, daß es ein Isolator war. Eine Ausdehnung der Versuche auf feste Verbindungen des Silbers mit Chlor sowie mit Schwefel brachten das überraschende Ergebnis, daß bei der Schwefel-Silber-Verbindung mit steigender Temperatur die elektrische Leitfähigkeit anstieg, während normalerweise bei Metallen die Leitfähigkeit geringer wurde, also der Widerstand anstieg.

Der 2. und 6. Mai waren ganz anderen Experimenten gewidmet. Faraday prüfte, ob beim Durchgang eines Stromes durch eine Flüssigkeit und bei gleichzeitigem Durchstrahlen mit einem Lichtstrahl von polarisiertem Licht die Polarisation des Lichts in irgendeiner Weise geändert würde. Die Versuche wurden mit sich zersetzenden Salzlösungen gemacht, wobei Faraday sicherstellte, daß die entwickelten Gasblasen nicht das Meßergebnis verfälschten. Doch er fand keinen Einfluß des Stromdurchgangs auf die Polarisationsrichtung des Lichts. Daraufhin erweiterte er die Versuche auf isolierende Flüssigkeiten, wie Terpentinöl, zum Abschluß auf feste Körper, die Licht durchließen. Doch wiederum fand er keinen Effekt. Nun nahm er ein Stück von seinem hochbleihaltigen Boratglas, befestigte Elektroden an dem Glasstück und schickte polarisiertes Licht hindurch. Gleichgültig, ob das Licht senkrecht zur Spannungsbeanspruchung oder parallel zur Spannungsbeanspruchung durch das Glas ging, er konnte keinen Einfluß auf die Polarisationsrichtung finden. Zum Abschluß skizzierte er seine Gedanken im Tagebuch:

> Begünstigt das nicht die Idee, daß die Leitfähigkeit nicht von der Zersetzung abhängt, wenn nicht ein Versuch das Letztere in Bleiborat zu erwarten sei, aber eher die Zersetzung von der Leitfähigkeit abhängt

Die Frage der Zersetzung beschäftigte ihn intensiv. Die ersten Eintragungen am 16. Mai bezogen sich nur auf die Arbeiten der Vorgänger und seine eigene kritische Haltung dazu. Gaspard de la Rives und Davys Aussagen über ihre Arbeiten wurden ebenso kritisch geprüft wie die von Theodor Grotthus. Fast in jedem Abschnitt verneinte Faraday die Interpretation seiner Vorgänger. Dann machte er sich ans Experimentieren, indem er ganze Ketten von Elektrolysezellen hintereinander aufbaute und eine mit der anderen durch feuchte Asbeststreifen verband.

Im September zweifelte er daran, daß die Leitfähigkeit durch die Zersetzung bewirkt würde, und gab dem gegenteiligen Effekt den Vorzug. Wenig später skizzierte er die Richtung der zukünftigen Experimente. Er wollte genau beweisen, daß die chemische Wirkung oder zerlegende Kraft exakt proportional der Menge von Elektrizität wäre, die durch die Lösung von derselben Art ging, und damit die Resultate am Ende der dritten Serie der Untersuchungen bestätigen. Von nun an fing er die entwickelten Gasmengen in Glasröhren auf und studierte den ganzen Vorgang quantitativ. Wägungen und Rechnungen füllten das Tagebuch.

Trotz der weiterlaufenden Verpflichtungen in der Royal Institution arbeitete Faraday mit großer Intensität im Laboratorium. Im Monat September wurden mehr als 250 Paragraphen, viele aus mehreren

Versuchen bestehend, durchgeführt. Die Frucht der Arbeit war die Entwicklung eines Strommessers, des Volta-Elektrometers. Mit ihm konnte man die in einem geschlossenen Stromkreis umgesetzte Strommenge bestimmen. Es war der erste Elektrizitätszähler auf elektrolytischer Basis. Faraday hatte experimentell bewiesen, daß die abgeschiedene Menge eines Stoffes, Gases oder Metalls direkt proportional zur Stromstärke war.*

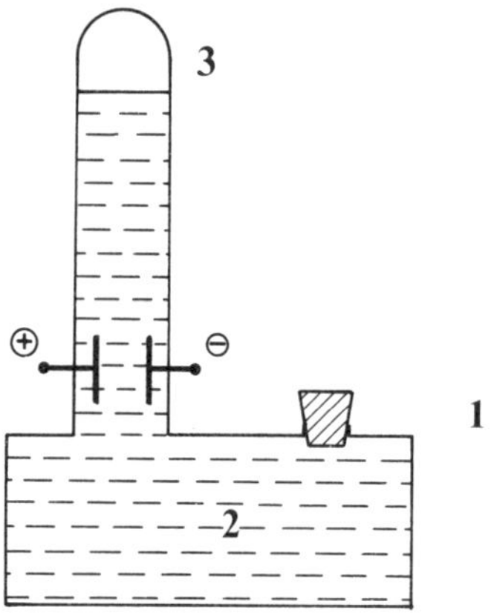

22. Voltameter nach Faraday: 1 Glasgefäß 2 Elektrolyt, Wasser mit etwas Schwefelsäure 3 Abgeschiedene Gase, Sauerstoff und Wasserstoff

Im Juni wurde der erste Teil der Untersuchungen vor der Royal Society gelesen. Es wurde eine sehr kritische Betrachtung der Arbeiten seiner Vorgänger. Immer wieder mußte er sich mit den seiner Meinung nach falschen Ansichten auseinandersetzen, die von anziehenden und abstoßenden Kräften bei der Elektrolyse ausgingen. Ganz deutlich lehnte er die Zwei-Fluid-Theorie ab. Um jedmöglichen Ärger zu vermeiden, schob er entschuldigende Passi ein.

Ich habe gewagt, jene Ansichten freimütig zu beurteilen, in der Zuversicht, daß ich dadurch ihren hochgesinnten Urhebern keinen Anstoß gebe; denn ich bin überzeugt, sie werden, wenn ich recht habe, erfreut sein, daß ihre

* Diese Art von Elektrizitätszähler wurde in der Zeit der Gleichstromversorgung, wie sie nach Einführung der elektrischen Beleuchtung allgemein üblich war und sich bis in die 30er Jahre in kleineren Gebieten erhalten hatte, als elektrolytischer Quecksilberzähler angewandt. In einfacherer Form existiert der elektrolytische Zähler heute noch als Betriebsstundenzähler in elektronischen Geräten.

Ansichten als Wegweiser zum Fortschreiten in der Wissenschaft gedient haben; sollte ich aber in Irrtum verfallen sein, so mögen sie den Eifer, der mich mißleitete, entschuldigen, da er im Dienste jener großen Lehre ausgeübt wurde, deren Gedeihen und Fortschreiten sie erstrebt haben.

[Dies war der Text in der von Poggendorf gemachten Übersetzung.]

Der nächste Teil der Untersuchungen über die Elektrolyse war Ende Dezember fertiggestellt. In einer längeren Einleitung beschäftigte sich Faraday mit der Benennung der ablaufenden Vorgänge und der mit ihr verknüpften Teile der Apparatur. Ihm war klargeworden, daß zahlreiche Mißverständnisse darauf beruhten, daß man von Polen wie bei einem Magneten redete. Nun führte er für die Drähte, die in die Lösung oder in das Salzgemisch tauchten, den Begriff „Elektrode" ein. Die eine, die positive, wurde „Anode" genannt, die negative „Kathode". Die Substanz zwischen Anode und Kathode wurde mit dem Namen „Elektrolyt" belegt, und „elektro-chemische Zersetzung" verwandelte er in „elektrolysiert". Die Produkte, die bei der Elektrolyse zur Anode gingen, nannte er „Anionen", die zur Kathode „Kationen". Allgemein nannte er sie „Ionen", die Wandernden. Die von Faraday mit Hilfe seines Freundes und Hausarztes, Dr. Nicholl, und dem Cambridger Professor für Philosophie und Naturwissenschaften, William Whewell, gefundenen Bezeichnungen haben sich bis heute erhalten, doch die im Aufsatz gebrauchten waren nicht identisch mit denen beim Vortrag. Im Briefwechsel mit Whewell wurden dann am Ende die von Faraday später verwandten Namen propagiert. Faraday drückte Whewell gegenüber in einem Brief vom 15. Mai 1834 seine große Befriedigung darüber aus und wies gleichzeitig darauf hin, wie sehr Whewells Autorität ihm in der Diskussion geholfen und die Widerstände zum Schmelzen gebracht hätte. So war das Endergebnis der mühsamen Untersuchungen, sowohl was die Begriffsbestimmungen betraf als auch in Hinblick auf die drei aus den Experimenten abgeleiteten Gesetze [Faraday benutzte diesen Ausdruck nicht], eine über die Zeit hinaus dauernde Erkenntnis.

Erstens: Die an einer Elektrode abgeschiedene Menge eines Stoffes ist der durch den Elektrolyten hindurchgegangenen Elektrizitätsmenge, also dem Produkt aus der Stromstärke und der Dauer des Stromflusses, proportional.

Zweitens: Die durch gleiche Elektrizitätsmengen aus verschiedenen Elektrolyten abgeschiedenen Stoffmengen sind den chemischen Äquivalentgewichten der Stoffe proportional.

Um dies zu erläutern, fügte Faraday seiner Veröffentlichung eine Tabelle über die Äquivalente bei. Wasserstoff war darin als 1 gesetzt, Chlor mit 35,5 angegeben und Kupfer mit 31,6. Machte man nun einen Elektrolyseversuch, bei dem in einem Gefäß eine Lösung von Kupfersulfat war, in dem das Kupfer zweiwertig auftritt, und mit einem anderen Gefäß mit Kupferchlorid, wobei das Kupfer einwertig auftritt, so konnte man beobachten, daß, wenn der Strom durch beide Gefäße hintereinander ging, also gleich war, an der Kathode, dem negativen Pol, doppelt soviel Kupfer aus der Kupferchloridlösung abgeschieden wurde als aus der Kupfersulfatlösung. Das war die Aussage des Faradayschen Äquivalenzgesetzes.

Die dritte Bedingung, die Faraday ableiten konnte, war, daß zur Abscheidung von 1 g Wasserstoff oder 35,5 g Chlor jeweils die gleiche Elektrizitätsmenge benötigt wurde. Dies war ein Hinweis auf den atomaren Aufbau der Materie aus je Element verschieden schweren aber sonst einheitlichen Bausteinen. Doch setzte sich diese Erkenntnis erst fast fünfzig Jahre nach Faradays Entdeckung durch, obwohl er dem letzten Paragraphen dieser Abhandlung den Titel gab „Über die absolute Menge von Elektrizität in Verbindung mit den Teilen oder Atomen der Materie".

Die Veröffentlichung in den *Philosophical Transactions* trug am Ende das Datum vom 31. Dezember 1833. Am 2. Dezember hatte er als letzte Eintragung notiert:

Priestley war voraussichtlich der erste, der sah, daß Elektrizität ein wichtiger Vermittler zwischen dem Geist und dem Körper im tierischen System ist – R. Phillips.

Ohne Überleitung schrieb er am 18. Dezember nieder:

Jedes Blatt von einem Baum ist das Subjekt von elektrischen Strömen. Jedes hat seine Cisode und Exode, [dies waren die früheren Bezeichnungen, bevor Faraday Anode und Kathode benutzte] die letztere ist in den Wurzeln. Dasselbe ist wahr für die Wurzelenden. Folglich Grund für den Lebenssaft etc. etc. Vielleicht Grund, warum Triebe etc. aufwärts, warum Wurzeln abwärts in Übereinstimmung mit dem Niederschlag an der Cisode oder Exode oder der Tendenz dahin zu wandern.

Als nächstes beschrieb er einen Versuch mit Samen von Bohnen, die er einer elektrischen Spannung aussetzen wollte. [Die Aufzeichnungen geben keinen Hinweis darauf, ob es sich um ein geplantes oder ausgeführtes Experiment handelte.] Einschränkend fragte er dann gleich nach dem Effekt der Drähte in Weingärten beim Blitzeinschlag und kam zu dem Schluß, daß sie der Vegetation mehr schaden als helfen würden. Eine kurze, unvollständige Bemerkung über den Einfluß auf den Menschen schloß sich an. *So daß der Mensch sich selbst nicht beliebig verletzen kann, obgleich er soviel Nervenkraft zur Verfügung in der Maschine hat, etc. etc.*

Doch nahm er keine Experimente in dieser Richtung auf, wie sie von Johann Wilhelm Ritter in Selbstversuchen bis an die Grenze der Erträglichkeit, teils mit Folgen zeitweiliger Lähmung, gemacht worden waren.

Faraday suchte nach grundlegenden Erkenntnissen und bemühte sich, sie dann in Zusammenhang mit anderen Ergebnissen zu bringen. Die Elektrolyse war eines dieser Probleme. Eine wichtige Frage beschäftigte ihn dabei zuerst. Es gelang ihm nicht, Wasser mit einem einzigen Zink-Platin-Elektrodenpaar in verdünnte Schwefelsäure getaucht zu zersetzen. Die verschiedensten Anordnungen wurden nun untersucht. Am 10. Februar erfolgte eine Eintragung, die sehr deutlich machte, wie wichtig es ihm war, als erster eine Entdeckung gemacht zu haben.

Daniel fragte heute nach mir, um mich über meine Gedanken zum Elementarexperiment eines einzelnen Paares von Metallplatten und der Relation der Säule etc. etc. zu fragen. Und wenn mir noch kein Gedanke dazu gekommen wäre, ob er die Arbeit machen könne. Ich erzählte ihm meine Gesichtspunkte und wünschte von ihm, mit mir gleichzeitig zu arbeiten. Er verhielt sich sehr großzügig und ließ es für mich allein offen. Aber wenn ein anderer meine Idee aufgreift und ausarbeitet, bevor ich mein Papier machen kann, werde ich immer bedauern, daß Daniel mir den Weg freigegeben hat und daß ein anderer vor ihm kam. Muß das Fluor beiseite lassen [Er arbeitete gerade über geschmolzene Fluorverbindungen.] und mich beeilen mit der Sache über die Voltasäule. Ich zeigte Daniel meine vorbereitenden Notizen für die Arbeit.

Zwei Tage später wurden 57 Eintragungen gemacht. 46 kleine Zeichnungen ergänzten die über 100 Experimente. Am 31. März war das Manuskript abgeschlossen. Die Einleitung gab wiederum einen Überblick über den historischen Stand:

Die große Frage über den Ursprung der Elektrizität in der Voltaschen Säule hatte so viele ausgezeichnete Physiker beschäftigt, daß ein Unbefangener, welcher zwar die Aufgabe studiert hätte, aber doch die Talente dieser Männer zu würdigen verstände, glauben könnte, die Wahrheit wäre hier einigermaßen aufgedeckt. Wenn aber derselbe in diesem Glauben eine Vergleichung der Resultate und Schlüsse unternähme, würde er bald in solche Widersprüche geraten, auf solches Gleichgewicht der Meinungen, solche Varianten und Kombinationen der Theorie, daß er völlig im Zweifel bleiben müßte, was er für eine wahre Auslegung der Natur zu halten habe. Er würde genötigt sein, die Versuche zu wiederholen, um dann statt des Urteils anderer sein eigenes zu gebrauchen.

Genau das tat Faraday. Er konnte zeigen, daß die nicht zu beobachtende Zersetzung des Wassers mit einem einzigen Plattenpaar nicht darauf beruhte, daß keine elektromotorische Kraft erzeugt wurde, denn es gelang ihm mit anderen chemischen Substanzen als Wasser, insbesondere mit geschmolzenen Salzen, eine reproduzierbare Zersetzung zu erreichen. Dann konnte er die alte Kontakttheorie, die von Volta stammte und wonach der Kontakt der Metalle, bewirkt durch die Flüssigkeit, die eigentliche Ursache für die elektrische Spannung sein sollte, ganz eindeutig widerlegen. Durch seine umfangreichen Untersuchungen zur Elektrolyse war ihm klar geworden, daß die beiden Elektroden, zum Beispiel Kupfer und Zink, in Verbindung mit dem Elektrolyten das elektrische Element bildeten.

Danach ist es augenscheinlich, daß die Eigentümlichkeit des Elektrolyten wesentlicher Teil der Voltaschen Kette ist; und wenn man die Natur eines Elektrolyten in Betracht zieht, ergeben sich gute Gründe, warum er, und nur er allein, wirksam sein kann.

Nichts blieb von der Kontakttheorie übrig; alles konnte mit den chemischen Vorgängen an den Elektroden und mit dem Elektrolyten erklärt werden. Die Arbeit war damit noch nicht beendet. Was er 1812 beobachtet hatte und seinem Freund Abbott schrieb, die *Veränderung* an den Metallplatten der Säule, das war der Grund für die Bildung der Batterie des galvanischen Elements. Einige Jahre später setzte er sich noch einmal intensiv mit der Kontakttheorie und den von ihm gefundenen Ergebnissen über die rein chemische Wirkung der Batterie auseinander.

Mitten in den Untersuchungen zur Elektrolyse notierte er am 23. September einen eigenartigen Geruch am positiven Pol bei der Verwendung von Platin-Elektroden und stellte einige Überlegungen über die Herkunft an. Der letzte Satz lautete: *Muß das versuchen*, aber nichts weiter geschah. Andere Dinge standen im Vordergrund seines Interesses. Dadurch entging ihm die Entdeckung des Ozons, das sechs Jahre später dann von Christian Friedrich Schönbein in Basel bei einem ähnlichen Versuch entdeckt wurde. Die Eintragung im Tagebuch war auch nicht mit Bleistift durchgestrichen, ein Beweis dafür, daß Faraday diesen Versuch nicht für irgendeine Veröffentlichung verwendete.

Die Konsequenz, mit der Faraday die Hauptrichtung seiner eigenen Forschungen verfolgte, war erstaunlich. Nichts lenkte ihn vom eingeschlagenen Weg ab. Es erscheint dem heutigen Betrachter, als wenn er oft das Ergebnis seiner vielen Experimente vorher geahnt hätte und nur auf die Bestätigung drängte.

Seit der Entdeckung der Rotation 1821 hatte seine wissenschaftliche Korrespondenz immer mehr an Umfang zugenommen. Von seinen Veröffentlichungen in den *Philosophical Transactions* oder anderen wissenschaftlichen Zeitschriften ließ er sich jeweils hundert Sonderdrucke anfertigen, um sie an seine Korrespondenzpartner und Freunde zu verschicken. Viele seiner Briefpartner fragten ihn um wissenschaftlichen Rat, den Faraday stets großzügig gewährte. Andere teilten ihm wissenschaftliche Neuigkeiten mit, wie z. B. Professor Gerritt Moll aus Utrecht, der ihm von einer Reise nach Deutschland schrieb, daß er in Göttingen bei Gauß eine interessante Apparatur gesehen hätte, mit der sie mit Hilfe des elektrischen Stromes über eine Entfernung von anderthalb englischen Meilen Nachrichten übermitteln konnten. Es war der erste funktionierende elektrische Telegraph. In dieser Zeit interessierte sich Faraday noch nicht für das Thema. Erst Jahre später hielt er eine Freitagabend-Vorlesung darüber. Aber er mußte immer Ausschau nach interessanten Themen halten. Aus seiner eigenen Forschung über die Elektrolyse wählte er noch eine interessante Nebenlinie aus. Er hatte beobachtet, daß Platin und andere Metalle in der Lage waren, an ihrer Oberfläche Gase, besonders Wasserstoff, zu binden. Dabei handelte es sich nicht um eine chemische Verbindung, sondern um eine rein physikalische Anlagerung. Die damit verbundenen Phänomene ließen sich gut in Experimentalvorlesungen vorführen, und so wählte Faraday dieses Thema für einen Freitagabend Ende Januar 1834. Ende Februar mußte er schon wieder vortragen und wählte ein technisches Thema „Das Prinzip und die Wirkung von Ericssons Wärmemaschine“, ein Gebiet, auf das er sich selbst erst grundlegend vorbereiten mußte. So wurde die eigene Forschung immer wieder unterbrochen. Denn bis zum Juni hatte er noch weitere Freitagabend-Vorlesungen zu halten.

Im September widmete er sich intensiv der Konstruktion einer neuen galvanischen Batterie, deren Ausführung der Instrumentenmacher Newman übernahm. Trotz seiner intensiven Untersuchungen über die Voltasche Säule war er sich über den Einfluß der Polarisation

– Beladung der Elektroden mit den Gasen Sauerstoff und Wasserstoff – noch nicht im klaren. Mit Hilfe seines Voltameters untersuchte er die Effizienz der neuen Batterie. Viele Seiten wurden mit Angaben über die Größe und das Gewicht der Platten und die verwendeten Konzentrationen an Säure gefüllt, um die optimale Anordnung zu finden.

Am 14. Oktober – er war im Herbst in Dublin gewesen, wo die Tagung der Britischen Vereinigung zur Förderung der Wissenschaft abgehalten worden war, begann er wieder eine Serie mit Experimenten zur Induktion. William Jenkin hatte gefunden, daß beim Öffnen des Stromkreises bei einem großen Elektromagneten, der nur mit einem Plattenpaar erregt worden war, eine so große Spannung entstand, daß man einen elektrischen Schock verspürte, wenn man die Drähte berührte. Faraday war bei seinen Untersuchungen zwar aufgefallen, daß sein Galvanometer beim Öffnen des Stromkreises nach der anderen Richtung hin ausschlug, aber er hatte nicht beobachtet, daß die in dem magnetisierten Elektromagneten gespeicherte Energie so groß werden konnte, daß man davon einen Schlag erhielt. Nun holte er alle diese Versuche nach und erdachte sich sinnreiche Anordnungen von Funkenstrecken, um den Öffnungsfunken zu beobachten. Abschließend veröffentlichte er die Untersuchungsergebnisse.

Nach einer langen Unterbrechung durch die Arbeiten zur Elektrolyse nahm er im Januar 1835 die Untersuchungen über das Fluor wieder auf. Das Jahr sollte ihm keine spektakulären wissenschaftlichen Erfolge einbringen, aber eine ganz ungewollte Popularität.

Im April unterrichtete ihn Sir James South, daß der damalige Premierminister, Sir Robert Peel, ihm demnächst mitteilen würde, daß er vom Staat eine Pension erhalten würde. Es war damals allgemein üblich, geachtete Wissenschaftler, Literaten und Künstler durch eine staatliche oder königliche Pension zu ehren beziehungsweise wirtschaftlich abzusichern. Gleich nach dem Erhalt des Briefes antwortete Faraday:

> Ich hoffe, Sie werden nicht denken, daß ich mir nicht bewußt wäre über die gute Meinung von mir oder die großen Anstrengungen unterschätze, die Sie für mich machen, wenn ich sage, daß ich die Pension nicht annehmen kann, solange ich in der Lage bin, für meinen Lebensunterhalt selbst zu sorgen.... Ich denke, daß die Regierung recht tut, die Wissenschaft zu belohnen und zu unterstützen.

Faraday machte in seinem Brief deutlich, daß Wissenschaftler durchaus Pensionen annehmen könnten, dennoch lehnte er für sich das Angebot ab, da er noch in der Lage wäre, durch seine Arbeit Geld zu verdienen. Bence Jones überlieferte, daß sich Faraday in der Angelegenheit noch mit seinem Schwiegervater besprach und daraufhin einen etwas milder gestimmten Brief an South schrieb. Damit war die Angelegenheit zunächst erledigt, zumal Peel gestürzt wurde, und ein neuer Premierminister sein Amt antrat.

Im Mai/Juni 1835 hielt Faraday acht Vorlesungen über die chemischen und physikalischen Eigenschaften der Metalle Eisen, Gold, Platin, Blei und Zink, Quecksilber und Silber. Da er eine solche Vorlesungsreihe schon einmal gehalten hatte, konnte er auf frühere Aufzeichnungen zurückgreifen, doch ergänzte er sie mit neuen Erkenntnissen oder besseren Versuchen. Diese Vorlesungen wurden regelmäßig in den Zeitungen angezeigt, und es gab Eintrittskarten für einzelne Vorträge, doch konnte man auch die ganze Reihe belegen. Manche ausländischen Besucher nahmen die Möglichkeit wahr, den berühmten Faraday zu hören. Gelegentlich wurde er um Karten gebeten, doch da er nur über ein kleines Kontingent von Freikarten verfügte, mußte er die Bitten oftmals abschlägig bescheiden. Trug er in den Freitagabend-Vorlesungen nicht aus dem eigenen Arbeitsgebiet vor, so waren meist umfangreiche Recherchen notwendig, um einen interessanten Vortrag zu gestalten.

Als er am 27. März 1835 über die Herstellung von Federn aus Gänsekielen und aus Stahl, illustriert durch Mordins Maschine, vortrug, hatte er viele Zahlenangaben über den Umfang der Fertigung von Schreibfedern aus beiderlei Material zusammengestellt, was deutlich macht, wie sehr er sich neben den wissenschaftlichen Dingen durchaus für ökonomische Fragen interessierte.

Obwohl er von der großen Tour durch Europa mit Davy nach Hause geschrieben hatte, daß er niemals mehr England verlassen wollte, stolz darauf sei, daß in seiner Heimat alles besser sei, reiste er doch noch einmal Mitte des Jahres mit seiner Frau in die Schweiz. Die Reise führte von Brighton über Dieppe nach Paris, wo sie den Bruder von Frau Faraday, der Maler war, abholten, und es ging weiter nach Genf. Dort besuchte Faraday den Sohn seines Freundes de la Rive. Faraday verkörperte, ohne sich dessen bewußt zu sein, das Bild des von William Wordsworth entworfenen Engländers mit der Liebe zur Natur, der Liebe zur Heimat und der Liebe zum Vaterland. Die Liebe zur Natur kam besonders in einem Brief an seinen Freund Magrath zum Ausdruck.

Der Mont Blanc vor allem ist wundervoll, und ich kann es nicht anders empfinden, wie ich es oft vorher gespürt habe, daß die Malerei in dem Fall des höchsten Ausdrucks sehr nah der Poesie ist, wie in diesem Fall. Kein Künstler kann versuchen, den Mont Blanc zu malen. Es ist weit außerhalb seiner Möglichkeit. Er kann nicht eine Idee von ihm vermitteln... In der Tat, er muß in der Lage sein, seinen Pinsel in Licht und Finsternis zu tauchen, bevor er den Mont Blanc malen kann. In dem Moment, wo man ihn sieht, kommen einem Lord Byrons Äußerungen in den Sinn, wie sie zutreffend erscheinen. Die Poesie und der Gegenstand ehren einander.

Die Müdigkeit, die Faraday im Frühjahr geplagt hatte, und der Rheumatismus waren nur wenig gelindert, denn Anfang August notierte er im Tagebuch: *Müdigkeit und wenig Energie.*

Im September erhielt er die Nachricht, daß Berzelius seine Angaben über die Zusammensetzung einer Schwefel-Antimon-Verbindung für falsch erklärt hatte. Sorgfältig wiederholte er die früheren Experimente und mußte feststellen, daß er sich geirrt hatte.

Im September schrieb ihm Whewell, daß er mit größtem Interesse die neunte Serie der Experimentaluntersuchungen der Elektrizität gelesen hätte, doch hätte er Schwierigkeiten gehabt, die von Faraday gewählten Ausdrücke mit den von Ampère in seiner Theorie verwendeten zu vergleichen, um Faradays Aussage zu verstehen. Die Kritik bezog sich besonders auf die nicht mehr direkt aus den Experimenten abzuleitenden Folgerungen, was wirklich mit der gespeicherten Energie in dem Magnetfeld stattgefunden hatte beziehungsweise beim Öffnen des Kreises auftrat. Mit nur wenigen Tagen Verzögerung antwortete ihm Faraday sehr ausführlich. Er dankte für den erfrischenden Brief und bemerkte, daß er vielleicht kühn gewesen wäre und nicht der erfolgreiche Arbeiter für die Wissenschaft, der er sich bemühte zu sein. Dann ging er ausführlich auf die Wahl seiner Worte „Spannungsinduktion", „magnetoelektrische Induktion" im Verhältnis zu Ampères Elektrodynamik ein, denn er wolle bewußt nicht seine Ergebnisse in Ampères Theorie überführen. Er führte dann einige experimentelle Gründe an, warum er sich mit seiner Aussage sicherer fühle; doch bedauerte er, daß sie die Korrespondenz über die Entfernung führen müßten. Whewell antwortete ihm kurz nach dem Erhalt und war glücklich, ihm mitteilen zu können, daß er bereits Anfang Oktober nach London kommen würde, und sie dann darüber ausführlich reden könnten.

Der Faradaysche Käfig – Arbeiten über das Dielektrium (1835–1837)

Das wissenschaftliche Tagebuch – ihm wurden jetzt viel öfter Ideen zur Weiterarbeit anvertraut als früher – vom 3. November 1835 beginnt mit dem Paragraphen 2468:

> Habe kürzlich nachgedacht über die Verhältnisse von gemeiner statischer Elektrizität und Volta-Elektrizität: Über Induktion bei der ersteren und Zersetzung bei der letzteren, und ich bin ganz sicher, da muß ein enger Zusammenhang sein. Es wird zuerst notwendig sein, den wahren Charakter von normalen elektrischen Phänomenen auszumachen. Die folgenden Notizen sind für Experimente und Betrachtungen.

Dutzende von Fragen stellte er sich über den Sitz der Elektrizität auf der Oberfläche, über Experimente mit einer Kugel, mit einem Zylinder, über die elektrischen Verhältnisse im Inneren einer Kugel, einer Kugel aus Glas oder Metall sowie den Einfluß des umgebenden Gases bei der experimentellen Anordnung. Dann tauchte noch einmal die Frage mit den Zwei-Fluid-Theorien auf. Wenige Tage später überlegte er Fragen zum Magnetismus – Eisen, Nickel, Kobalt und Chrom waren die einzigen magnetischen Körper –, und er fragte sich, welchen Einfluß die Temperatur auf den Magnetismus dieser Stoffe hätte. Unter der Nummer 2651 notierte er:

> Muß versuchen, die Innenseite von einem großen isolierten Kessel bei Maudsley's [einer Firma] oder eine große Kiste mit Zinnfolie oder Kupferblech bauen.

Das war der erste Hinweis auf den später nach ihm benannten Faradayschen Käfig, der einen elektrisch feldfreien Raum darstellte.

Mitten in diesen wichtigen wissenschaftlichen Überlegungen, die einen großen Schritt vorwärts zum Verständnis der Elektrizität bringen sollten, wurde Faradays Leben durch die ganz unbeabsichtigte Publizität über die Pensionsaffäre gestört.

Lord Viscount Melbourne, Premierminister und gleichzeitig Schatzkanzler, fand auf dem Schreibtisch seines Vorgängers Peel die unerledigte Angelegenheit mit den Pensionen. Er muß über die

Person Faradays schlecht informiert gewesen sein, denn er bestellte ihn zum 26. Oktober zu sich nach Downing Street und machte ihm in der Unterredung wohl etwas zynisch klar, um welche Sorte von großzügiger Pension es sich handelte. Faraday war über die Ausführungen so gekränkt, daß er von sich aus die Unterredung beendete und ging. Am gleichen Tage noch schrieb er an den Viscount:

Die Unterredung mit Eurer Lordschaft, mit der Sie mich heute Nachmittag beehrt haben, einschließlich der Tatsache Eurer Lordschafts Meinung über den allgemeinen Charakter der Pensionen, wie sie kürzlich Wissenschaftler erhalten haben, veranlaßt mich, respektvoll die Ehre zurückzuweisen, die Eure Lordschaft für mich beabsichtigt, denn ich fühle, ich könnte nicht für meine eigene Genugtuung...

Faraday informierte South über den negativen Ausgang des Gesprächs. Nun wurde das Ganze eine offizielle Affäre, denn South seinerseits informierte Lady Mary Fox, die nun versuchte, zwischen Faraday und dem Viscount Melbourne zu vermitteln. Aber Faraday fühlte sich in seiner Ehre gekränkt, weil ihm der Minister erklärt hatte, daß diese Pension eine Art Humbug des Staates wäre, und er selbst auch nichts davon hielte. Faraday hatte doch vor der *City Philosophical Society* als junger Mann gesagt, daß die Ehre die Grundlage der Gesellschaft sei, und so blieb dem Minister nichts anderes übrig, als sich für seine Äußerungen gebührend zu entschuldigen. In einem langen Brief vom 24. November wies er Faraday darauf hin, daß seine Majestät Wilhelm IV. mit einer Pension in gleicher Höhe – es sollten 300 Pfund im Jahr sein – neben Faraday auch Professor Airy und andere Personen aus dem Bereich der Wissenschaft und Literatur ehren würde. Umgehend antwortete Faraday und lenkte ein, daß er nicht zögern würde, Melbournes Angebot mit Vergnügen und Stolz anzunehmen. Es war ja nun eine königliche Gabe.

Die Angelegenheit hätte damit zu Ende sein können, doch die Presse griff den Streit auf. Zuerst erschien ein kurzer Artikel in *Fraser's Magazine*, der von der *Times* kritiklos nachgedruckt wurde; darin wurde ein fiktives Gespräch zwischen Faraday und Lord Melbourne abgedruckt. Dies geschah unter dem Titel *Tory and Whig Patronage to Science and Literature* am 29. November. Der Minister jedoch äußerte seine Zufriedenheit über die Annahme der Pension durch Faraday und war nicht weiter über den Streit in der Presse besorgt. Ein Journalist wiederum befragte Faraday ein paar Tage später zum *Times*-Artikel, und im *Chronicle* tat er so, als wenn er die Autorität gehabt hätte, Faradays Meinung darüber zu verbreiten. Am

Ende blieb Faraday nur übrig, in der *Times* einen kurzen Brief zu veröffentlichen, daß er weder direkt noch indirekt mit dem Herausgeber von *Fraser's Magazine* Kontakt gehabt und keinerlei Erklärungen abgegeben habe.

Faraday hatte ganz andere Sorgen. Am 5. Dezember begann er mit einer umfangreichen Experimentaluntersuchung über die Verteilung der Elektrizität im Inneren eines Behälters. Er borgte sich dazu einen großen Kupferkessel, der noch nicht mit einem Hahn versehen war, und stellte ihn isoliert auf. Er lud ihn mit Hilfe einer Influenzmaschine auf eine hohe elektrische Spannung und schloß ein Elektrometer, also ein Meßgerät für die Spannung, an den Kupferkessel an. Mit einem kleinen Metallball an einem langen Seidenfaden „nahm" er nun an verschiedenen Stellen innen und außen „Proben" der Elektrizität. Die verschiedensten Anordnungen wurden untersucht. Auf diese Art und Weise fand er nach und nach die Verteilung der Spannung in und um den Kupferkessel. Er machte eine kleine Zeichnung der Linien, an denen die Elektrizität die gleiche Intensität hatte.

Am 22. Dezember war ihm klar, daß Elektrizität dieser Art nur mit Polaritäten auftreten kann, plus oder minus. Der 26. Dezember muß ein besonders kalter Tag in London gewesen sein, denn er untersuchte nun, wie er es vorgesehen hatte, bei tieferen Temperaturen den Magnetismus von Blei, Kupfer, Gold, Silber, Platin, Palladium und anderen Metallen. Doch in keinem Fall konnte er irgendeinen magnetischen Effekt beobachten.

Die ersten Tage des neuen Jahres waren mit Arbeit über die Herstellung des „Faradayschen Käfigs" angefüllt. Es war ein Würfel

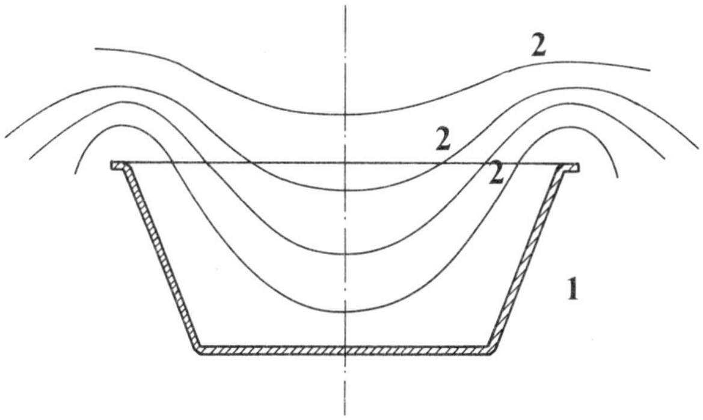

23. Äquipotentiallinien um einen elektrisch aufgeladenen Kupferkessel: 1 Kessel 2 Äquipotentiallinien

von je 12 Fuß [ca. 3,6 m] Seitenlänge. Auf einen hölzernen Rahmen waren eng Kupferdrähte gewickelt, so daß ein Gitterwerk entstand, das noch mit Streifen von Zinnfolie bedeckt wurde. Dann lud er den ganzen Käfig mit einer Elektrisiermaschine. Schon bald begnügte er sich nicht mehr mit den Experimenten, das Äußere zu erkunden und das Innere mit Hilfe eines Probeballes abzusuchen, wie beim Kupferkessel, sondern er entschloß sich, selbst in den Kubus zu klettern. Wenn nun dieser Käfig von außen oder innen mit einer elektrostatischen Maschine geladen wurde, die Anderson bediente, und er innen drin mit dem Elektrometer versuchte, eine Ladung zu finden, so mußte er feststellen, daß die gesamte Ladung sich stets nur auf der äußeren Oberfläche des Käfigs befand. Er hatte damit zum ersten Mal einen elektrostatisch abgeschirmten Raum gebaut.

Einen Tag lang experimentierte er über den Einfluß der Erwärmung auf den Magnetismus, um sich am 8. Februar wiederum einem neuen Gebiet zuzuwenden. Es war allgemein bekannt, daß man bei hohen Spannungen, wie man sie mit einer Elektrisiermaschine leicht erzeugen konnte, nicht nur aus Spitzen, sondern auch aus Kugeln Entladungen in Form von Büscheln erhalten konnte. Diesen Entladungen galt nun Faradays Interesse in der nächsten umfangreichen Experimentaluntersuchung.

Unter den vielen Briefpartnern Faradays waren nur ganz wenige, mit denen er über seine persönlichen Gefühle korrespondierte. Selbst über seine wissenschaftlichen Absichten ließ er in den späteren Jahren kaum noch etwas verlauten, nachdem er die schmerzliche Erfahrung gemacht hatte, daß ihm die Priorität sonst streitig gemacht werden konnte. Diese Scheu, sich zu äußern und unbefangen herzlich zu korrespondieren, legte er ab, als Christian Friedrich Schönbein, ein Baseler Chemiker, am 17. Mai 1836 an ihn schrieb.

Schönbein wurde 1799 in Metzingen geboren. Sein Vater hatte eine Zeitlang als Färber gearbeitet, und der Knabe wurde 14jährig in die Lehre in eine chemische Fabrik gegeben. Nach der siebenjährigen Lehrzeit war er für kurze Zeit in der chemischen Fabrik von Johann Georg Dingler in Augsburg tätig. Unter Dinglers Einfluß entschloß er sich, in Erlangen Chemie zu studieren und nebenbei in einer anderen chemischen Fabrik seinen Lebensunterhalt zu verdienen. Er war Studienkollege von Justus Liebig, ohne mit ihm jedoch in Kontakt zu kommen. In Erlangen lernte Schönbein Schelling kennen, und dessen Naturphilosophie beeinflußte ihn stark. Ohne Promotion verließ er die Universität und wurde Lehrer an der Allgemeinen

24. Christian Friedrich Schönbein

Deutschen Erziehungsanstalt bei Rudolstein in Tübingen bei Friedrich Fröbel. Nach drei Jahren fand er durch Vermittlung eines Freundes eine Anstellung als Lehrer in England und setzte seine Studien an der Londoner Universität fort. Er hörte auch Faraday in der Royal Institution, machte sich aber nicht mit ihm bekannt. Ende 1828 ging er nach Basel und übernahm dort eine nur sehr gering besoldete Professur für Chemie. Anders als Faraday, der über ein gut ausgestattetes Laboratorium verfügte, mußte Schönbein bei sich zu Hause mit sehr bescheidenen Mitteln seine Forschungen betreiben. Die Ergebnisse seiner Versuche zur Passivierung von Eisen durch Eintauchen in Salpetersäure hatte er Faraday in seinem Brief mitgeteilt und ihn gebeten, für eine baldige Veröffentlichung zu sorgen, da die schweizerischen und auch die deutschen Zeitschriften zu langsam publizierten.

Faraday, der sonst ganz selten fremde Arbeiten aufgriff, begann am 26. Mai die Versuche von Schönbein nachzuvollziehen und setzte seine Bemühungen um die Aufklärung dieser Passivierungsreaktion bis zum 17. Juni fort. Er kam dem Wunsch Schönbeins nach und ließ den Brief in den *Philosophical Transactions* veröffentlichen, gleichzeitig fügte er seine eigenen Untersuchungen bei. Er machte deutlich, daß die Bildung einer dünnen Oxidhaut auf dem Eisen einen weiteren Angriff der Säure verhinderte. Im November teilte ihm Schönbein mit, daß Faraday zum Auswärtigen Mitglied der Gesellschaft für die Geschichte der Naturforschung in Basel ernannt worden war.

Es war die 29. Mitgliedschaft, die Faraday von einer Gesellschaft verliehen worden war. Unter den wissenschaftlichen Vereinigungen, die ihn zum Korrespondierenden oder zum Ehrenmitglied aufnahmen, war 1823 die Pariser die erste gewesen. Nach der Entdeckung der Induktion ernannten ihn zum Ehrenmitglied das „Kolleg für Pharmazie“ von Philadelphia und die „Chemische und Physikalische Gesellschaft zu Paris“. Dann wurde er Mitglied der Amerikanischen Akademie für Kunst und Wissenschaft von Boston und Mitglied der Königlichen Gesellschaft der Wissenschaften zu Kopenhagen; ein Jahr später wurde er zum Korrespondierenden Mitglied der Königlichen Akademie zu Berlin ernannt. Es verging dann kaum ein Jahr, in dem Faraday nicht wenigstens durch die Aufnahme in eine wissenschaftliche Gesellschaft als Mitglied geehrt wurde.

Nach den Arbeiten über Schönbeins Beobachtungen wandte er sich Mitte Juni wieder seinen Forschungen über den elektrischen Zustand zu. Hatte er vorher in freier Luft mit Ladungen experimentiert, so untersuchte er nun den Durchschlag zwischen zwei Elektroden, die in eine Glasglocke eingelassen waren. Mit Hilfe einer Pumpe konnte er die Glocke evakuieren oder aber dann auch andere Gase einfüllen. Bei der Untersuchung der Erscheinungen der Entladung im luftverdünnten Raum, den sogenannten Glimmentladungen bis hin zum elektrischen Durchschlag, war Faraday ganz auf seine Beobachtungsgabe angewiesen. Ab und zu begeisterten ihn die Lichterscheinungen, doch mußte er wieder und wieder die Versuche ausführen, um seine Beobachtungen zu bestätigen.

Im August war das Ehepaar zur Erholung auf der Insel Wight, und Faraday hatte Zeit, über die bisherigen Ergebnisse nachzudenken.

Wenn Elektrizität unabhängig von Materie existiert, dann, denke ich, steht die Hypothese mit einem Fluid nicht gegen die mit zwei Fluiden. Es gibt offensichtlich, was ich nennen möchte, zwei Elemente von Kraft gleicher Stärke, die gegeneinander arbeiten. Sie mögen üblicherweise repräsentiert werden durch Sauerstoff und Wasserstoff, wie sie in der Voltaschen Batterie verkörpert werden. Aber diese Kräfte sollen sich nur durch ihre Richtung unterscheiden, und sie können ebensowenig getrennt werden als die Nord- und Südkräfte in den Elementen einer Magnetnadel. Sie mögen die polaren Stellen von den Kräften sein, die ursprünglich in den Partikeln der Materie lagen; und die Beschreibung des Stroms als eine Achse der Kraft, die ich früher gegeben habe, läßt einen ähnlichen allgemeinen Ausdruck für die Kräfte ruhender Elektrizität vermuten. Linie von elektrischer Spannung mag das sein. Und obgleich ich die Ausdrücke ›positiv‹ und ›negativ‹ verwende, meine ich bei ihnen damit nur die Enden solcher Linien...

Körper durch die Induktion [Faradays Bezeichnung würde heutzutage Influenz heißen, und dies soll im folgenden auch immer verwendet werden zur Vermeidung von Verwechselungen mit dem Induktionsvorgang der elektromagnetischen Induktion] stattfindet, sind Isolatoren oder Nichtleiter. Die Influenz wird bei ihnen von Partikel zu Partikel weitergeleitet, nicht auf einmal durch einen einzelnen Akt oder Impuls von einer geladenen Oberfläche zur anderen.

Faraday entwarf mit diesen Gedanken die erst im 20. Jahrhundert durch neue Experimente gestützte Anschauung über den polaren Aufbau der Materie und ihr Verhalten im elektrischen Feld.

Auf dem Gebiet der Erforschung der Isolierstoffe arbeitete er ganz allein. Niemand in England oder auf dem Kontinent beschäftigte sich zu der Zeit mit dieser Frage. Nur indirekt erhielt er Hilfe, und zwar durch die Veröffentlichung eines italienischen Wissenschaftlers namens Ottaviano Fabrizio Mossotti über die Kräfte, die im Inneren eines Körpers wirken. Beeindruckt von dem Gedanken schrieb er nach dem Studium der Arbeit an Whewell am 13. Dezember 1836:

Ich bin außerordentlich betroffen von der Arbeit und hoffe, sie ist in ihrem mathematischen Teil korrekt, worüber ich nicht urteilen kann. Sie behandelt besonders die Elektrizität und leitet alle Phänomene der Gravitation davon ab, und es ist das, was das Interesse für mich erweckt, denn seine Ansicht trifft meine Idee, die, wie ich denke, ich Ihnen unterbreitet habe, daß die allgemeine Anziehung lediglich ein Nebenphänomen der elektrischen Anziehung und Abstoßung ist.

Faraday referierte dann Whewell die Arbeit von Mossotti und dessen Meinung zu Poissons Untersuchung über die Elektrizität auf der Oberfläche von Körpern sowie die Auseinandersetzung von

Mossotti über die Effekte der anziehenden und abstoßenden Kraft der elektrostatischen Ladung in umgekehrter Abhängigkeit vom Quadrat der Entfernung. Am 28. Januar 1837 benutzte Faraday die Gelegenheit, Mossottis Ideen in einer Freitagabend-Vorlesung vorzutragen. Es war ein typisches Beispiel für Faradays Arbeitsweise, vor einem großen Auditorium nur mit der gedanklichen Konfrontation eines Diskussionspartners seine Vorstellungen, unterstützt mit klar durchsichtig aufgebauten Experimenten, auszusprechen.

Noch Ende Dezember des Vorjahres hatte er sich zwei neue Apparaturen gebaut, mit denen er die Influenzerscheinungen studieren wollte. Ausgehend von dem Prinzip der Leydnerschen Flasche entwickelte er einen Kugelkondensator, indem er in eine größere teilbare Messingkugel isoliert eine kleinere einhängen konnte. Den Zwischenraum zwischen beiden konnte er mit Gasen, Flüssigkeiten oder auch mit Wachs oder Schellack ausfüllen. Unabhängig voneinander konnte er die elektrische Ladung der inneren und der äußeren Kugel messen. Die ganze Apparatur konnte mit Hilfe einer Pumpe evakuiert werden. Als Meßgerät für die Ladung baute er sich ein sehr empfindliches Coulombsches Torrosionselektrometer. Sorgfältig überprüfte er alle möglichen Fehlerquellen.

Hatte Faraday bei dem Rotationsexperiment und bei der Induktion sich nur auf die Beobachtung der Erscheinungen konzentriert, so war er bei den Arbeiten zur Elektrolyse – und nun zur Influenz – immer mehr zum messenden Physiker geworden, der den qualitativen nur in Verbindung mit dem quantitativen Befund für die Entwicklung einer Theorie heranzog.

Im Januar experimentierte er mit großer Energie. Über 135 Paragraphen füllten das Tagebuch. Die ersten Messungen mit Gasen ergaben eine Überraschung, denn es zeigte sich kein Einfluß auf die Kapazität seiner Anordnung. Dann mußte die Arbeit zur Wahrnehmung der Pflichten in der Royal Institution unterbrochen werden. Es waren Freitagabend-Vorträge zu halten und im April/Mai ein Kurs von sechs Vorlesungen über die vier Grundelemente von Aristoteles: Erde, Luft, Feuer, Wasser.

Ende Juli kehrte er zu den Forschungen zurück. Untersuchungen über die Isolationsfähigkeit der Apparatur, d.h. die Konstanz der einmal aufgebrachten Ladungen über die Zeit, standen am Beginn. Dann begann er mit der Messung einzelner Substanzen wie Naphthalin, Terpentinöl, um dann feste Stoffe im Zwischenraum zwischen den beiden Kugeln zu untersuchen, wie z.B. Schellack und im

Oktober eine aus Flintglas geschliffene Halbkugel. Zwischen den Notizen der Beobachtungen und den langen Meßreihen über den Abfall der Ladung während der Zeit streute er theoretische Betrachtungen ein und sah sich gezwungen, mit dem erarbeiteten Material die Theorie, die ihm vorschwebte, wieder zu ändern.

Am 21. Dezember trug er vor der Royal Society über die Ergebnisse vor. Die Veröffentlichung erschien erst im nächsten Jahr. Mit Whewell hatte er noch einmal über die Namensgebung der Substanz zwischen den metallischen Kondensatorbelägen korrespondiert, und dieser hatte ihm für den Stoff das Wort *Dielectricum* vorgeschlagen, das sich auch rasch im wissenschaftlichen Sprachgebrauch einführte. In der Veröffentlichung ließ Faraday zum ersten Mal seine Zweifel an der gradlinien Ausbreitung der Kraft zwischen den einzelnen Partikeln und den Elektroden deutlich werden, was einer Ablehnung einer Fernwirkungstheorie, wie die der Gravitation, gleichbedeutend war.

Poggendorff übersetzte für seine Zeitschrift die Passage wie folgt:

> Gegenwärtig glaube ich, daß die gewöhnliche Verteilung [Influenz], statt einer Wirkung der Teilchen oder der Masse eine Wirkung in der Ferne zu sein, allemal eine Wirkung angrenzender Teilchen ist und aus einer Art von Polarität besteht. Wenn diese Ansicht die richtige ist, so muß die Feststellung derselben auf den weiteren Fortgang unserer Erforschung des Wesens der elektrischen Kräfte von größtem Einfluß sein.

Einige Paragraphen später führte er aus:

> Eine andere, mir immer vorschwebende Frage war die: ob die Elektrizität wirklich und für sich als eine oder zwei Flüssigkeiten existiere, oder ob sie nur eine Kraft sei, wie wir dies von der Gravitation annehmen. Wäre dies, wie auch immer, entschieden, so würde es ein ungeheurer Fortschritt unserer Kenntnisse sein; ich habe mich daher immer nach Versuchen umgesehen, welche diese große Frage irgendwie aufzuklären vermöchten.

Danach beschrieb er ausführlich seine Versuche mit dem Faradayschen Käfig. Es folgte die Konstruktion des Coulombschen Torrosionselektrometers und der Apparatur mit der äußeren und inneren Kugel. Manches, was im Tagebuch nur kurz dargestellt war, weil es ihm selbst klar erschien, mußte nun ausführlich gebracht werden. Wiederum wollte er nicht die Leser überzeugen, sondern sie teilhaben lassen an seinen Ergebnissen, damit sie sich selbst und unabhängig ein Urteil bilden könnten. Das betraf besonders den Effekt der sogenannten Nachladung. Wenn er in seinem doppelten Kugelkondensator eine halbkugelige Schellackschale auflud, dann den Kondensator durch Kurzschließen wieder entlud und die Schale dem Kugelkondensator entnahm, stellte er fest, daß nach einiger Zeit sich wieder Ladungen auf der Oberfläche der Schellack-Kugelschale nachweisen ließen. Das Dielektrikum wurde unter dem Einfluß der hohen Spannung polarisiert. Wurde die Spannung nun weggenommen und wurden die Beläge des Kondensators kurzgeschlossen, so wurden die äußeren Ladungen durch Ladungsaustausch neutralisiert. Aber die innere Ladung brauchte einige Zeit, um wieder die Ladung an die äußeren Oberflächen abzugeben. Dies schloß Faraday richtig aus den von ihm angestellten Versuchen. Gegen Ende führte er aus:

Die Benennung der Linien der Verteilungskraft [Influenzkraft] und krummen Kraftlinien habe ich nur im allgemeinen Sinn gebraucht, gerade wie wir von Linien der magnetischen Kraft sprechen. Die Linien sind imaginär, und die Kraft in irgendeinem Teil derselben ist demnach die Resultante von Komponenten, in denen jedes Molekül verknüpft ist mit jedem anderen Molekül in allen Richtungen durch die Spannung und Reaktion derjenigen, welche angrenzen.

Der vorletzte Satz gab einen Einblick in die Mühen, die er im Verlauf der Arbeit gehabt hatte.

Ich habe sie [Zweifel und Besorgnisse] lange mit mir herumgetragen, aber ich stand an, sie zu veröffentlichen, bis die wachsende Überzeugung von ihrer Übereinstimmung mit allen bekannten Tatsachen, und die Weise, wie sie Effekte von anscheinend sehr verschiedener Art miteinander verknüpft, mich antrieb, diese Abhandlung zu schreiben.

Wenn Faraday immer wieder über Schwierigkeiten mit seinem Gedächtnis klagte, so ist dies wohl nicht auf einen hypochondrischen Zug seines Wesens zurückzuführen, sondern weit mehr auf die unabläßliche Beschäftigung mit abstrakten Problemen. Sein einziger Diskussionspartner über den Hintergrund dieser experimentell sichtbar gemachten Erscheinungen war wahrscheinlich Whewell, den er auch aufgefordert hatte, den mathematischen Inhalt von Mossottis Arbeit anzusehen. Es hätte eigentlich nahegelegen, daß Whewell ihm mathematische Hilfe anbot oder aus dem Kreis der Studenten in Cambridge einen geeigneten „Theoretiker" ausgesucht hätte. Doch Faraday mußte sich allein seinen Weg bahnen, der ihn erst zehn Jahre später mit der Definition des Begriffs des elektrischen und magnetischen Feldes zum Erfolg führen sollte. Indem er sich zwang, seine Ideen mit den Realitäten des Experiments immer im Einklang zu halten, war es ihm gar nicht möglich, ein schlüssiges Scheingebilde zu bauen, vielmehr mußte er versuchen, das nicht Meßbare soweit es ging meßbar zu machen, und dafür neue Experimente ersinnen und dann die nicht erreichbaren Festpunkte gedanklich zu fassen. Bei der Bewältigung dieser Aufgabe erschöpfte sich Faraday mehr und mehr.

Obwohl ihn seine Forschung fast völlig absorbierte, fühlte er sich dennoch verpflichtet, für das öffentliche Wohl zu arbeiten. Im Februar 1836 antwortete er Captain Pelly, dem stellvertretenden Leiter von Trinity House, der Behörde, die zur Überwachung der Bojen und Leuchttürme eingesetzt war, auf dessen Anfrage, ob er eine Mitarbeit an den Aufgaben dieser Organisation annehmen würde:

> Ich betrachte Ihren Brief an mich als ein großes Kompliment und könnte die Berufung an Trinity House, die Sie vorsehen, in demselben Licht erblicken. Aber ich kann nicht gleiche Ehren annehmen, ohne Überlegungen anzustellen. An erster Stelle, meine Zeit ist von größtem Wert für mich, und wenn die Berufung, von der Sie sprechen, irgendwelche regelmäßige Betätigung beinhaltet, so denke ich nicht, daß ich sie annehmen kann.

Dann lenkte er aber ein und meinte, daß, wenn es mit seinen übrigen Pflichten verträglich wäre, er schon Konsultationen, Experimente und Versuche übernehmen würde. Captain Pelly hatte in dem Schreiben den Titel, den Faraday erhalten sollte, sowie die Summe als Entschädigung für die Arbeit offengelassen. Faraday schlug nun vor, £200 jährlich; die Bezeichnung „Chemischer Berater“ empfand er als zu eng und erwog „Wissenschaftlicher Berater“, eine Bezeichnung, die er schon einmal im Rahmen seiner Arbeit für einen Ausschuß der Admiralität erhalten hatte.

Faraday arbeitete 30 Jahre für Trinity House. Als erstes entwarf er ein einfaches Photometer, um die Lichtstärke der verschiedenen Leuchtturmbeleuchtungen zu messen; und später beschäftigten ihn Fragen der Ventilation zur Vermeidung des Niederschlags von Feuchtigkeit und Ruß im Inneren des Lampengehäuses. Auch der optischen Anordnung der Linsen und der von Fresnel erfundenen Linsen zur Bündelung widmete er seine Aufmerksamkeit. Zur Beurteilung der Wirksamkeit der Lichtkonzentration reichte es nicht aus, Messungen nur von der Landseite aus zu machen, und so unternahm er bis ins hohe Alter hinein manchmal recht gefährliche Bootsfahrten, um die Sichtbarkeit der Leuchttürme aus großer Entfernung zu studieren.

Das ganze Jahr 1837 beschäftigte er sich noch mit der Messung von Isolierstoffen in seinem doppelten Kugelkondensator. Faradays Methode, stets allein und ohne einen wissenschaftlichen Mitarbeiter zu experimentieren, begrenzte natürlich die Anzahl der Experimente in einem Jahr, zumal seine üblichen Pflichten in der Royal Institution weiterliefen. Doch je älter er wurde, und je häufiger er den Verlust seines Gedächtnisses beklagte, um so weniger war er wohl auch bereit, einen Mitarbeiter anzunehmen, der vielleicht eigene Ideen einbringen würde, die ihn von seiner konzentrierten Tätigkeit und der Verfolgung seiner eigenen Ziele ablenken würden. Trotzdem war er immer bereit, aus den bereits erfolgten Veröffentlichungen anderer intensiv zu lernen und ihre Theorien anhand seiner Experimente zu prüfen.

So trug er in das Tagebuch am 4. Dezember 1837 ein, daß er den Ergänzungsband zur *Encyclopaedia Britannica*, der 3. Auflage von 1801, noch einmal in die Hand genommen und den Artikel von Poisson über die Theorie der Elektrizität gelesen hätte. Dazu machte er verschiedene kritische Anmerkungen.

Kann Anziehung und Abstoßung von Kugeln etc. in Luft durch die laterale Abstoßung von Linien der influenzierten Kraft hervorgerufen sein?

Bemerkungen zu Linien der Kraft tauchten nun immer wieder in den Aufzeichnungen auf. Eine endgültige Entscheidung über seine Theorie der Influenz fällte er noch nicht.

Meine Theorie der Influenz entscheidet nicht, ob Elektrizität eine Kraft oder ein Fluid oder Fluide ist, aber es läßt das offen.

Im neuen Jahr begann er mit einer umfangreichen Serie von Versuchen über die elektrische Entladung zwischen Kugeln bis zum Durchschlag, zuerst bei normalem Druck, dann auch in einer abgeschlossenen Glasglocke mit vermindertem Druck. Parallel stand je eine kleine einer großen und eine große einer kleinen Kugel als Durchschlagstrecke gegenüber. Er beobachtete zwar mit Begeisterung die schönen Lichterscheinungen und notierte auch die unterschiedliche Farbe bei den unterschiedlichen Gasen, aber eigenartigerweise entging ihm dabei die Bedeutung dieser Tatsache für die analytische Chemie, die erst 1859/60 von Kirchhoff und Bunsen in Heidelberg unter dem Begriff „Spektralanalyse“ entdeckt wurde.

Im Juni suchte er dann nach einem vergleichbaren Effekt der Influenz mit der elektromagnetischen Induktion. Zu diesem Zweck bewickelte er einen Zylinder aus Eisen und einen Zylinder aus Holz mit Kupferdraht, so daß er sich einen Elektromagneten bauen konnte, in dessen Inneres er die zu untersuchenden Substanzen einbringen konnte. Es waren Zylinder aus Blei, Schellack oder geschmolzenem Schwefel. An die Enden dieser Untersuchungsstücke brachte er Kontakte an, die er mit dem Galvanometer verband. Er hoffte nun, wenn er ein Magnetfeld erzeugte, einen Effekt mit dem

Galvanometer zu beobachten, also die Induktion einer Spannung in den Isolator nachweisen zu können. Doch nichts geschah. Die Wechselwirkung zwischen Magnetismus und elektrischem Stoff ließ sich so nicht nachweisen.

Da die Untersuchung keinen Erfolg gehabt hatte, wurde sie auch in der anschließenden Veröffentlichung in den *Philosophical Transactions* nicht aufgenommen. Einen sehr einleuchtenden Versuch über die elektrischen Vorgänge in einem Isolator, also einem Dielectricum, beschrieb Faraday ausführlich. In ein Glasgefäß hatte er zwei Elektroden hineingesteckt und das Ganze mit Terpentinöl gefüllt. Dann elektrisierte er die Drähte mit einer gewöhnlichen Elektrisiermaschine und warf ganz feine Stückchen weißer Seide in die Flüssigkeit. Sogleich bildete sich aus den Schnipseln zwischen den beiden Elektroden in gerader Linie eine verbindende Kette von einer Elektrode zur anderen. Unterbrach man die Elektrizitätszufuhr, so fiel die Kette auseinander. Faraday verglich dies mit den Linien der Eisenfeilspäne zwischen den Polen eines Hufeisenmagneten. Die Seidenteilchen sah er als ein Abbild von dem Zustand der Moleküle in dem Dielektrikum, welches er als polar betrachtete, wie es die Seide auch sei.

Wie in den vorigen Mitteilungen setzte er sich wiederum kritisch mit den bedeutenden Theorien über die Elektrizität auseinander. In der Poggendorffschen Übersetzung lautete die Passage:

> Hier hat, glaube ich, meine Verteilungstheorie den entscheidenden Vorzug vor den übrigen, besonders vor der, welcher des Verbleibens der Elektrizität auf der Oberfläche von Leitern in Luft dem Druck der Atmosphäre zuschreibt. Die letztere von Poisson und Biot angenommene Theorie ist, glaube ich, die allgemein herrschende, und doch verknüpft sie zwei so unähnliche Dinge, wie die wägbare Luft und die feine, selbst hypothetische Flüssigkeit [oder Flüssigkeiten] der Elektrizität durch die Bande eines bloßen statischen Druckes. Meine Theorie dagegen geht sogleich davon aus, daß sie die elektrischen Kräfte mit den Körperteilchen verknüpft; sie entnimmt alle ihre Beweise und selbst ihren Ursprung in erster Instanz von dem Experiment, und dann scheint sie, ohne alle weiteren Voraussetzungen, diesen und vielen anderen sonderbaren und, ich glaube, bisher unbeobachteten Erscheinungen eine vollständige Erklärung zu liefern.

Nach einer ausführlichen Beschreibung der Versuche gab er dann noch seiner Meinung über den Mechanismus beim Durchschlag Ausdruck. Entgegen den anderen Theorien nahm er nicht an, daß die Teilchen am Ort der Entladung beiseite gestoßen würden, sondern daß sie für kurze Zeit in einen angeregten Zustand versetzt wurden, so daß sie nach und nach alle umgebenden Kräfte anzogen und dementsprechend die Intensität dieses Zustands anstieg. So intensiv auch Faradays Bemühungen waren, die Phänomene richtig zu deuten, sollte es doch nahezu hundert Jahre dauern, bis es den Physikern gelang, das Phänomen des elektrischen Durchschlags zu verstehen.

Ausgehend von der Idee der Polarität und Polarisierbarkeit der Materie, untersuchte Faraday im Sommer 1838 intensiv kristalline Körper, Kalkspat, Steinsalz und anderes, auf ihre dielektrischen Eigenschaften. Hunderte und aberhunderte von Meßwerten in Abhängigkeit von den Kristallachsen wurden notiert, ohne daß sofort ein Ergebnis abgeleitet werden konnte. Dennoch fand Faraday die Untersuchung wertvoll genug, sie der Öffentlichkeit bekannt zu machen. Er fügte der Veröffentlichung noch einige spekulative Gedanken über den Aufbau der Materie aus Molekülen und der Wirkung des Magnetismus hinzu.

Die Versuche mit einem Zitteraal (1838)

Schon auf der Reise durch Italien hatte Faraday mit Davy Experimente mit einem Zitterrochenden-Torpedo gemacht. Sein Interesse an der tierischen Elektrizität war, wie das seiner Zeitgenossen, nach wie vor groß. Wie wurde die Elektrizität im Tier erzeugt? Von welcher Art war sie wirklich? War sie vergleichbar mit der aus einer Voltaschen Säule? In seiner tabellarischen Übersicht hatte Faraday bei der tierischen Elektrizität nicht alle Effekte finden können, die bei den anderen Erzeugungsarten auftraten. So wird ihn besonders die briefliche Reaktion von Alexander von Humboldt auf seine Veröffentlichung interessiert haben, der ihm am 28. Mai 1834 aus Berlin, wohin er zurückgekehrt war, nicht nur seine Bewunderung ausdrückte, sondern auch darauf hinwies, daß die Versuche mit einem Zitteraal sehr viel leichter durchzuführen seien, weil sich dieses Tier ohne Schwierigkeiten über längere Zeiträume in Gefangenschaft halten ließ. Faraday bat daraufhin das Kolonialamt, ihm einige Exemplare des Gymnotus für seine Untersuchungen zu verschaffen, denn Humboldt hatte ihm auch mitgeteilt, daß sie in der Nähe von Caracas

25. Alexander von Humboldt in seinem Studierzimmer in Tegel. Aus: The Illustrated London News vom 18.10.1856

im Orinoco leicht zu fangen seien. Andere Wissenschaftler in London interessierten sich ebenfalls für den Fisch, und am 15. August 1838 kam ein Exemplar lebend in London an, und die Adelaide Galerie erwarb den Fisch. Das wachsende Interesse an naturwissenschaftlichen Seltenheiten und Kuriositäten, aber auch das Bedürfnis, sich über neueste Entdeckungen sachkundig zu machen, hatte in London zur Gründung von mehreren unabhängigen, kommerziellen Instituten geführt, die eine Art technisches Museum mit Vorführungen betrieben. Die Adelaide Gallery gestattete Faraday als erstem, Versuche mit dem Zitteraal zu machen. Zusammen mit seinen Freunden, unter ihnen waren Wheatstone, Talbott, der Erfinder der Photographie, und Gassiot, ein reicher Weinhändler mit naturwissenschaftlichen Interessen, der ein eigenes Laboratorium hatte, ging man daran, mit Elektroden und Meßgeräten die Stärke der Schläge zu untersuchen und den Sitz der Elektrizität im Fisch zu erkunden. Durch sorgfältiges Experimentieren konnte man alle üblichen Effekte der Elektrizität am Ende nachweisen.* Am Freitagabend, dem 18.

* Ein großer Zitteraal kann mehrere Schläge hintereinander von maximal 800 Volt bei Stromstärken bis zu 1 Ampère abgeben. Die Elektrizität wird in Muskelzellen unter dem Verbrauch von chemischer Energie erzeugt. Die

Januar 1839, trug Faraday über diese Untersuchungen in der Royal Institution vor.

Die vielfältigen Überlegungen und die Arbeit im Laboratorium verbunden mit allen anderen Pflichten erschöpften Faraday, so daß kurze Aufenthalte an der See, die er sonst genutzt hatte, um seine Veröffentlichungen zu schreiben, nun nicht mehr ausreichten. Die Anzahl der Experimente im Laboratorium und die Fülle der Eintragungen im Tagebuch nahmen drastisch ab.

Am 10. Oktober 1840 konzipierte er eine Reihe von Überlegungen zur Induktion und mögliche Experimente, die dann am 31. August aufgenommen wurden. Offenbar ging es ihm darum, noch einmal sicherzustellen, ob die mit der Aragoschen Scheibe erzeugte Elektrizität den gleichen Effekt der Induktion bewirken konnte wie die Voltasche. Dann folgte eine Unterbrechung der Eintragungen bis Juni 1842. Die Korrespondenz mit den Freunden zeigte, wie beeinträchtigt sein Gedächtnis war, immer wieder ließ er Wörter im Text aus. Seine ärztlichen Berater beruhigten ihn jedoch, denn sie meinten, daß nach einer längeren Ruhepause sich sein Zustand bessern würde. So entschloß sich das Ehepaar, zusammen mit Schwager und Schwägerin im Juni in die Schweiz zu reisen. Die Fahrt ging durch Frankreich nach Köln, von dort aus auf dem Rhein per Schiff bis zur Schweiz und dann weiter mit der Kutsche. Station wurde in der Nähe von Thun gemacht. Faraday machte allein oder mit seinem Schwager lange Wanderungen in das Sinmental, nach Oberhofen oder nach Kandersteg. Die geistige Erschöpfung hatte sich glücklicherweise nicht auf die körperliche Konstitution von Faraday ausgewirkt, so daß er bei den langen Spaziergängen durch die ständig neuen Eindrücke genügend Abwechslung erhielt, und nicht dazu kam, über die ungelösten wissenschaftlichen Fragen intensiv nachzudenken. Das Tagebuch wurde mit Landschaftsschilderungen und Beschreibungen meteorologischer Erscheinungen gefüllt. Faraday wurde immer wieder durch die Gewalt und die Schönheit von Sonne, Wind, Wolken und Gewitter beeindruckt. Die Ärzte hatten ihm dringend empfohlen, sich jeder wissenschaftlichen Tätigkeit während der Erholung zu enthalten, auch die großen Städte und die Freunde zu meiden, denn nur so wäre Besserung zu erreichen. Daher besuchte Faraday mit

Steuerung erfolgt durch Nervenimpulse, und die hohe Spannung wird durch die Hintereinanderschaltung von sehr vielen Nervenzellen erzeugt; die Stromstärke durch Parallelschaltung.

seiner Frau auch nicht Schönbeins in Basel, jedoch versuchte er – wenn auch vergeblich –, sie auf der Rückreise in Zug zu treffen.

Am 29. September kam das Ehepaar wieder glücklich in London an. Faraday war körperlich erfrischt, doch meinte er, das Gedächtnis hätte sich nicht gebessert, aber er würde sich nicht so sehr darum kümmern, vielleicht würde es dann besser werden; so teilte er es Schönbein in einem Brief mit. Nach Weihnachten hielt er die berühmten Vorlesungen für die Jugend und sprach über die Anfangsgründe der Chemie.

Als erste wissenschaftliche Arbeit nach der langen Pause griff er ein einfaches experimentelles Problem auf. Der Ingenieur William George Armstrong, der sich später als Erfinder eines besonders leistungsfähigen Geschütztyps einen Namen machte, hatte 1840 gefunden, daß beim Ausströmen von Wasserdampf unter hohem Druck in die umgebende Luft, Elektrizität erzeugt wurde. Die Vermutung wurde geäußert, daß das elektrische Fluidum durch die Aggregatumwandlung vom flüssigen in den gasförmigen Zustand auftrat.

Faraday nahm sich mit der für ihn typischen Arbeitsweise des Problems an. Von der London Institution lieh er sich einen Dampfkessel, der ein Rohr mit zwei Hähnen hatte. Er stellte den Kessel isoliert auf, erzeugte Dampf und untersuchte mit dem Elektrometer die Polarität des Kessels und des ausströmenden Dampfes. Sehr rasch wurde ihm klar, daß es sich um Reibungselektrizität handeln müsse, die beim Austritt des Dampfes am Hahn auftrat. Ganz offensichtlich machten ihm die Untersuchungen Spaß. Einige neue Anordnungen für Hähne baute er sich selber, andere fertigte ihm der Instrumentenmacher Newman an. Auch verschiedene Materialien für das Rohr wurden untersucht. Durch eine besondere Ausgestaltung des Dampfauslasses versuchte er, die Reibung zu vergrößern, um den Effekt zu studieren. Im Januar 1843 wurden die Versuche beendet, und bald darauf erschien eine Veröffentlichung darüber; im Sommer trug Faraday dann an einem Freitagabend über die Erzeugung von Elektrizität durch Dampf vor.

Es sah so aus, als ob seine alte Schaffenskraft zurückgekehrt wäre, doch das täuschte. Am 6. September 1843 schrieb er an Schönbein, und wieder ließ er im Text Worte aus. Dennoch griff er ohne Überleitung Ende Mai 1844 ein altes Arbeitsgebiet noch einmal auf: die Kondensation von Gasen. Diese Arbeit stand wahrscheinlich im Zusammenhang mit einer Freitagabend-Vorlesung über die Spekulationen der elektrischen Leitfähigkeit und die Natur der Materie.

Diese Vortragsnotizen waren, wie üblich, knapp. Zuerst ging er auf die Gefahren und die Notwendigkeit von wissenschaftlichen Spekulationen ein. Alles hänge davon ab, wer sie anstelle. Zu den damaligen Fragen und Antworten der Experimente der Chemie bemerkte er, daß es leicht sei, über Proportionen (gemeint waren die Verhältnisse der Elemente in Verdingungen), Isomere und Isomorphie zu reden, doch die fundamentalen Tatsachen seien Annahmen.

Der Gesichtspunkt, den die Physikalische Chemie notwendigerweise von Atomen hat, ist jetzt weitgefaßt und kompliziert. Zuerst sehr viele elementare Atome, danach zusammengesetzte und komplexe Atome. System im System, wie der Sternhimmel, das mag richtig sein – mag aber alles auch falsch sein. Zum Schluß grübelnde Eindrücke, daß Teilchen nur Zentren von Kraft sind, daß die Kraft oder Kräfte die Materie bilden, daß daher kein Raum zwischen den Teilchen ist, zum Unterschied der Teilchen der Materie; daß sie sich einander berühren gerade so viel, wie in Gasen, wie in Flüssigkeiten oder festen Stoffen, und daß sie materiell durchdringbar sind, vielleicht sogar genau in ihren Zentren.

Wie gewohnt beschrieb er bei der Arbeit über die Kondensation der Gase ausführlich die Versuche, wie er mit einer Kolbenpumpe den Druck erzeugte, mit einer Kältemischung aus fester Kohlensäure und Äther arbeitete, die Glasröhren, in denen er die Verflüssigung oder Kristallisation beobachtete, sowie die Bestimmung des Berstdruckes für diese Röhren. Doch nichts deutete darauf hin, welche Arten von Kräften er annahm, um den Übergang von einem Aggregatzustand in den anderen zu erzwingen. Daß er Vorstellungen besonders über Wasserstoff im festen Zustand hatte, ließ er nur kurz in einem Brief durchblicken. Er schrieb, daß er dann eine metallische Leitfähigkeit beim Wasserstoff erwarte. Doch es gelang ihm nicht, Sauerstoff, Stickstoff und Wasserstoff zu verflüssigen.

Faraday als Sachverständiger für die Regierung (1844)

Schönbein hatte im April 1840 Faraday brieflich die Entdeckung eines eigenartig riechenden Gases mitgeteilt, das an der Anode bei der Elektrolyse des Wassers unter Verwendung von Platin- oder Goldelektroden auftrat. Er nannte es zuerst das *riechende Prinzip*, später gab er diesem Stoff auf Anraten eines Freundes den Namen *Ozon* [griechisch: das Riechende]. In den folgenden Jahren hatten beide über diese eigenartige Substanz immer wieder korrespondiert. Verschiedene lange Briefe von Schönbein erschienen auf dessen Wunsch hin durch Faradays Vermittlung in den *Philosophical Transactions* der Royal Society. Schönbein bat Faraday 1844, eine größere Arbeit über Ozon beim Treffen der Britischen Vereinigung zur Förderung der Wissenschaften in York bekannt zu machen. Entgegen seiner Gewohnheit fuhr Faraday mit seiner Frau nach York, denn er hatte sich damals infolge seines schlechten Gedächtnisses bereits weitgehend von allen öffentlichen Pflichten zurückgezogen und so auch von den großen wissenschaftlichen Treffen, die glanzvolle gesellschaftliche Veranstaltungen im Programm hatten.

In York traf er mit Justus Liebig zusammen, und bald verband sie herzliche Freundschaft. Frau Faraday zeigte Liebig den Botanischen Garten in York, und dieser erwähnte später in einem Brief dankbar die interessante Führung und schrieb an Faraday: *Was für einen seltenen Schatz besitzen Sie in ihr.*

Unmittelbar nach der wissenschaftlichen Veranstaltung wurde Faraday im Auftrag der Regierung als Sachverständiger in das Gebiet der Kohlengruben um Durham zum Kohlebergwerk Haswell geschickt. Dort hatte sich am 28. September nachmittags ein schweres Grubenunglück ereignet, bei dem 95 Bergleute getötet worden waren. Faraday und der Geologe Charles Lyell nahmen als Wissenschaftler an der Untersuchung der Unglücksursache teil. Faraday, der bei Davy die Entwicklung der Sicherheitslampe miterlebt hatte, inspizierte eingehend die aus der Unglücksstelle heraufgebrachten Lampen, anschließend fuhren sie unter Tage ein. Sie blieben über sieben Stunden in dem Kohlebergwerk und besichtigten eingehend den Unglücksort und die anderen Schächte. Faraday interessierte sich besonders für den Luftdurchsatz der Ventilation und ließ sich von einem Bergmann erklären, wie sie mit Hilfe von kleinen, künstlich erzeugten Rauchfahnen den Luftdurchsatz ermittelten, indem sie Pulver verbrannten und die Ausbreitungsgeschwindigkeit mit einer Uhr maßen.

Lyell und Faraday fertigten einen ausführlichen Bericht an. Im Vordergrund stand die Verbesserung der Ventilation, denn nach dem Unglück war es fast unmöglich, den genauen Hergang zu ermitteln, doch mußten es „Schlagende Wetter“ gewesen sein. Neben den technischen Einzelheiten wiesen die beiden Verfasser aber zum

Schluß auf den Ausbildungsstand der Arbeiter hin; und hier zeigte sich deutlich, wie Faraday sein soziales Engagement auffaßte:

Schließlich können wir den Wunsch nicht unterdrücken, daß doch ohne Verzug Schritte getan werden möchten, den Arbeitern in den Steinkohlengruben einen besseren Unterricht angedeihen zu lassen. Bei unserer Untersuchung wurden wir durch die Erfahrung sehr überrascht, daß mehr als die Hälfte der Grubenleute, darunter sehr einsichtvolle Männer, nicht schreiben, ja nicht einmal als Zeugen ihren Namen unterzeichnen konnten. Es wäre von großem Nutzen, wenn den Ober- und Unteraufsehern der Genuß des ihren Geschäften zunächst entsprechenden Elementarunterrichts erleichtert würde; sie sollten z. B. in jenem Teil der Elementarchemie, welcher sich auf die Eigenschaften der Gase bezieht, sowie auf die Grundlehren der Hydrostatik und Geognosie unterrichtet werden. In Frankreich und Deutschland, wo bei weitem kein so großes Kapital in Bergwerksunternehmen steckt, ist dieser Unterricht für Grubenarbeiter viel besser bestellt. Die Talentvolleren unter den Bergleuten wären, wenn sie in den Elementen der genannten Wissenschaften unterrichtet würden, imstande, neue Verfahrensarten zu erfinden oder doch jedenfalls die Gefahren, welchen sie ausgesetzt sind, besser zu vermeiden. Der Nutzen solcher Unterrichts-Anstalten und sein Einfluß auf die Erhaltung von Menschenleben ist augenscheinlich.

Während Faraday zusammen mit Lyell diesen Bericht verfaßte, saß Friedrich Engels an der Arbeit zu seinem Buch „Die Lage der arbeitenden Klasse in England". Er verarbeitete das aktuellste Material, so den großen Turnout, den Streik von Bergleuten in mittelenglischen Kohlegruben im Frühjahr 1844 und auch das Grubenunglück.

Gleich nach dem Turnout fiel die Explosion von Haswell vor; Roberts [gemeint war William P. Roberts, der Anführer der Streikbewegung und Kämpfer für die Rechte der Arbeiter] reiste nach London, erlangte eine Audienz bei Peel, drang als Repräsentant der Grubenarbeiter auf gründliche Untersuchung des Falls und setzte es durch, daß die ersten geologischen und chemischen Notabilitäten Englands, die Professoren Lyell und Faraday, beauftragt wurden, sich an Ort und Stelle zu verfügen. Da bald darauf noch mehrere Explosionen folgten, und die Akten von Roberts wiederum dem Premierminister vorgelegt wurden, so versprach dieser, in der nächsten Parlamentssession [der jetzigen von 1845] womöglich die notwendigen Maßregeln zum Schutz der Arbeiter vorzuschlagen.

Wie die meisten Wissenschaftler um Faraday ergriff auch er nicht in den sozialen Auseinandersetzungen Partei, dennoch waren auch sie nicht der Meinung des Oxforder Professors William Nassau, daß man zur Abschaffung der Armut auf keinen Fall den Armen helfen dürfe, denn sonst würden sie nie anfangen zu arbeiten. Und wer in der Lage wäre zu arbeiten, der könnte in ein Arbeitshaus gehen, jener grausamen Ausbeutungsanstalt insbesondere für Kinder, die Dickens in seinen Romanen, auch im *Oliver Twist*, geschildert hat.

Faraday hat wahrscheinlich einzelne Sandemania-Gemeindemitglieder finanziell unterstützt. Da er aber in allen Dingen der Wohltätigkeit nach außen sehr zurückhaltend war, hinterließ er keine Aufzeichnungen darüber. Er mußte auch die verbleibenden Kräfte auf die Lösung der noch vor ihm liegenden Aufgaben konzentrieren. So schrieb er an Schönbein am 25. Oktober 1844 am Ende des Briefes:

Ich arbeite, aber ich kann nicht vorankommen. – Die Arbeit ist einig geworden mit mir, und die eine oder die andere Sache taucht immer wieder auf, um einen Fortschritt zu verhindern. Ich denke, ich muß mich am Ende ganz von der Welt zurückziehen, denn mein Vorankommen ist langsam und wie das einer Schnecke – eine Bagatelle für andere stoppt mich vollständig.

Wissenschaft und Religion

Faraday verschickte immer an seine Freunde Sonderdrucke seiner Veröffentlichungen. Ob er auf Wunsch von Babbage seine Arbeit über die Spekulationen zur elektrischen Leitfähigkeit und Natur der Materie an die Tochter von Lord Byron, Lady Augusta Ada Lovelace, schickte, oder ob sie Faraday darum bat, ließ sie in ihrem Antwortbrief offen. Voll Enthusiasmus breitete sie ihre Gedanken und ihren Wunsch zur gemeinsamen Arbeit aus. Seine Antwort vom 24. Oktober offenbarte der Empfängerin die seelische Belastung des von vielen bewunderten Forschers. Faraday schrieb, er antwortete ihr ernsthaft und ohne konventionelle Phrase:

Daß ich mich freuen würde bei Ihrem Vorsatz [Naturwissenschaften zu studieren] zu helfen, daran können Sie nicht zweifeln, aber die Natur ist gegen Sie. Sie haben das volle Vertrauen in eine uneingeschränkte Gesundheit und Jugend, in beidem, Körper und Geist; ich bin ein Arbeiter von vielen Jahren Dauer; täglich fühle ich meine Ermüdung. Sie, mit steigenden Fertigkeiten an Wissen, erweitern Ihre Einsichten und Pläne. Ich, denke ich, kann von Tag zu Tag ein bißchen an Reife meiner Gedanken gewinnen, fühle den Verfall der Kraft und bin genötigt, den kontinuierlichen Prozeß der Verringerung meiner Ziele und Beschränkung meiner Bestrebungen zu erkennen. Mag eine schöne Entdeckung mir in Gedanken vorschweben, aber ich verliere alle Hoffnung daran, wenn ich meine Gedanken dem zuwende, was auf der Hand ist, und sehe, wie langsam, aus Mangel an Zeit und physischer Kraft, es voranskommt...

Dann ging er auf die Verbindung von geistiger Kraft und moralischer Stärke ein und bedauerte, daß er oft traurig sei, das Gegenteil beobachten zu müssen.

Lady Ada hatte in ihrem Brief auch ihren Glauben erwähnt, und Faraday erwiderte:

Sie sprechen von Religion, und da werden Sie arg enttäuscht von mir sein. Sie werden sich vielleicht erinnern, daß ich vermute, nicht sehr weit abseits von Ihrem Streben in dieser Hinsicht zu sein. Ihr Vertrauen in mich fordert im Gegenzug mein Vertrauen in das Ihre, das in der Tat zu geben, ich keine Bedenken bei gegebener Gelegenheit habe, aber diese, so denke ich, sind sehr wenige, denn meiner Meinung nach ist ein Gespräch über Religion meist fruchtlos.

Es ist keine Philosophie in meiner Religion. Ich gehöre einer sehr kleinen und gering geschätzten Sekte von Christen an, den, wenn bekannt, Sandemaniern, und unsere Hoffnung ist in dem Glauben begründet, der in Christus ist. Da aber die Werke der Natur Gottes niemals durch irgend etwas in Gegensatz zu den höheren Dingen, die mit unserer zukünftigen Existenz zusammenhängen, kommen können, muß alles, was mit IHM zusammenhängt, IHN immer preisen.

So hielt er es nicht für notwendig, die Religion und die Wissenschaft miteinander zu verbinden. Er schloß seinen Brief mit der Bemerkung, sie in London zu sehen. Lady Ada interessierte sich sehr für die Rechenmaschine von Babbage und veröffentlichte eine Arbeit darüber.

Faraday entdeckt die Wechselwirkung von Magnetismus und Licht (1845/46)

Am 7. Juli 1845 reiste das Ehepaar Faraday zusammen mit der Schwester von Frau Faraday und dem Schwager nach Frankreich, wo Faraday zuerst einige Leuchttürme besichtigte, bevor sie nach Paris weiterfuhren, um Freunde zu treffen. Sie besuchten Arago im Observatorium und speisten mit Dumas in ihrem Hotel. Auch Biot, Peltier und Fresnel wurden aufgesucht und ein Instrumentenbauer namens

Laponte. Faraday stellte fest, daß dessen Geräte weit besser waren als die der englischen Mechaniker. Arago arrangierte die Teilnahme am großen Feuerwerk am 29. Juli zur Erinnerung an die Revolution. Am 1. August kreuzten sie wieder den Kanal, und Faraday beobachtete die Qualität der englischen Leuchttürme, als sie in Sicht kamen.

Faraday hatte bereits 1816 vor seinen Freunden von der *City Philosophical Society* in der vierten Vorlesung über die „Strahlende Materie" über die Wechselwirkung von Licht und Gold gesprochen. Er erzählte seinen Freunden, daß man Gold so dünn hämmern könne, daß es transparent würde. Eine Theorie behauptete, das Licht würde durch kleine Poren hindurchdringen; doch dann – so sagte Faraday – müsse das Licht ja weiß sein. Aber es war nicht weiß, sondern bei reinem Gold von purpurroter Farbe. Eine Legierung von Gold mit etwas Silber zeigte im durchscheinenden Licht eine blaue Farbe, und die Legierung von Gold und Kupfer ergab im durchscheinenden Licht grün. Das waren einfache Überlegungen. Doch, wie oft bei Faraday, waren solche grundlegenden Beobachtungen für spätere Arbeiten von großer Wichtigkeit.

Die bei dem Gold und seinen Legierungen beobachteten Erscheinungen zeigten, daß Licht von Materie in irgendeiner Form verändert wurde oder mit ihr wechselwirkte; andere Effekte deuteten ebenfalls darauf hin. Etienne-Louis Malus entdeckte 1808, daß Licht bei der Reflektion an der Oberfläche einer Glasplatte eine eigenartige Veränderung erfuhr, denn, wenn man diesen reflektierten Lichtstrahl nochmals an einer dazu senkrecht stehenden Glasplatte reflektierte und die Platte langsam schwenkte, konnte man beobachten, wie sich die Intensität des Lichtstrahls bis fast zum vollständigen Verschwinden änderte. Das Licht wurde polarisiert und bei gekreuzten Polarisatoren fand eine „Auslöschung" statt. Vollständigere Polarisation des Lichts erzielte man beim Durchgang durch einen Kalkspatkristall. Schickte man dieses Licht durch einen zweiten Kristall und verdrehte ihn um 90°, so erhielt man vollständige Auslöschung. Dies war schon 1690 von Christiaan Huygens gefunden und mit Hilfe der Wellentheorie des Lichts erklärt worden. Mit Hilfe eines Glasplattensatzes – man wandte zweckmäßigerweise mehrere Glasplatten hintereinander an – konnte man sich im Laboratorium leicht polarisiertes Licht herstellen; und mehrere Physiker untersuchten nun die Erscheinungen, die auftraten, wenn man zwischen den ersten Polarisator und einen zweiten, den man Analysator nannte, verschiedene Substanzen einbrachte. Viele Mineralien, wie zum Beispiel Glimmerplättchen, hellten das Gesichtsfeld bei gekreuztem Polarisator und Analysator wieder auf, drehten also die Ebenen des polarisierten Lichts. Auch einige Flüssigkeiten zeigten diese Erscheinung.

Faraday wird alle diese Arbeiten gekannt haben, denn die Royal Institution erhielt im Austausch mit den anderen wissenschaftlichen Gesellschaften stets deren Abhandlungen, und sie hielt auch die wichtigsten wissenschaftlichen Zeitschriften für ihre Bibliothek.

Obwohl die Versuche mit polarisiertem Licht experimentell einfach zugänglich waren, beteiligte sich Faraday nicht an ihrer Erforschung, und er griff auch nicht in den wissenschaftlichen Streit über die Lichttheorien, Korpuskular-Wellentheorie, ein. Doch er suchte, wie auch andere Forscher, nach einer Wechselwirkung zwischen dem elektrischen Strom und dem Licht. So hatte er durch die zu elektrolysierende Flüssigkeit gleichzeitig polarisiertes Licht geschickt, doch keinen Einfluß beobachten können.

Der Anstoß, die alten Experimente noch einmal aufzunehmen, kam diesmal von außen. Am 6. August 1845 schrieb ihm der damals 21jährige William Thomson ein ausführliches Resumé zu einer Arbeit von Amedeo Avogadro über eine mathematische Theorie der Verteilung der Elektrizität auf elektrisch leitenden Körpern. Faraday hatte Thomson in Cambridge kennengelernt und ihm Avogadros Arbeit geschickt, die er von diesem erhalten hatte und wahrscheinlich wegen des stark mathematischen Inhalts nicht allein beurteilen wollte. Thomsons Vater war Professor für Mathematik in Glasgow, und von ihm hatte William Thomson bereits als 10jähriger Student das abstrakte Denken gelernt. Doch anders als die französischen Mathematiker und theoretischen Physiker war er kein reiner Theoretiker, sondern interessierte sich intensiv für die experimentelle Seite der Physik. Mit 17 Jahren ging er nach Cambridge und veröffentlichte bald darauf eine Arbeit über Poissons Theorie der Elektrostatik. So war es ihm ein leichtes, Faradays Wunsch nachzukommen und Avogadros Arbeit kritisch zu lesen, deren Inhalt jedoch für Faradays eigene Forschungen ohne Bedeutung war.

Gegen Ende seines langen Briefes erwähnte Thomson sehr kurz, daß er in seiner Arbeit über die Theorie der Wärme in der Lage war, die Linien der Influenz in eine mathematische Theorie zu bringen. Das mußte für Faraday ein interessanter Hinweis gewesen sein, denn er war ja seit längerem bestrebt, seine Vorstellung über die Linien der Kraft mit den Ergebnissen der Experimente zu verbinden. Dann fragte Thomson, ob es irgendwelche Experimente über die Wirkung von elektrisch geladenen Körpern auf Isolierstoffe gäbe. Er meinte auch, es wäre wichtig, die Frage zu klären, ob die Luft in der Nachbarschaft von elektrisch geladenen Körpern durch diese Kraft ihre Dichte änderte. Seine dritte Frage bezog sich auf die Veränderung des durchscheinenden, polarisierten Lichts zum Beispiel durch Glas bei hoher elektrischer Beanspruchung.

Faraday antwortete umgehend am 8. August und ging nur auf die Fragen ein. Die erste Frage müsse er negativ beantworten, seine Experimente hätten nichts ergeben. Auf die zweite Frage ging Faraday nicht ein, und für die dritte erwähnte er den negativen Ausgang seiner früheren Experimente mit polarisiertem Licht sowie die jüngsten Untersuchungen über die Unterschiede der kristallinen Stoffe beim Messen der dielektrischen Eigenschaften; doch könne er da auch keine positiven Ergebnisse angeben.

Aber Thomsons Fragestellung interessierte ihn stärker, als die kurze Antwort vermuten ließ. So nahm er am 30. August 1845 noch einmal Versuche über einen Zusammenhang von polarisiertem Licht und dem Elektrolyten bei der Elektrolyse auf. Er wählte die verschiedensten Anordnungen, konnte jedoch niemals einen Effekt auf das polarisierte Licht entdecken. Entsprechend seinen Erfahrungen bei der Induktion, daß nur beim Öffnen und Schließen des Stromkreises ein Effekt auftrat, wandte er auch jetzt intermittierende Ströme für die Untersuchung an. Doch alles war vergeblich, nichts war zu beobachten. Daraufhin begann er eine Reihe von Körpern elektrisch zu beanspruchen und gleichzeitig mit polarisiertem Licht zu durchstrahlen. Wiederum zeigte sich keine Änderung des Lichts.

Zwischen dem 6. und 12. September erfolgte keine Eintragung ins Tagebuch. Waren die Arbeiten der Vorbereitung für die nächste Versuchsreihe gewidmet oder gab es Experimente, die ihm einen entscheidenden Hinweis auf die neue Arbeitsrichtung brachten? Denn am 13. September 1845 begannen die Eintragungen mit dem Paragraphen 7489, der ganz zielstrebige Angaben enthielt:

> Arbeitete heute mit magnetischen Kraftlinien, lasse sie verschiedene Körper passieren (transparent in verschiedenen Richtungen). Zur gleichen Zeit lasse ich einen Strahl von polarisiertem Licht durch sie, und danach untersuche ich den Strahl mit einem Nicol-Okular oder anderen Mitteln. [Mit einem Nicol bezeichnete man eine besonders einfache Anordnung aus zwei zusammengeklebten Kalkspatkristallen zur Analyse von polarisiertem Licht.]

Für die Versuche verwendete er selbstgefertigte große Elektromagnete, die von einer Batterie erregt wurden. Zuerst untersuchte er die

Effekte in Luft, wobei er verschiedene Anordnungen der Magnetpole wählte. Einmal standen sich Nord- und Südpol gegenüber, einmal die beiden Südpole von zwei Magneten, dann zwei Südpole parallel nebeneinander, dann Nord- und Südpol parallel nebeneinander und Nord- und Südpol gegeneinander versetzt. Aber bei allen Variationen des Einschaltens, Ausschaltens oder auch der konstanten Erregung konnte er in Luft keinen Effekt auf die Polarisation erkennen. Als nächstes untersuchte er Flintglas und Kochsalz, aber in keinem Fall beobachtete er irgendeinen Einfluß auf die Polarisationsebene des Lichts. Ebenso beim Kalkspat. Es folgte Paragraph 7504 „Schweres Glas":

> Es wurde experimentiert mit einem Stück schweren Glases, das 2 Zoll [ca. 4,9 cm] zu 1,8 Zoll [ca. 4,5 cm] und 0,5 [ca. 1,2 cm] dick war, aus Blei-Bor-Silikat und poliert an beiden kürzesten Enden. Es gab keinen Effekt, wenn die gleichen magnetischen Pole oder entgegengesetzte Pole auf gegenüberliegenden Seiten waren (bezogen auf den Verlauf des polarisierten Strahls), noch wenn die gleichen Pole auf der gleichen Seite waren, weder mit konstantem noch mit intermittierendem Strom – ABER, wenn gegensätzliche magnetische Pole auf derselben Seite waren, wurde ein Effekt an dem polarisierten Strahl hervorgerufen und folglich bewiesen, daß magnetische Kraft und Licht eine Verwandtschaft miteinander haben. Diese Tatsache wird sich wahrscheinlich als außerordentlich fruchtbar erweisen und von großem Wert für die Erforschung von beiden Beziehungen von Naturkräften sein.
>
> 7505. Der Effekt war von dieser Art: Das Glas, ein Resultat von meinen alten Experimenten über optisches Glas, war außerordentlich gut gealtert, denn es zeigte nicht den kleinsten Effekt im polarisierten Licht. Die beiden Magnetpole waren in einer horizontalen Ebene, und das Stück Glas wurde flach gegen sie gehalten, so daß der polarisierte Strahl durch die Enden hindurchgehen konnte und mit dem Auge mit einem Nicol-Okular zu untersuchen war. In seinem natürlichen Zustand zeigte das Glas keinen Effekt auf den polarisierten Strahl, aber wenn man den Kontakt mit der Batterie schloß, so daß die Kerne der Magnete Nord- und Südpol bildeten, erwarb das Glas augenblicklich einen gewissen Grad von Kraft zur Dipolarisation des Strahls, die so lange gleichmäßig anhielt, wie die Kerne Magnete waren, die aber verlorenging in dem Augenblick, wenn der elektrische Strom gestoppt wurde. Folglich war es ein bleibender Zustand und, wie es erwartet war, es trat nicht empfindlich auf mit einem intermittierenden Strom.

Faraday untersuchte dann noch, ob der Druck der Hand auf das Glas Einfluß hätte oder das Umwickeln mit einer dünnen Zinnfolie [vermutlich zur Abschirmung eines eventuellen elektrischen Feldes], doch der Effekt war immer der gleiche. Nur wenn er ein größeres

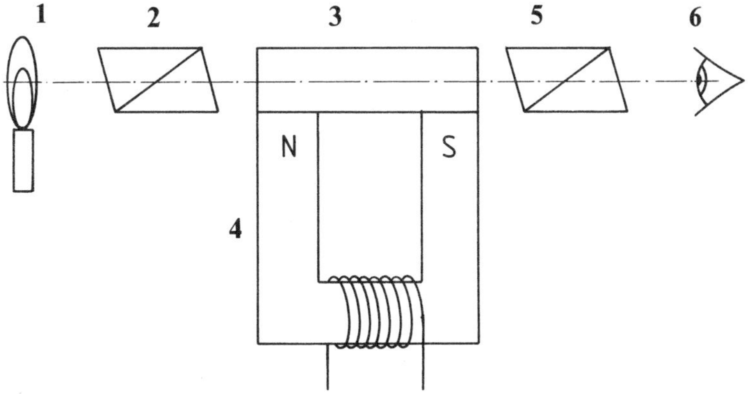

26. Versuchsanordnung zum Nachweis der Wirkung eines Magnetfeldes auf einen Lichtstrahl (Faraday-Effekt): 1 Lichtquelle 2 Polarisator 3 Blei-Boratglas 4 Elektromagnet 5 Analysator, Nicol 6 Beobachter

Eisenstück in die Nähe der Pole brachte, also das magnetische Feld schwächte, war auch der Einfluß auf die Polarisation des Lichts geringer. Er schloß dann im Paragraph 7510:

Alles dieses zeigt, daß es ist [der Effekt sich zeigt], wenn der polarisierte Strahl parallel zu den Linien der magnetischen Induktion oder fast in der Richtung von den magnetischen Kurven ist, daß das Glas seine Kraft zur Beeinflussung des Strahls offenbart.

Anschließend versuchte er noch verschiedene andere Magnetpolanordnungen und experimentierte mit Flüssigkeiten, die er in Glasröhren zwischen die Pole brachte, sowie nochmals mit Flintglas und Kalkspat, doch er fand nichts. Die Eintragungen schlossen: *Habe genug für heute.*

Die Versuche von vierzehn Tagen hatten ein neues Gebiet der Physik eröffnet, und Faraday war sich, wie er geschrieben hatte, der Tatsache voll bewußt. Das Grübeln über die Zusammenhänge zwischen Licht, Elektrizität und Magnetismus, das so intensiv an seinen Kräften gezehrt hatte, daß er kaum hoffen konnte, weiterarbeiten zu können, war durch eine reiche Ernte belohnt worden.

Noch bevor die Ergebnisse in der Royal Society vorgetragen wurden, brachte die Zeitschrift *Athenaeum* in ihrer Ausgabe vom 8. November einen kurzen Hinweis auf die Entdeckung. Als erster gratulierte ihm John Herschel nur einen Tag nach dem Erscheinen:

Mein lieber Herr, ich habe diesen Morgen mit großer Freude die Notiz in dem Athenaeum von Ihren Experimenten, beweisend den Zusammenhang von Licht mit Magnetismus, gelesen. An erster Stelle lassen Sie mich Ihnen herzlich gratulieren für eine Entdeckung in einem solchen Zeitpunkt, die weit eine Pforte öffnet in eines der dunkelsten Geheimnisse der Natur.

Herschel selbst hatte sich auf diesem Gebiet bereits erfolglos versucht, weil er einen Effekt in Luft vermutete.

Am 20. November gratulierte ihm Whewell:

Mein lieber Herr, ich bin ein bißchen skrupellos zu versuchen, Ihnen Ihre Zeit zu nehmen mit Briefschreiben. Aber ich kann mir nicht helfen zu wünschen, etwas mehr zu wissen, als das Athenaeum uns mitteilt von Ihren kürzlichen Entdeckungen über die Verhältnisse von Licht und Magnetismus. Ich kann mir nicht helfen zu glauben, daß dies ein weiterer großer Schritt aufwärts auf der Leiter der Generalisierung ist, auf der Sie so hoch gestiegen sind und so fest stehen.

Auch Auguste de la Rive aus Genf gratulierte ihm. Faraday antwortete ihm aus Brighton am 4. Dezember, wohin er gefahren war, um sich zu erholen und wie üblich die endgültige Fassung für die *Philosophical Transactions* auszuarbeiten. Er teilte de la Rive mit, daß er noch nicht einmal Zeit gehabt hätte, die Notiz im *Athenaeum* zu lesen, und daß er auch nicht seine Arbeit vor der Royal Society selbst vorgetragen hätte. Nun könne er ihm noch eine neue Entdeckung brieflich mitteilen.

Unmittelbar nach den Experimenten über die Beeinflussung des polarisierten Lichts durch Magnetismus hatte er allgemein nach der Einwirkung des Magnetismus auf das schwere Glas gesucht. Dazu hatte er ein kleines Stück seines Glases an einen langen Faden aufgehängt und in die Nähe der Magnetpole eines starken Elektromagneten gebracht. Wenn er diesen nun erregte, beobachtete er eine deutliche Abstoßung des Glases aus dem magnetischen Feld heraus. Sofort stellte er weitere Versuche mit anderen Substanzen an und fand, daß außer den magnetischen Substanzen alle anderen, die er jetzt „diamagnetisch“ nannte, den gleichen Effekt wie das schwere Glas zeigten. Er kündigte de la Rive darüber zwei Veröffentlichungen in den *Philosophical Transactions* an.

Vom 13. September bis zum 1. Dezember hatte er über 950 Paragraphen in sein wissenschaftliches Tagebuch eingetragen. Wieder war er der Faszination des Experiments erlegen. Mit großer Intensität hatte er versucht, seine Erkenntnis über den neuen Effekt nach verschiedenen Richtungen zu erreichen. Dazu experimentierte er mit

Sonnenlicht, um auch damit die Rotation nachzuweisen, untersuchte nochmals Elektrolyten und Kristalle und baute mit Anderson einen neuen Elektromagneten, um den Diamagnetismus eingehender untersuchen zu können. Für kurze Zeit hatte er alle Beschwerden vergessen, und seine Phantasie fand neue Nahrung in den Ergebnissen. An seinen Freund Schönbein schrieb er:

Du kannst Dir kaum vorstellen, wie ich darum ringe, meine poetischen Ideen gerade jetzt für die Entdeckung von Analogien und fernen Figuren hinsichtlich der Erde, Sonne und allen Sorten von Dingen anzuwenden. Denn ich denke, das ist der wahre Weg (korrigiert durch das Urteil), eine Erfindung auszuarbeiten.

Die 19. Reihe der Experimentaluntersuchungen zur Elektrizität wurde am 20. November in der Royal Society gelesen. Der Titel der später veröffentlichten Arbeit in den *Philosophical Transactions* lautete: *On the Magnetization of Light and the Illumination of Magnetic Lines of Force*. ‚Über die Magnetisierung des Lichts und die Belichtung der Magnetkraftlinien' übersetzte Poggendorff. Faraday fühlte sich bemüßigt, der Arbeit noch eine Erklärung des Titels beizugeben; er habe damit nicht gemeint, daß er die Magnetlinien leuchtend gemacht hätte, sondern ausdrücken wollen, daß das Licht bei seinem Durchgang durch seine Veränderung die Magnetlinien sichtbar machen würde. Schon im vierten Paragraphen beschrieb er, was er unter einer Magnetkraftlinie oder magnetischen Kraftlinien verstünde. Doch die Sprache war ein ungeeignetes Instrument, um seine sich in den Jahren mehr und mehr entwickelnde Vorstellung über den Vorgang deutlich zu machen, den man beobachtete, wenn man einen Magneten unter ein mit Eisenfeilspänen bestreutes Blatt Papier hielt, und sich die einzelnen Eisenteile in Linien anordneten. Das war die Sichtbarmachung einer magnetischen Kraftlinie.

Zur Erklärung der Drehung der Polarisationsebene des Lichtes gab Faraday eine einfache Modellvorstellung an. Den Glasblock, den er durchstrahlte, könnte man als das Diamagnetikum ansehen, in dem die Kraftlinien verlaufen. Wenn man sich nun dieses Glasstück als eine Taschenuhr denken würde, so wäre das Zifferblatt der Nordpol, und die Rückseite der Uhr der Südpol des Magneten; und der Lichtstrahl würde im Uhrzeigersinn bei der Magnetisierung gedreht, wenn er beim Zifferblatt eintreten und auf der Rückseite der Uhr wieder austreten würde.

Faraday konnte aus seinen Experimenten ablesen, daß die Drehung des Lichtstrahls mit der Stärke des Magnetfeldes proportional wächst.* Später gelang es Faraday noch, den Effekt durch mehrfache Reflektion des Lichtstrahls in dem schweren Glas zu verstärken und damit die Meßeinrichtung empfindlicher zu machen.

Wie stets, wollte er mit seinen Veröffentlichungen nicht die anderen Wissenschaftler überreden, seinen Anschauungen zu folgen, sondern er sandte an einige Freunde Stücke seines schweren Glases, damit sie selbst experimentieren konnten. Einer der Adressaten war Alexander von Humboldt in Berlin. Am 6. April 1846 schickte er ihm ein Stück Glas, das er Bunsen** zur Übermittlung mitgab. In seinem Brief entschuldigte er sich, ihn mit diesen Dingen zu belästigen, doch er nehme an, daß Humboldts Interesse am Magnetismus so groß sei, daß ihn dieses neue Phänomen auch interessieren werde. Am 26. 10. 1846 übergab Rose in der Sitzung der Physikalisch-Mathematischen Klasse der Preußischen Akademie der Wissenschaften das von Faraday an die Akademie geschickte Flintglas für Versuche.

Die Entdeckung des Diamagnetismus (1846)

Was Faraday de la Rive gegenüber nur kurz angedeutet hatte, daß nämlich ein Stückchen schweren Glases frei beweglich, an einem Faden aufgehängt, aus einem Magnetfeld herausgedrängt wurde, erwies sich in der Folgezeit als ein grundlegender Effekt für Faradays Untersuchungen des magnetischen Feldes. Hatte er bei dem elektrostatischen Feld mit einer Probekugel die Feldlinien abgetastet, so begann er nun über Jahre hinweg das magnetische Feld zu erforschen. Natürlich gab es für diese Arbeiten Vorläufer, und Wheatstone schrieb ihm bereits am 17. Januar, ein Däne namens Burgmans habe bereits 1778 veröffentlicht, daß Wismut vom Magneten abgestoßen

* Der als Faraday-Effekt bezeichnete Vorgang wird heutzutage zur Messung großer Ströme in Hochspannungsanlagen verwendet. Damit entfällt ein aufwendiger Hochspannungstransformator, um den Strom auf der Hochspannungsseite mit großer Genauigkeit auf Erdpotential übertragen zu können, denn mittels des Lichts kann man auch Hochspannungspotential ohne Schwierigkeiten messen.

** Wahrscheinlich dem Baron Bunsen, Gesandter in England.

wurde. Faraday begann mit großem Einfallsreichtum zu experimentieren. Die reichhaltige Sammlung an Metallen und Verbindungen, die er im Laufe der Jahre – ausgehend von Davys und Brandes Sammlung – weiter ausgebaut hatte, ermöglichte es ihm, systematische Versuche mit den verschiedensten Metallverbindungen und den Metallen selbst auszuführen. Er bezog auch Flüssigkeiten und Gase in seine Untersuchungen ein. Mitte Juni lud er einen kleinen Kreis von Freunden, es waren auch Damen darunter, zu einer Vorführung über seine neusten Forschungen ein. Sicher erzählte er seinen Freunden bei dieser Gelegenheit schon etwas von seinen Spekulationen über den Einfluß des Erdmagnetfeldes auf das Verhalten der Gase in der Atmosphäre.

Im Verhältnis zum Vorjahr kam Faraday nur wenig zum Experimentieren. Er hielt einige Freitagabend-Vorträge, eines der Themen behandelte die von seinem Freund Wheatstone erfundene elektrische Stoppuhr, mit der man sehr kurze Zeiten messen und so zum Beispiel die Geschwindigkeit eines Geschosses ermitteln konnte. Im Frühsommer hielt er acht Vorlesungen über Elektrizität und Magnetismus. Für solche Vorlesungen stellte Faraday auch Bescheinigungen über die Teilnahme aus, deren Sinn nicht klar ist, denn die Royal Institution hatte nie den Charakter einer Lehranstalt.

Das Jahr 1846 war überschattet durch den Tod von Faradays Bruder Robert, der an den Folgen eines Unfalls mit seinem Fuhrwerk starb. Der Bruder hatte seinen ursprünglichen Beruf als Schmied früh aufgegeben und war in einer Firma für Gasbeleuchtung beschäftigt. Die Straßen im inneren Bereich Londons waren um 1842 vollständig mit Gasbeleuchtung ausgerüstet. Michael hatte seinen Bruder mit technischem Rat unterstützt und ihm unter anderem einen Auftrag im *Athenaeum* verschaffen können; außerdem hatte er ihm die Erfindung eines Gasbrenners mit verbesserter Belüftung zum Patent übereignet. Die beiden Brüder hatten sehr aneinander gehangen; die gesellschaftlichen Schranken hatten sich nie trennend auf sie ausgewirkt.

Die Forschung über den Diamagnetismus ging auch 1847 nicht ohne Störungen weiter. Faraday war gezwungen, alle anderen Arbeiten einzuschränken. So antwortete er auf eine Anfrage von George Baron Auckland, dem ersten Lord der Admiralität, ganz offen, daß seine Gesundheit sehr stark angegriffen sei, ohne jede Beschönigung verwies er auf sein schlechtes Gedächtnis, seine Verwirrtheit und seine Schwäche, die es ihm nicht erlaubten, zusätzliche Aufgaben zu übernehmen. Eine ausgedehnte Reise nach Schottland, auf der sie zahlreiche Mitglieder der Sandemanier-Gemeinde besuchten, brachte wieder Besserung. Er folgte in solchen Fällen, wie er einmal an John Herschel schrieb, ganz den Anweisungen seiner Frau.

Ende September 1847, auf einer Tagung der Physikalischen Sektion der Vereinigung der Italienischen Wissenschaftler in Venedig, wurde über die Ablenkung einer Flamme durch das magnetische Feld berichtet. Faraday nahm sogleich diesen für ihn interessanten Effekt in sein Versuchsprogramm auf, und es gelang ihm, den von Zantedeschi beschriebenen Effekt der Ablenkung nachzuarbeiten. Einmal mit dem Problem vertraut, erweiterte er es in Faradayscher Weise durch eine Anzahl von ideenreichen Experimenten, offensichtlich von dem Wunsch geleitet, diese so auszugestalten, daß er sie an einer Freitagabend-Vorlesung einem größeren Auditorium vorführen konnte. Dazu stellte er Rauch auf chemische Weise her, und er untersuchte dessen Ablenkung im Magnetfeld. Ein anderer Versuch demonstrierte den Einfluß der Temperatur auf die magnetische Ablenkung von Luft. Er wickelte sich eine kleine Spirale aus Platindraht und stellte sie zwischen die Pole eines Elektromagneten, so daß sie achsial aufrecht zeigte. Wenn er die Spirale mittels elektrischen Stroms auf Rotglut heizte, wirkte sie wie ein Schornstein: Ein Strom heißer Luft stieg auf, so daß man oberhalb der Spirale nicht für längere Zeit einen Finger hineinhalten konnte. Schaltete er nun den Magneten ein, dann stieg keine heiße Luft, sondern ein kühler Luftstrom auf, während links und rechts von der Spirale nun die heiße Luft auftrat. Faraday bemerkte: *So ist der Effekt von Wärme allein wunderbar klar und deutlich in Luft – heiße Luft ist stärker diamagnetisch als kalte Luft.* In einem langen Brief an Richard Taylor veröffentlichte er noch im Dezember seine Ergebnisse.*

Im November 1847 erhielt Faraday von einem deutschen Professor Julius Plücker aus Bonn einen Brief in französischer Sprache mit der Bitte, ihm ein Stück seines schweren Glases zu schicken; dem Brief lagen außerdem zwei Arbeiten von Plücker bei: „Über die Abstoßung der optischen Achsen der Krystalle durch die Pole des Magneten“ sowie „Über die Verhältnisse zwischen Magnetismus und Diamagnetismus“. Plücker war zehn Jahre jünger als Faraday. Er hatte in Bonn

* Faradays Deutung des Diamagnetismus der Flammengase war nicht zutreffend. Erst später fand man, daß die paramagnetische Eigenschaft der Luft sich mit der Temperatur stark änderte.

Mathematik und Physik studiert und war über Berlin und Halle 1836 als Ordinarius für Mathematik und zehn Jahre später für Physik an die Universität Bonn berufen worden. Trotz seiner stark mathematischen Neigungen interessierte er sich ebenso intensiv für Experimentalphysik. Faraday antwortete am 11. November auf Plückers Brief und schickte ihm ein kleines Stückchen Glas. Erst am 6. Februar des nächsten Jahres meldete Plücker die Ankunft der Glasprobe. Nach und nach begann der Briefwechsel nun intensiver zu werden. Es war das erste Mal, daß Faraday für längere Zeit mit einem anderen Wissenschaftler über das gleiche Gebiet arbeiten sollte. Im Hochsommer kam dann Plücker nach London, und ihr Dialog über wissenschaftliche Fragen fand seinen Niederschlag in Faradays Tagebuch: *Plücker beschrieb mir... Plücker sagte... Aber ich wünsche zu wissen, ob...*

Sofort stellte Faraday neue Überlegungen an. Wie waren die Verhältnisse bei Mischungen oder Verbindungen, z.B. Eisensulfat in kristalliner Form? Ist es ein einzelner kristalliner Körper oder eine Mischung von magnetischem und diamagnetischem Körper? Schon zwei Jahre zuvor hatte er größten Wert auf die Reinheit der untersuchten Substanzen gelegt, hatte als Chemiker sich reinstes Palladium und Platin hergestellt, indem er die von Wollaston erhaltenen Metalle noch einmal auflöste, einen Niederschlag herstellte und das Metall somit chemisch reinigte, um es auf seine magnetischen Eigenschaften zu untersuchen. Auch beim Wismut hatte er jegliche mögliche Vorsicht angewandt, um beim Spalten der Kristalle Verunreinigungen durch Eisen auszuschließen. Dem Tagebuch vertraute er weitere Spekulationen an. *Die optischen Verhältnisse im magnetischen Feld sehen aus wie Verhältnisse von Teilchen, nicht von Massen.*

Wieder mußte Faraday sich mit grundlegenden Fragen gedanklich auseinandersetzen. Neue Proben von Wismut wurden hergestellt, doch nahm er die alten Ideen, Wismut unter dem Einfluß eines Magnetfelds kristallisieren zu lassen, nicht noch einmal auf. Neue, einfache Apparaturen mit größerer Empfindlichkeit wurden entwickelt, und es wurde tagelang im magnetischen Laboratorium experimentiert, das im Kellerraum lag, neben dem Raum, wo früher Frösche gehalten worden waren. Es hatte den Vorteil, sehr gleichmäßige Temperatur zu haben, auf die Faraday beim Experimentieren Wert legte.

Während Faraday in der Abgeschlossenheit und Stille des Laboratoriums mit den Apparaturen hantierte, tobte 1848 durch Europa der

27. Michael Faraday

Sturm der Revolutionen. Im Februar war das von Engels und Marx verfaßte und in London gedruckte „Manifest der kommunistischen Partei“ erschienen. Gegen Mitte des Jahres, als in Paris in grausamen Straßenschlachten der Aufstand der Arbeiter niedergeworfen wurde, ebbten die revolutionären Bestrebungen ab. Das Feuer der Revolution erlosch, der Wunsch, die Freiheit zu erlangen und die Ideale der Französischen Revolution zu verwirklichen, war wieder gescheitert. Am 15. 12. 1848 schrieb Faraday an seinen Freund in Basel:

> Was für eine Freude ist es zu wissen, daß Sie ruhig und philosophisch am Werke für das Streben der Wissenschaft sind – wenn Sie sich nicht zusammen mit Frau Schönbein und den Kindern in der reinen und harmonischen Schönheit der Natur erfreuen –, anstatt mitten in der Menge von schwarzer Leidenschaft und Motiven zu kämpfen, die heute jedermann zum Handeln treiben. Was für unglaubliche Szenen überall, was für wertlose Motive regieren den Augenblick, mit welchen hochtrabenden Phrasen, und zuletzt: Was für eine widerliche Revolution.

Faraday war nur in seiner Wissenschaft ein Revolutionär, in seinem Leben, bedingt durch seine tiefe Religiosität, war er ein Evolutionär. Gewalt war für ihn kein Mittel zur Durchsetzung von Ideen. So gab es auch keinen Hinweis in seinen Briefen und Aufzeichnungen, wie er das Massaker von Peterloo in Manchester im August 1830 beurteilte, dem ersten großen Arbeiteraufstand gegen die Unterdrückung. Ebensowenig erwähnte er die Hängung des Anführers Thistewood und fünf seiner Kameraden am 1. Mai 1820. Die Beschäftigung mit der Tagespolitik war nicht Faradays Sache, wie auch aus späteren Äußerungen immer wieder deutlich wurde.

Die Beschreibung der Ergebnisse der magnetischen Untersuchungen wurde immer schwieriger, obwohl die experimentelle Anordnung an sich sehr einfach war. Zwischen den Polen eines starken Elektromagneten hing an einem langen Faden die eigentliche Probe. Beobachtet wurde beim Einschalten die Bewegung der Probe im Magnetfeld und ihre Einstellung, wenn ihre geometrische Ausdehnung in einer Achse größer war als in der anderen. Das Stäbchen konnte sich dann quer oder längs zu den Polen ausrichten. Nun gab es Substanzen, wie z. B. das Wismut, dessen Kristalle in den verschiedenen Richtungen verschiedenes Verhalten zeigten. Faraday und Plücker machten mit solchen Proben Versuche, und anfänglich glaubte Faraday, etwas anderes gefunden zu haben als Plücker, bis ihm klar wurde, daß die Unterschiede in der Beschreibung der Ergebnisse lagen.

Die Polarität des Diamagnetismus wurde für Faraday zu einer wichtigen Frage, denn Plücker hatte behauptet, daß ein Stückchen Wismut, in das Magnetfeld eingebracht, selbst magnetische Polarität zeigen würde. Auch zwei andere deutsche Physiker, Ferdinand Reich aus Freiberg und Wilhelm Weber in Göttingen, beschäftigten sich mit dem Diamagnetismus und kamen zu ähnlichen Anschauungen wie Plücker. Faraday wandte nun 1849 sein ganzes experimentelles Geschick und seine Erfindungsgabe im Konstruieren von Geräten auf, um einwandfrei einen physikalischen Effekt messen zu können und diese Frage zu klären. Seine Arbeitshypothese war, daß, wenn die Polarität existierte, sie dann an Partikel gebunden sein und für einige Zeit – vielleicht eine recht kurze Zeit – fortbestehen müßte. So bewegte er in seiner Apparatur die zu untersuchende Probe in eine kleine Spule, an die ein Galvanometer über Schalter angeschlossen war. Würde sie magnetisch sein, so müßte aufgrund seines Induktionsgesetzes bei der Bewegung ein Strom in der Probespule induziert werden. Unmittelbar hinter der Probespule war der Pol eines sehr kräftigen Elektromagneten angebracht, der das die Probe erregende Magnetfeld erzeugte. Durch die sinnreiche Schalterkonstruktion konnte Faraday den Zeitpunkt der Messung der induzierten Spannung genau einstellen. Alle Fehlerquellen schaltete er sorgfältig aus, und es gelang ihm am Ende der langen Versuchsreihe, die Hypothese von der Polarität der diamagnetischen Stoffe experimentell zu widerlegen.

Am 1. Januar 1850 hatte er die Arbeit zusammengeschrieben, doch sie wurde in zwei Abteilungen erst am 7. und 14. März in der Royal Society vorgetragen. Es wurde die 23. Serie der experimentellen Untersuchungen zur Elektrizität.

Eine weitere große Untersuchung über den atmosphärischen Magnetismus folgte noch im selben Jahr. Wiederholt hatten verschiedene Naturphilosophen versucht, die Entstehung des Magnetfeldes der Erde zu erklären, und fast jede neue Entdeckung, sei es die Induktion oder die Thermoelektrizität, wurde sogleich auf das Problem angewandt. Nachdem Faraday beobachtet hatte, daß die Bestandteile der Luft, Sauerstoff und Stickstoff, durch das magnetische Feld beeinflußt wurden, war es für ihn reizvoll, das mit dem Magnetfeld der Erde und den meteorologischen Erscheinungen in Verbindung zu bringen, zumal er bei einem Nordlicht die starke Wirkung auf eine Magnetnadel beobachtet hatte. Für eine sehr ausführliche Veröffentlichung mit vielen Tabellen und entsprechenden Werten für die magnetische Ablenkung wurden an verschiedenen Orten der Erde an bestimmten Tagen Beobachtungen gemacht. So interessant der Beitrag war, er löste auch nicht das Problem des Ursprungs der Winde.

Faraday schrieb die Arbeit im Ferienaufenthalt in Upper Norwood, nahe von London, wo das Ehepaar ein Häuschen gemietet und Faraday ein kleines Zimmer zum Schreiben hatte.

Nach dem Schreiben wandere ich hinaus in den Abend, Hand in Hand mit meiner lieben Frau, um mich am Sonnenuntergang zu erfreuen, für mich, der ich die Landschaft liebe, von allem, was ich gesehen habe oder sehen kann, geht nichts über den Anblick des Himmels.

Das Ehepaar sammelte auf den Spaziergängen Blumen für ein Herbarium. Mit späteren Ergänzungen von anderen Reisen und sorgfältiger Beschriftung der englischen und lateinischen Bezeichnungen der Pflanzen wurde es einer Nichte geschenkt.

So wie der Wanderer im Gebirge von Gipfel zu Gipfel steigt und immer schönere Ausblicke genießt, wenn die Sicht klar ist, und er sich hingezogen fühlt, die allerhöchste Spitze zu erreichen, um alles übersehen zu können, so fühlte auch Faraday im März 1849 den Wunsch, die Einheit der in der Natur wirkenden Kräfte zu verstehen. Der Gipfel, auf dem er zu stehen kommen mußte, so glaubte er, war das Verständnis der Gravitation. Dem Tagebuch vertraute er seine spekulativen Gedanken an. Ein paar Experimente wurden gemacht, doch führten sie nicht zu den erhofften Erkenntnissen: er konnte keinen Zusammenhang der Kräfte erkennen. Ein Jahrzehnt später nahm er sich noch einmal mit aller Energie und Experimentierfreude des Problems an.

Die Weltausstellung (1851)

Das Jahr 1851 war für die Bewohner Londons ereignisreich. Vom 1. Mai bis zum 11. Oktober fand „Die große Ausstellung der Werke der Industrie aller Nationen 1851“ statt. Es war die erste Weltausstellung, und sie verdiente diesen Titel wirklich.

England war seit Jahrzehnten von schwachen Königen regiert worden. George III. war in den letzten zehn Jahren seiner Regentschaft geistig umnachtet, und als er 1820 starb, übernahm sein Sohn die Regentschaft als George IV. Zwar förderte er die Künstler, und die Bautätigkeit in London nahm erheblich zu – so wurde Buckingham Palace in seiner heutigen Form gebaut und das Schloß Windsor restauriert –, aber sein Lebenswandel und sein Dandytum machten ihn unbeliebt. Nach seinem Tod, 1830, übernahm sein Bruder als Eduard IV. den Thron, doch auch da brachen keine glücklichen Zeiten für die Innenpolitik Englands an.

Alle Hoffnungen setzte man nun auf die achtzehnjährige Victoria Alexandrine, das einzige Kind des vierten Sohnes von George III. und der Prinzessin Louise Victoria von Sachsen-Coburg. Es war ein hübsches junges Mädchen mit einem runden Gesicht, das eine hervorragende Erziehung erhalten hatte. Sie konnte etwas zeichnen und musizieren, war in der Literatur belesen, konnte reiten und hatte Freude am gesellschaftlichen Leben. Was niemand erwartet hatte, trat ein. Sie drückte einem ganzen Zeitalter ihren Stempel auf: dem Viktorianische Zeitalter. Ganz allein hätte sie dies wohl nicht vollbracht, aber es fügte sich, daß sie bereits ein Jahr vor ihrer Thronbesteigung einen gleichaltrigen, hübschen jungen Mann, Albert, Herzog von Sachsen-Coburg, kennengelernt hatte. Albert ging noch einmal nach Deutschland zurück, um in Bonn Philosophie, Geschichte und Staatswissenschaften zu studieren. Zusammen mit seinem Bruder veröffentlichte er einen Band Gedichte zugunsten der Armen. Mit zwanzig wurde er für mündig erklärt und reiste im Oktober 1839 nach London. Bereits am 23. November kündigte Victoria in einer Sitzung des Staatsrates ihren Entschluß an, sich mit Albert zu vermählen. Die prunkvolle Hochzeit am 10. Februar 1840 löste aber nicht alle Probleme des deutschen Prinzen in England. Die Presse war sehr gegen den Prinzgemahl eingestellt, weil man eine Mitregierung durch ihn befürchtete. Doch er war viel zu klug und taktvoll, um in der Öffentlichkeit auch nur den leisesten Anschein eines Regierenden zu erwecken. Nach und nach wandte er sich der Förderung der Künste und auch den sozialen Fragen zu. Er übernahm das Patronat für die Royal Institution of Great Britain und war mehr als ein gelegentlicher Zuhörer der dort gehaltenen Vorträge. Die Öffentlichkeit und die Politiker begannen ihn immer mehr zu schätzen. So wurde er 1846 Kanzler der Universität Cambridge. Königin Victoria, die sehr stolz auf ihren Mann war, hoffte auf eine Gelegenheit, bei der der Prinzgemahl seine Fähigkeiten als Organisator beweisen könne. So war sie begeistert, als er 1849 auf die Idee kam, in London eine Weltausstellung zu veranstalten.

Der Beginn war wenig verheißungsvoll, denn von verschiedenen Seiten wurde das ganze Projekt abgelehnt. Doch Albert war ein guter Verhandlungstaktiker, und es gelang ihm, alle Widerstände nach und nach zu überwinden, und man entschloß sich, einen Teil des Hyde-Parks für den Bau eines großen Ausstellungspalastes freizugeben.

Mit sicherem Instinkt hatte Albert die wissenschaftlichen Interessen eines breiten Teils der Bevölkerung erkannt. Der Erfolg der Royal Institution hatte schon in den 30er Jahren zu Konkurrenzorganisationen geführt. So war 1832 die Galerie der praktischen Wissenschaften, später als *Adelaide Gallery* bekannt, eröffnet worden. Sie lag in einer der Hauptstraßen der Stadt, dem Strand, und bot den Besuchern allerlei Maschinen und wissenschaftliches Gerät zum Studieren und Bewundern an. Das Konkurrenzunternehmen dazu war die *Royal Gallery of Arts and Science*, die später in *Polytechnic Institution* umbenannt wurde. Sie wurde 1838 in der Regent Street eröffnet. Der Eintritt kostete einen Shilling. Es gab Vortragsräume, eine Menge Maschinen waren zu sehen sowie die Nachbildung eines Kanals mit Schleusen und Wasserrädern und, als besondere Attraktion, eine große Taucherglocke, mit der sechs Besucher gleichzeitig das aufregende Erlebnis, unter Wasser zu sein, erleben konnten. Es erschienen damals auch zwei populärwissenschaftliche Zeitschriften, der *Mirror* und das *Penny Magazine*.

Die Weltausstellung sollte nun in viel größerem Maße die neuesten Entwicklungen auf dem Gebiet der Industrie, aber auch der Kunst, demonstrieren.

In einem Architektenwettbewerb für den Ausstellungspalast gewann Sir Joseph Paxton, der bereits Erfahrungen im Bau von großen Gewächshäusern hatte, den ersten Preis. Der *Punch* kritisierte diese Entscheidung und belegte das zu bauende Gebäude mit dem Spottnamen „Kristallpalast", was ihm später als Werbung nur zu dienlich war. Die Länge des gigantischen Baus betrug 564 m, was etwa 1851 englischen Fuß, der Jahreszahl der Eröffnung, entsprach. Paxton konzipierte eine fünfschiffige Anlage. Das Mittelschiff war über 20 m hoch, die Seitenschiffe waren beide etwas niedriger. Das Ganze wurde durch ein rund überwölbtes Querschiff zusammengehalten. Dadurch konnte man ein paar Bäume, die schon auf dem Gelände standen, mit in die Ausstellung einbeziehen. Alle tragenden Elemente waren vorgefertigt, und die 3230 Säulen waren aus Gußeisen. Sie wurden in Betonfundamente eingesetzt, dem damals modernsten Baustoff. Zur Eindeckung des gesamten Gebäudes mit Glas wurden

28. Prinzgemahl Albert, Herzog von Sachsen-Coburg

über 83000 Quadratmeter verbraucht. Der umbaute Raum war siebenmal so groß wie der von St. Paul's Cathedral. Fast 14000 Aussteller, etwas mehr als die Hälfte aus England selbst, der Rest aus allen möglichen Ländern der Welt, zeigten über 100000 Ausstellungsstücke. Die einzelnen Länder hatten eigene Abteilungen, in denen sie besonders schöne oder wichtige Erzeugnisse ihres Landes ausstellten. Daneben gab es Übersichten über ganze Industriezweige. Für die verschiedenen Erzeugnisse war jeweils eine Jury eingesetzt, und zu einer davon gehörte auch Faraday.

Die Eröffnung war auf den 1. Mai angesetzt, ein Tag mit schlimmer Erinnerung, und man befürchtete Unruhen, aber nichts geschah. Königin Victoria führte sorgfältig Tagebuch und beschrieb ausführlich die glanzvolle Eröffnung. Freude, Stolz und Dankbarkeit mischten sich in ihrem Bericht.

Die englischen Volkswirtschaftler, die den Freihandel propagiert hatten, fühlten sich bestätigt, als sie die Rede des Prinzgemahls zur Eröffnung hörten:

Erzeugnisse aus allen Teilen unserer Erde stehen uns zur Verfügung, und wir brauchen nur die zu wählen, die für uns am besten und billigsten sind. Konkurrenzkampf und Kapital geben den Anreiz zur Produktion, und so nähert sich der Mensch einer immer größeren Erfüllung großer geheiligter Aufgaben, die er in dieser Welt zu erfüllen hat. Ich hoffe vertrauensvoll, daß der erste Eindruck, den die große Ausstellung auf die Besucher machen wird, bei ihnen ein Gefühl der tiefen Dankbarkeit gegenüber dem Allmächtigen hervorrufen wird, für den Segen, den er uns schon auf Erden angedeihen läßt.

Aber so positiv sahen nicht alle das Ereignis. Charles Babbage schrieb ein kritisches Buch zur Weltausstellung, von dem er wahrscheinlich ein Exemplar der Royal Institution gab. Faraday antwortete ihm am 3. Juni 1851:

Ich habe es angefangen zu lesen. Ich wage zu sagen, hätte ich es gesehen, bevor es in Druck ging, so wäre ich unter denen gewesen, die versucht hätten, Sie von der Herausgabe abzuhalten. Die Tatsache ist, ich bin bekümmert, daß Ihr kraftvoller Geist immer wieder Grund dazu findet, sich solchen Gegenständen zuzuwenden und fern von seiner hohen Begabung und angemessenen Beschäftigung ist. Noch weiß ich, daß wir nicht die Rückschläge und Mißtöne einer schlimmen Welt vermeiden können, und daß zu Zeiten, wo wir von unserem Hauptkurs abgetrieben werden, sehr unwerte Dinge unter unseren Füßen sind.

Faraday lehnte, wie aus anderen Zeugnissen hervorgeht, die Ausstellung als Ganzes ab. Aber seine ökonomische Methode, die Gedanken nicht vom Hauptkurs abtreiben zu lassen und immer zwischen Wichtigem und Unwichtigem entscheiden zu können, verhinderten jedes Engagement für zeitkritische Fragestellungen und deren Antworten.

Ob Faraday sich die Ausstellung ansah, ist ungeklärt. Der Vorsitzende der Jury für die Klasse 10, die philosophischen-wissenschaftlichen Instrumente, war David Brewster, daneben gehörten der Jury vier weitere englische Wissenschaftler an sowie von jedem teilnehmenden Land ein Mitglied. Im Zentrum der Ausstellung von wissenschaftlichen Geräten standen die photographischen Apparate und die mit ihnen gemachten Bilder sowie die Telegraphen. Über die Entwicklung dieser beiden neuen Ergebnisse der Wissenschaft war Faraday selbst bestens informiert. Mehrmals hatte er in seinem Tagebuch Versuche mit lichtempfindlichen chemischen Substanzen vermerkt.

Über die praktische Seite war er sicher ebensogut unterrichtet, denn am 15. Juni hatte Henry Fox Talbot in der Royal Institution während der Abwesenheit von Faraday, doch mit dessen Genehmigung, die ersten Aufnahmen mit elektrischem Blitzlicht von einer rotierenden Platte gemacht und festgestellt, daß er infolge des kurzen Lichtblitzes scharfe Bilder von dem an sich bewegten Bild erhielt. Und auch über die Entwicklung des elektrischen Telegraphen war Faraday informiert, denn da er in ständigem Kontakt mit Wheatstone stand, war er bereits Ende 1836 von dessen späteren Mitarbeiter, William Fothergill Cook, über die Erzeugung von Elektrizität mit Hilfe der Induktion gefragt worden, und Cook hatte ihm über seine Ideen bezüglich des Baus eines elektrischen Telegraphen Mitteilung gemacht. Wie Cook seiner Mutter berichtete, hatte Faraday es offenbar für wert befunden, die Sache auszuarbeiten, um über eine größere Entfernung Nachrichten senden zu können.

Daß er sich nach wie vor für den technologischen Fortschritt interessierte, beweist sein Freitagabend-Vortrag im Juni 1849 über „Die Briefumschlagmaschine". Er stellte seinen Zuhörern eine von Edwin Hill und Warren de la Rue erfundene Maschine vor, die 2700 Briefumschläge in der Stunde falten konnte. Eine solche Maschine in Betrieb wurde auf der Weltausstellung gezeigt. Viele Arbeiter und Arbeiterinnen, die sonst die Arbeit des Faltens hätten machen müssen, wurden durch sie arbeitslos. Faraday jedoch sah in der Erfindung einer solchen Maschine lediglich die Möglichkeit, die Menschen von stumpfsinniger Arbeit zu befreien und dadurch die Entwicklung des Geistes zu fördern.

Als die Ausstellung im Oktober schloß, konnten die Beteiligten zufrieden sein. Mehr als sechs Millionen Besucher waren gekommen, die Einnahmen hatten die Ausgaben reichlich überstiegen, und von den vielen prophezeiten Katastrophen, unter anderem, daß die Glasdächer brechen würden, war keine eingetreten. Die Royal Institution kaufte für Faradays Versuche einen großen Magneten aus dem Ausstellungsgut an.

Faraday macht die Entdeckung des Ozons durch Schönbein bekannt (1851)

Obwohl das Jahr 1851 für Faradays wissenschaftliche Arbeiten sicher nicht günstig war, da vermutlich viele Besucher versuchten, ihn persönlich zu sprechen, hielt er dennoch im Frühsommer sechs Vorlesungen über einige Punkte der elektrischen Philosophie sowie fünf Freitagabend-Vorträge. Einer davon, der letzte in der Serie vor der Sommerpause, war Schönbeins Ozon gewidmet. Er verhalf damit seinem Freund zur wissenschaftlichen Anerkennung in England.

Anders als Faraday, der über ein hervorragend ausgerüstetes Laboratorium verfügte und alle Chemikalien, die er wünschte, leicht erhielt, war sein Freund Schönbein in Basel nicht so günstig gestellt. Sein Laboratorium befand sich in seinem Wohnhaus, und er war schon glücklich, daß er eine kleine Voltasche Säule besaß. Zur Verbesserung seines schmalen Gehalts hielt er Ausschau nach einer technischen Anwendung seiner Untersuchungen. Ozon ist ein starkes Oxidationsmittel, das alle organischen Substanzen angreift. In diesem Zusammenhang untersuchte Schönbein auch andere Oxidationsmittel und behandelte Baumwolle mit einer Mischung aus konzentrierter Salpeter- und Schwefelsäure. Er erhielt eine weiße, fasrige Masse, die beim Entzünden explosionsartig abbrannte. Das Produkt wurde später „Schießbaumwolle" genannt. Schönbein versuchte, das Produkt in England kommerziell verwerten zu lassen, denn er fand in der Schweiz keine Interessenten dafür. Der wirtschaftliche Erfolg seiner England-Reise war zwar gering, da das Produkt nicht stabil genug war, um ohne Gefahr gelagert werden zu können, doch der Name des Erfinders war in aller Munde. In einem Brief aus jener Zeit gibt Faraday eine vortreffliche Charakterisierung seines Freundes ab, zugleich aber auch ein Zeugnis seiner Menschenkenntnis und Güte. Am 18. Dezember 1846 hatte er an Schönbein geschrieben:

Ich habe wirklich das Gefühl, daß ich zu wissen wünschte, ob Du noch im Fleische bist, oder ob Du auf und davon bist wie ein Stück von Deiner Schießbaumwolle. Ich kann jetzt nie von Deinem Namen hören, ausgenommen von solchen, die einen geschäftlichen Wert damit verbinden, entweder in dem einen oder dem anderen Weg; und niemand bringt Dich mit meinen Gedanken als ein ruhiger, lebhafter, philosophischer und manchmal sentimentaler Freund in Verbindung, an den ich so gerne denke. Dein Name ist nun der Name der Kraft – es war immer der Name für geistige Kraft –, aber nun ist er kraftvoll in großen Dingen dieser Welt – und es macht mich oft lächeln, wenn ich die Leute von Schönbein reden höre – ich meine den Schießbaumwollen-Schönbein, und zu denken, wie wenig sie über seinen wahren Geist wissen und seine freundlichen Wege.

Schönbein selbst war die Publicity ebenfalls bald zuviel, und er sehnte sich nach seinen wissenschaftlichen Arbeiten, die sich wiederum mit dem Ozon beschäftigten. In einem Brief vom 27. März 1850 schlug er Faraday vor, in einer Freitagabend-Vorlesung das Thema *Ozon* zu wählen. Faraday ging sofort auf diesen Vorschlag ein, doch andere Arbeiten und sein schwankender Gesundheitszustand erzwangen eine Verschiebung. Ende November fragte Faraday nach geeigneten Experimenten für einen Vortrag über Ozon an, die für ein Auditorium von 500 bis 600 Hörer geeignet seien.

Am Freitagabend, dem 13. Juni 1851, trug Faraday vor einem überfüllten Auditorium in der Royal Institution über das Ozon vor. Der Titel lautete: „Über Schönbeins Ozon“. Er hatte von Schönbein eine Liste mit zwanzig Experimenten erbeten, aber das erhaltene Manuskript für den Vortrag weist 33 Experimente auf, die er sicher vorher sorgfältig ausprobierte, doch nichts davon fand im Tagebuch seinen Niederschlag.

Obwohl er Schönbein gegenüber immer wieder in den Briefen betont hatte, wie schlecht sein Gedächtnis sei, wurde es eine glanzvolle Vorlesung. In einem Brief vom 1. August berichtete Faraday dem Freund, daß er dem geschäftigen Leben Londons entronnen sei und sich auf dem Lande erhole.

Der Ozon-Abend verlief wunderbar gut. Unser Auditorium war übervoll, und viele gingen weg, weil sie nicht in der Lage waren, über diesen höchst interessanten Körper etwas zu hören. Durch Deine Freundlichkeit war der Gegenstand voll Überfluß und sehr instruktiv, und die Experimente waren sehr erfolgreich. Der Gegenstand [das Ozon] wurde in die Welt Stück für Stück herausgelassen, so daß viele überrascht waren zu sehen, wie groß er geworden ist, wenn er als Ganzes präsentiert wurde. Jetzt muß mein Ganzes in eine möglichst perfekte Form gebracht werden, denn ich fand mich selbst gezwungen, meine Gedanken in jeder Richtung hin abzukürzen. Viele Berichte wurden von verschiedenen Seiten abgedruckt, und einige waren sehr unrichtig, denn sie hatten das aufgegriffen, was sie konnten. Die Sache erregte großes Interesse, und über das, was die Herde [er meinte seine Frau und die Nichte, evtl. auch andere Verwandte, die anwesend waren] sagt, habe ich keinen Grund beschämt zu sein, weder über den Gegenstand noch über mich selbst. Nun, lieber Schönbein, bin ich sehr müde.

Er erwähnt noch, daß er zwei Tage in Ipswich auf dem Treffen der Britischen Vereinigung zur Förderung der Wissenschaften war, und bemerkt, daß er Königinnenbälle und Pariser Feste etc. etc. etc. sehr willig und genötigt wäre, sie anderen zu überlassen.

Das Manuskript der Vorlesung von Faraday zeigt, mit welchem didaktischen Geschick er das schwierige Thema der Chemie meisterte. Auf nur einem Doppelblatt war alles zusammengefaßt. Auf der linken Seite sind durchnumeriert die Experimente angegeben, auf der rechten Seite einige kurze Stichworte zu ihrer Erklärung. Zuerst ging Faraday auf die Darstellung des Ozons mit Hilfe einer großen Elektrisiermaschine ein, dann durch die Elektrolyse, danach auf die Reaktion von Phosphor mit Wasser und Luft, die Ozon erzeugte. Daran anschließend wurden die Eigenschaften des Stoffes, seine Unlöslichkeit in Wasser, der Geruch, die oxidierenden Eigenschaften, die Wirkung auf Metalle und andere Stoffe beschrieben. Der nächste Abschnitt war den analytischen Reaktionen gewidmet. Diese Ausführungen wurden noch durch Experimente zum Zerfall des Ozons bei höheren Temperaturen und der Vorführung eines einfachen Meßgerätes für Ozon nach Schönbein ergänzt. Der nächste Abschnitt war den Reaktionen des Ozons mit verschiedenen Chemikalien gewidmet. Dann ging Faraday auf die Natur des Ozons und die Anwesenheit in der Atmosphäre und die Wirkung auf die menschliche Gesundheit ein. Zur Diskussion dieser Dinge wurde nochmals auf den Bleicheffekt anhand von Experimenten hingewiesen.

Faraday schrieb, wie es üblich war, für die *Proceedings of the Royal Institution of Great Britain* eine verkürzte Fassung des Vortrags. Auf knapp drei Druckseiten gab er mit großer Klarheit einen Abriß über die Entdeckung und die Eigenschaften des Ozons. Er ordnete das in den Jahren erarbeitete, vielfältige, sich oft widersprechende Material und führte es zurück auf das Wesentliche. Er machte deutlich, was gesichert war und was noch Spekulation. Mitten im Zug seiner eigenen Forschung unterbrach er mehrmals im Jahr für die Freitagabend-Vorlesungen nicht nur die eigene Arbeit, sondern auch das Nachdenken über die Probleme seiner Forschung. Und immer wieder verstand er es dann, die fremden Gedanken deutlich herauszuarbeiten und so mitzuteilen, daß seine Hörer ganz in den Bann der oftmals schwierig zu verstehenden Forschungen gezogen wurden.

Wie ein Schauspieler verstand er es, sein Auditorium zu fesseln; nicht nur mit den naturwissenschaftlichen Tatsachen, sondern auch durch seine Sprache und seine Begeisterung, durch die Kraft des Geistes Erkenntnisse zu erlangen.

Faraday hatte Schönbein aus dem Urlaub in Northumberland geschrieben. Dort hatte er sich jedoch nicht etwa der Ruhe und Erholung hingegeben, sondern sich wiederum intensiv mit wissenschaftlichen Fragen beschäftigt. Die langen Untersuchungsreihen über den Magnetismus, die Bewegung der kleinen Probekörper im magnetischen Feld, hatten mehr und mehr in ihm das Gefühl gestärkt, daß die durch Eisenfeilspäne sichtbar gemachten Figuren Kraftlinien darstellten. Doch das qualitative Bild genügte nicht mehr seiner wissenschaftlichen Anforderung. Er notierte in sein Tagebuch:

> Ein Apparat für Experimente über die Drehungen von Drähten um Magnete bezüglich der Bedingungen der Linien der Kraft um einen Magneten und die wesentlichsten Bedingungen, die notwendig sind, um elektrische Ströme zu erzeugen.

Wie immer wurde es eine einfache Apparatur, mit der er sich nun daranmachte, das Feld auszumessen. 1831 hatte er den Effekt der Induktion gefunden. Nun benutzte er diesen Effekt, um seine Feldvorstellung experimentell abzusichern. Bewegte er eine Drahtschleife im Feld eines Magneten, so wurde in ihr ein Strom induziert, den er mit dem Galvanometer leicht messen konnte.* Hatte ihm bei den elektrostatischen Untersuchungen ein kleiner Probeball zum Abtasten des elektrischen Feldes gedient und war ihm bei der Untersuchung des magnetischen Verhaltens dielektrischer Stoffe aufgefallen, daß diese Körper ebenfalls den Verlauf der Kraftlinien zwischen den Magnetpolen anzeigten, jedoch ohne eine meßbare Größe abzugeben, so war es ein folgerichtiger Schritt, alte bewährte Experimente nun für einen neuen Zweck zum Messen zu benutzen.

Bereits Ende Oktober 1851 konnte er die 28. Serie seiner Forschungen zur Elektrizität vorlegen, die den Titel trug: „Über die Linien der magnetischen Kraft; ihr definierter Charakter und ihre Verteilung innerhalb eines Magneten und durch den Raum". Ein Jahr zuvor hatten ihm die Experimente gezeigt, daß die magnetische Kraftwirkung sich auch durch den leeren Raum, das Vakuum, fortpflanzte. Darin sah er eine Verwandtschaft zu den Gravitationskräften und denen der statischen Elektrizität. Doch nun in der neuen Arbeit

* Eine Art der Messung mit einem Ballistischen Galvanometer.

mußte er bekennen, daß er genau wie bei der Gravitation nichts über die Art der Ausbreitung aussagen könne. Bei aller Schwierigkeit des Verständnisses seiner Vorstellungen mußten die Experimente dem Leser einleuchtend sein, und im § 3159 machte er noch einmal seine Stellung als Experimentalphysiker deutlich und meinte, daß das Experiment ihn leiten müsse – bei richtiger Interpretation direkt zur Wahrheit. Worauf es ihm ankam, war, daß seine Vorstellung von den Linien der Kraft besser geeignet wäre, den Zustand und die Erscheinungen zu erklären, als den Magnetismus als Zentrum von Kraftwirkungen zu verstehen.

Doch die Zeitgenossen folgten ihm nicht, wie Faraday aus den Briefen an ihn ersehen mußte. Für die nächste Serie wählte er

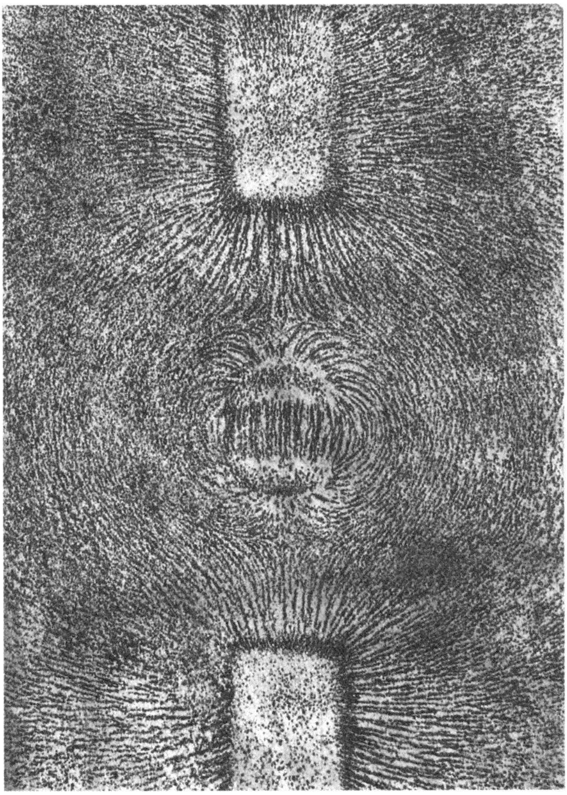

29. Feldlinienbilder zwischen zwei Magnetpolen von Faraday mit Eisenfeilspänen sichtbar gemacht. Das Original der Abbildung schickte Faraday an Justus von Liebig

deswegen auch einen noch eindeutigeren Titel: „Über die Verwendung des magnetoelektrischen Induktionsstroms zur Prüfung und zum Messen der magnetischen Kräfte". Mit aller Ausführlichkeit beschrieb er die verwendeten Leiterschleifen, ihre Bewegung im Feld von Magneten und im erdmagnetischen Feld. Er ging auf den Einfluß der Geschwindigkeit der Bewegung auf die Messungen ein. Zur Veranschaulichung seiner Vorstellungen fügte er der Veröffentlichung Feldlinienbilder bei, die er nach der üblichen Methode mit Eisenfeilspänen herstellte, aber zur Präparation mit einem selbstentwickelten Verfahren fixierte. Der Hauptbestandteil war eine Gummilösung, der er ein wenig rotes Kaliumblutlaugensalz zusetzte und etwas Weinsäure. Dadurch färbte sich das Papier etwas gelblich, was die Eisenfeilspäne besser sichtbar machte. Doch durch die Reaktion mit dem Eisen trat ein Farbumschlag in Preußisch-Blau ein. Solche von Faraday fixierten Feldlinienbilder der verschiedensten Anordnungen von Magneten, Elektromagneten und Ringen in Magnetfeldern zur Untersuchung der Abschirmung des magnetischen Feldes, haben sich bis heute erhalten.

So schwierig die Arbeit des Zusammenschreibens der Ergebnisse war, am Ende des Jahres 1851 ließ er Schönbein wissen:

Ich arbeite immerzu am Magnetismus, ob gut oder schlecht, vermag ich nicht zu sagen. Auf jeden Fall ist es zu meiner eigenen Befriedigung. Experimente sind herrliche Sachen, und ich schwelge wirklich, wenn ich sie ausführe. Außerdem geben sie einem ein solches Vertrauen, und wie ich vermute, halten ziemlich viele mich für ein wenig ketzerisch hinsichtlich der Magnete oder vielleicht auch für ziemlich phantastisch. Ich bin sehr froh, daß sie [durch Faradays Arbeiten] da auf mich zurückgreifen müssen.

Und wie in allen seinen Briefen an die Freunde vergaß er nie, wenn sie Familie hatten, die Ehefrau und die Kinder herzlich zu grüßen.

Die Kraftlinien
(1851)

Faraday hatte immer vor Spekulationen in der Wissenschaft gewarnt. Nun, auf der Höhe seines Erfolges, veröffentlichte er unter dem Titel „Über den physikalischen Charakter der Linien der Magnetkraft" im

Juni 1852 im *Philosophical Magazine* einen längeren Aufsatz. In der Einleitung gab er den Tenor seiner Ausführungen an.

Die folgende Arbeit enthält so viel Spekulatives und Hypothetisches, daß ich gedacht habe, daß sie mehr geeignet ist für die Seiten des Philosophischen Magazins als für solche in den Philosophical Transactions. Dennoch ist es verbunden mit und abgeleitet von den früheren Forschungen, so daß ich mit dem System und der Seriennummer der Paragraphen von dem vorigen [„Philosophical Transactions"] fortfahre.

Zuerst rechtfertigte Faraday seine Methode des Spekulierens als ein wertvolles Hilfsmittel in der Hand des Experimentalphysikers und Mathematikers. Er tat damit so, als wenn er sich zu einer der Gruppen der Experimentalphysiker zurechnen würde, doch war dies, im Rückblick gesehen, keineswegs berechtigt. Aus den wenigen Andeutungen in seinem Tagebuch und den noch geringeren Andeutungen in den Veröffentlichungen konnte es dem aufmerksamen Leser nicht verborgen geblieben sein, daß hinter der großen Freude am Experimentieren keineswegs der Wunsch stand, einen Effekt zu finden, nur um des Effektes willen, sondern ein nach allen Seiten hin offenes Handeln, um eine gedankliche Vorstellung physikalischer Vorgänge experimentell zu bestätigen. So war das, was Faraday nun vorlegte, das Ergebnis jahrzehntelangen Überlegens. Spätestens 1821, bei der Beobachtung der Versuche von Davy und Wollaston und seinen eigenen Experimenten, die zum gelungenen Rotationsversuch führten, entwickelte er zwar noch vage, aber dennoch für die weiteren Untersuchungen wertvolle Anschauungen über das elektrische und magnetische Feld, die ganz anders geartet waren als die seiner Zeitgenossen. Die von Faraday 1851 und 1852 veröffentlichten Gedanken bildeten die Grundlage, auf der James Clerk Maxwell, Hermann Helmholtz und Heinrich Hertz folgerichtig eine umfassende mathematische Theorie des elektromagnetischen Feldes einschließlich einer elektromagnetischen Theorie des Lichtes aufbauen konnten.

Faraday verwendete für seine Darstellung keine mathematischen Formeln, sondern die Sprache. Doch deswegen waren die Dinge nicht weniger logisch-abstrakt, und es ist bezeichnend, daß nur einige wenige seinen Gedanken zu folgen vermochten, und zwar nur die, die selbst genial genug waren und überdies die Ausdauer besaßen, das, was Faraday aufgrund seiner Experimente nun beschrieb, für ihre eigenen Vorstellungen zu adaptieren und weiterzuentwickeln.

Faraday ging bei seiner Beschreibung der Magnetkraftlinien zuerst auf die Gravitation ein und machte den Leser noch einmal mit den

Grundtatsachen vertraut. Es war eine Kraft, die über die Distanz wirkte. Sie wirkte gradlinig, sie konnte nicht abgelenkt oder beeinflußt werden, und, soweit man wisse, würde nichts den physikalischen Prozeß ihrer Ausbreitung durch irgendwelche Partikel behindern. Über die Ausbreitungsgeschwindigkeit der Gravitation könne man ebenfalls nichts aussagen.

Als nächstes referierte Faraday über die Strahlungsphänomene, die – ganz im Gegensatz zur Gravitation – beeinflußbar waren. Ihre Ausbreitungsgeschwindigkeit sei endlich. Nun ging er auf die elektrischen Kräfte ein. Er zog Bilanz aus früheren Untersuchungen. Obwohl er jetzt beim Paragraphen 3249 war, griff er zurück auf Paragraph 1215, ein Beweis dafür, daß er sein gesamtes wissenschaftliches Tagebuch auf alle in Frage kommenden Versuche noch einmal durchgearbeitet hatte. Faraday erinnerte den Leser an alle seine grundlegenden Versuche, so zur Influenz, wo der Vorgang Zeit benötigt, oder über die Feldlinienbilder mit den Eisenfeilspänen und an die Gleichheit der Erscheinungen bei elektrischen und magnetischen Feldern, wo immer beide Pole zusammenwirken müßten. Die eine Sorte von Elektrizität könne nicht ohne die andere existieren, ebenso wie beim Magneten, wo auch immer Nord- und Südpol aufträten und singuläre Magnetpole experimentell bislang nicht nachweisbar gewesen wären. Die Experimente mit Magneten in Luft und im Vakuum hätten ihm deutlich gemacht, daß die Magnetkraftlinien für ihre Existenz nicht an irgendein Medium gebunden waren. Er stritt nicht ab, daß es vielleicht die Schwingung eines hypothetischen Äthers oder ein Spannungszustand des Äthers in einem dynamischen Zustand sein könnten oder irgendein anderer Zustand. Aber das alles spräche nicht gegen die physikalische Existenz der Kraftlinien beim Magnetismus.

Daraufhin kam er noch einmal auf den von ihm 1831 postulierten Elektrotonic-Zustand zurück. Alle die Phänomene des bewegten Drahtes, wie er die Meßvorschrift für das magnetische Feld angegeben hatte, schienen ihm die physikalische Existenz einer Kraftsphäre um den Magneten herum deutlich zu machen. In den folgenden Kapiteln widmete er sich der Änderung des Feldes durch einen in das Feld eingebrachten Körper, so wie er es bei den paramagnetischen und den diamagnetischen Substanzen untersucht hatte.

Nachdem ich den Ausdruck Linie der magnetischen Kraft auf eine abstrakte Idee angewendet habe, die, so glaube ich, genau die Natur wiedergibt, Bedingung, Richtung und vergleichbaren Betrag der magnetischen Kraft, ohne Vergleich zu irgendeiner physikalischen Bedingung der Kraft, habe ich

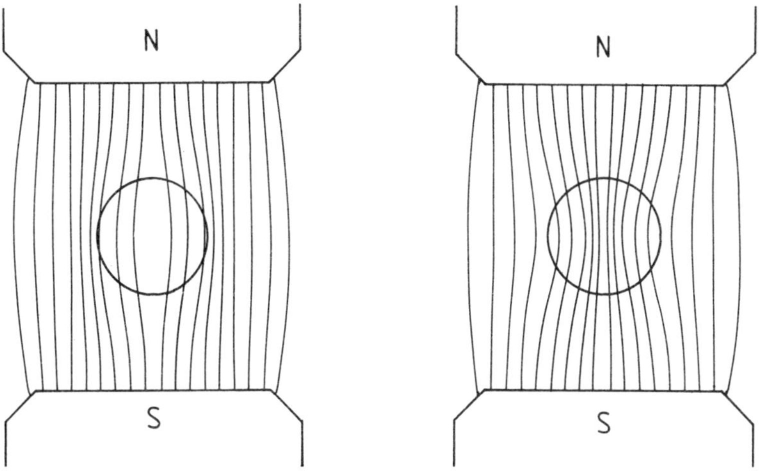

30. Feldlinienbilder nach Faraday von einem diamagnetischen (links) und einem paramagnetischen Stoff (rechts) in einem homogenen Magnetfeld

nun den Begriff physikalische Linie der Kraft angewendet, um die erweiterte Idee ihrer physikalischen Natur einzuschließen. Der erste Satz von Linien, behaupte ich, folgt aus der Aussage von einem strengen Experiment. Der zweite Satz von Linien, fordere ich, hauptsächlich mit dem Blick auf die Frage ihrer Existenz erwähnend, und, obwohl ich nicht den Einwand erheben sollte, es sei denn, ich dachte, beide sind bedeutend, und wahrscheinlich letzten Endes bejahend zu beantworten, habe ich die Meinung, mit einigem Zögern, gerade soviel, freilich, die ich beim Ziehen jeder Schlußfolgerung hinsichtlich der Punkte der größten Tiefe der Wissenschaft habe, zum Beispiel bezüglich ein oder zwei oder keine elektrische Flüssigkeit, oder die wahre Natur des Lichtstrahls, oder die Natur der Anziehung, sogar die der Gravitation oder die der allgemeinen Natur der Materie.

Mit dieser Veröffentlichung zog Faraday die Bilanz aus über dreißigjähriger Forschung und Nachdenkens. In den folgenden Jahren interpretierte er die Ergebnisse mehrmals in Freitagabend-Vorlesungen und fügte noch einige Untersuchungen über den Magnetismus hinzu; doch im wesentlichen waren damit seine Untersuchungen zur Elektrizität abgeschlossen.

Obwohl im 19. Jahrhundert immer mehr Naturerscheinungen mit Hilfe von wissenschaftlichen Untersuchungsmethoden aufgeklärt werden konnten, und die Physiologie und Psychologie der Sinne mit reproduzierbaren Methoden untersucht wurden, gab es gerade in England immer wieder Beschreibungen von Erscheinungen aus einem Zwischenreich, die allen physikalischen Gesetzen widersprachen. Geister erschienen und klopften in Häusern, öffneten oder schlossen Türen oder Kästen, und es gab genügend viel Menschen, die den rationalen Geist des Zeitalters ablehnten, teils aus innerer Einstellung, teils, weil es ihnen zu schwierig wurde, die Ergebnisse der Naturwissenschaft zu verstehen.

Der Ausbruch einer spiritistischen Epidemie geschah mitten im Revolutionsjahr 1848 in Amerika, in einem kleinen Ort im Staat New York. Eine Familie hatte ein kleines Haus bezogen, in dem es angeblich Geister gab, die sich durch Klopfzeichen bemerkbar machten. Eine Tochter der Familie behauptete, daß, wenn sie die Geister befragen würde, diese durch besondere Klopfzeichen antworteten. Anfänglich war das Ganze nur eine Angelegenheit von lokalem Interesse; als aber die Familie wegzog und mit den Möbeln die Geister mitnahm, wurde behauptet, daß, wenn mehrere Personen rings um einen Tisch säßen, die gespreizten Hände am Rand des Tisches fest auflegten und ihre Gedanken auf irgendeine verstorbene Person konzentrierten, dieser Tisch in Bewegung geriet. Durch geeignete Fragestellungen könnte man dann aus den Bewegungen die Antworten entnehmen. Dieses Tischrücken wurde in Europa 1853 bekannt und breitete sich epidemieartig auch in England aus.

Faraday, der sich noch immer mit dem Problem der Gravitation beschäftigte und der sich überhaupt für alle Erscheinungen interessierte, nahm an einer solchen Sitzung teil, und bei seiner Berühmtheit wurde das Ganze natürlich sofort kolportiert. Seiner Beobachtungsgabe war natürlich nicht entgangen, wie der Effekt wirklich zustande kam: Durch die Haltung der Hände auf dem Tisch und die Reibung zwischen Hand und Tisch wurde unwillkürlich Druck ausgeübt, der zu einer Bewegung führen mußte. Um dem Unfug ein Ende zu bereiten und seine wissenschaftliche Reputation klarzustellen, schrieb er im Juni einen Leserbrief an die *Times*, wohl abgemessen und sachlich. Schönbein gegenüber hielt er sich freilich nicht zurück und schrieb ihm am 25. Juli:

> Ich war nicht bei der Arbeit, mit Ausnahme des Tischrückens über die Tischrücker, noch konnte ich das selber tun. Aber da so viele Auskünfte, Nachfragen sich auf mich ergossen, daß ich beschloß, die einströmende Flut zu stoppen, indem ich alle wissen ließ, was meine Gesichtspunkte und Gedanken dazu wären. Was für eine schwache, leichtgläubige, skeptische,

ungläubige, abergläubige, anmaßende, eingeschüchterte, was für eine lächerliche Welt ist die unsere, wenn man den Geist der Menschheit betrachtet. Wie ist sie voll Folgerichtigem, Widersprüchen, Absurditäten. Ich behaupte, wenn man den Mittelwert von vielen kürzlich mir gegenüber geäußerten Meinungen (und abgesehen von dem Geist, den Gott jedem gegeben hat), für einen Moment diesen Mittelwert als Standard akzeptiert, ich würde dem bei weitem den Gehorsam, die Zuneigung und den Instinkt eines Hundes vorziehen. Flüstere das jedoch keinem anderen zu.

Faraday als Pädagoge (1854)

Im darauffolgenden Jahr hatte Faraday noch einmal Gelegenheit, in der Öffentlichkeit zu dem Problem des Spiritismus und der wissenschaftlichen Forschung Stellung zu nehmen. Die Manager der Royal Institution beschlossen Anfang 1854 – vielleicht auf Anregung von Prinzgemahl Albert –, eine Vorlesungsreihe über die Erziehung und ihre „verschiedenen Aspekte" halten zu lassen. Im März korrespondierte Faraday mit Whewell, ob nicht bei einer solchen Reihe zum Anfang oder zum Ende ein allgemeiner Vortrag über die Natur und die Ideen über die Erziehung notwendig wäre. Für die sechs fachlich bezogenen Vorträge hatte Faraday schon mit den Vortragenden zusammen Themen ausgesucht. Es sollte die Bedeutung der Chemie, der Physik, der Physiologie, der Mathematik, der Volkswirtschaft sowie der Sprachen für die Ausbildung behandelt werden. Auf dieser Liste war Faraday als Vortragender noch nicht vorgesehen. Whewell antwortete ihm umgehend und stimmte zu, daß zu Beginn einer solchen Vorlesungsreihe ein zusammenfassender Vortrag stattfinden sollte. Whewell sprach als erster und wählte das Thema: „Über den Einfluß der Geschichte der Wissenschaften auf die intellektuelle Erziehung".

Als nächster sprach Faraday in Anwesenheit des Prinzgemahls Albert über das Thema „Beobachtungen zur geistigen Erziehung". Zunächst ging er auf die besondere Stellung des Menschen und seine Überlegenheit gegenüber den Kreaturen ein. Doch wäre es ihm, dem Menschen, dennoch nicht möglich, die Wahrheit über die Zukunft zu kennen, noch Gott zu erkennen.

Es würde an dieser Stelle nicht zulässig sein, tiefer auf diese Dinge einzugehen als Anspruch auf eine absolute Trennung von Religion und gewöhnlicher Überzeugung zu fordern.

Er führte aus, daß er nicht über die höchsten Dinge sprechen wolle, und fuhr fort:

Ja, sogar in irdischen Angelegenheiten glaube ich, daß die unsichtbaren Dinge Gottes aus der Schöpfung der Welt klar zu erkennen sind, sogar seine ewige Kraft und seine Gottheit; und ich habe niemals etwas Unvereinbares gesehen zwischen den Dingen der Menschheit, die von der Menschheit erfahren werden können durch den Geist des Menschengeschlechts, der ihm gegeben ist, und von solchen höheren Dingen, die seine Zukunft betreffen und die er nicht mit diesem Geist erfassen kann.

Nach dieser Einleitung und klaren Abgrenzung gegenüber der moralisch-religiösen Frage betonte Faraday als wichtigste Einschränkung für die Schulung der geistigen Kraft die Unzulänglichkeit des menschlichen Urteils; er glaube, so sagte er, daß die meisten unserer Fehler im Urteil durch den gänzlich unbewußten Zustand hervorgerufen würden und gab einige anschauliche Beispiele visueller Beobachtungen und des Urteils über das Beobachtete an. Doch nicht der Beobachtungssinn wäre getäuscht, sondern das Urteil über die an sich richtige Beobachtung. Für ihn als experimental arbeitenden Forscher war dies das Resultat sorgfältiger, immer selbstkritischer Prüfung. Dann ging er auf die Newtonschen Gesetze der Gravitation ein, die

... wie wir sie verstehen, die Grundlage unserer Kenntnis der Dinge der Natur sind... Von Tag zu Tag untersuchen und prüfen wir noch immer unsere Formulierungen für sie. Wir haben keinen Nutzen von ihrer Beibehaltung, wenn sie fehlerhaft sind, im Gegenteil, die größte Entdeckung, die ein Mensch machen kann, ist es, zu beweisen, daß eines dieser anerkannten Gesetze fehlerhaft war, und seine größte Ehre würde diese Entdeckung sein... Diese Gesetze sind zahlreich und mehr oder weniger umfassend.

Als Beispiel erinnerte er zuerst an die Wärmeausdehnung, die sich für alle Körper in Abhängigkeit von der Temperatur zeige. Doch das Verhalten des Wassers bilde eine Ausnahme, denn in einem bestimmten Temperaturbereich dehne es sich nicht aus. Dann kam er noch einmal auf das Newtonsche Gravitationsgesetz zurück und auf die Möglichkeit, aus der Bahnbeobachtung der Planeten auf die Existenz neuer Planeten zu schließen und deren Bahn zu berechnen. Im Gegensatz dazu griff er die „Tischrücker“ an, die sich in jeder Klasse der Gesellschaft fänden, und fragte:

Sollen wir uns selbst ausbilden in dem, was bekannt ist, und dann alles wegwerfen, was wir erworben haben, unsere Unwissenheit zu Hilfe nehmen, um uns mitten in das Unbekannte zu führen? Wenn wir es so tun, bilde einen Menschen im Schreiben aus, aber stelle jemanden an, der nicht vertraut ist, Buchstaben zu lesen, und lasse ihn das Geschriebene lesen, das wird schließlich genauso unbefriedigend sein, wenn auch nicht so ungerecht, über das Buch der Natur, was wir zu lesen haben, das von Gottes Hand geschrieben ist.

Indirekt forderte er die „Tischrücker" auf, nachvollziehbare Experimente anzustellen. Ja, er warf ihnen einen allgemeinen Mangel an geistiger Disziplin vor. Im weiteren Verlauf ging er auf die Nachteile solcher Disziplin und Selbstdisziplin ein, die offen für Korrekturen der Erkenntnis sei.

Ich will einfach meine starke Überzeugung ausdrücken, daß dieser Punkt der Selbsterziehung, in dem der Geist lernt, seinen Wünschen und Neigungen zu widerstehen, so lange, bis sie für richtig befunden wurden, der allerwichtigste ist, nicht nur in den Dingen der Wissenschaft, aber auf jedem Gebiet des Lebens.

Man müsse sich darüber im klaren sein, was möglich und was unmöglich sei. Der Mensch könne keine Energie erzeugen noch Materie, noch könne er sie vernichten. Faraday machte seine Zuhörer auch auf die Schwierigkeiten der Verständigung zweier Menschen über ihre Kenntnisse mittels der Sprache, insbesondere auf physikalischem Gebiet, aufmerksam. Damit griff er das alte Problem von Watts Anweisungen zum Selbstunterricht wieder auf, denn er hatte gerade in den letzten Jahren bei der Entwicklung seiner Feldtheorie die Stärke und Schwäche der Aussagekraft der Sprache wiederholt gespürt. Gegen Ende seines Vortrags kam er noch einmal auf die Bedeutung des Urteils zurück und führte dazu sowohl seine eigenen als auch fremde Ergebnisse an, die richtig erschienen und doch fehlerhaft gewesen waren. Er verteidigte den ersten Irrtum in der Beurteilung, denn nur Geduld und Arbeit könnten zur Verbesserung der Ergebnisse beitragen. In einer poetischen Analogie ermahnte er seine Zuhörer:

Trägheit mag ihn [den Menschen] verlocken, die Selbsterziehung abzulehnen, und Erfahrung aus der Schulzeit und Ermüdung mögen die Ausflucht aus den notwendigen Übungen herbeiführen, aber sicher sollte ihm ein Gedanke an den Lohn genügen als Ansporn der Bemühungen. Für jenen, der über die vielen Stunden und Tage nachdenkt, die ein Liebhaber der süßen Laute widmet, um eine mittelmäßige Gewandtheit auf einem rein mechanischen Instrument zu erlangen, jenen sollte eine zurechtweisende Schamröte aufsteigen, wenn sie sich überführt fühlen, das wunderbare lebende Instrument zu vernachlässigen, in dem alle Kräfte des Geistes spielen.

Faraday erwähnte in diesem Zusammenhang keinen Lehrer, auch Davy nicht, den man benötigen würde, um sich geistig zu erziehen. Er erwähnte auch kein Buch oder irgendein anderes Hilfsmittel. Ihm genügte allein die eigene, selbstkritische Beobachtungsgabe, der Mut, den Irrtum einzusehen und anzuerkennen, und der in ihm wohnende Wunsch, die Kraft seines Geistes selber zu erziehen.

Nach Faraday trug Robert G. Lantham, ein Sprachgelehrter, über die Bedeutung des Studiums von Sprachen als ein Zweig der Erziehung für alle Klassen vor. Ihm folgte Charles C. B. Daubeny mit einem Vortrag: „Über die Bedeutung des Studiums der Chemie als ein Zweig der Erziehung für alle Klassen". John Tyndall wählte das gleiche Thema für die Physik; und James Paget, einer der bedeutendsten Chirurgen, sprach über die Bedeutung der Physiologie für die Erziehung. Den Abschluß bildete ein Vortrag von W. B. Hodgson, der über sein Fach – die Nationalökonomie und deren Bedeutung für die Erziehung aller Klassen – referierte.

Seit Beginn der 50er Jahre gehörte auch John Tyndall der Royal Institution an. Tyndall wurde 1820 in Irland geboren. Nach der Schule hatte er, wie Faraday, keinerlei weiteren wissenschaftlichen Unterricht erhalten. Im Selbststudium hatte er seine Kenntnisse erweitert; zehn Jahre lang war er in sehr verschiedenen Berufen tätig, bis er zusammen mit einem Freund England verließ und in Marburg zuerst Mathematik, dann Physik studierte. Er wandte sich magnetischen Untersuchungen zu und begann, mit Faraday zu korrespondieren. Zuerst war der Briefwechsel mehr formell, obwohl Faraday es begrüßte, daß sich ein weiterer Forscher des Problems annahm. Nach und nach entwickelte sich ein freundschaftliches Verhältnis, und als Tyndall wieder in England war, erhielt er durch Faradays Fürsprache Anfang 1853 erst eine Lektoren-, dann eine Professorenstelle an der Royal Institution. Ein großes Arbeitsgebiet Tyndalls galt der Untersuchung der Wärmestrahlung und ihrer Absorption.

In seinem Vortrag über die Erziehung des menschlichen Geistes hatte Faraday immer wieder das kritische Beobachten und Abwägen als wichtigstes Erziehungsmittel angeführt. Auch wenn es die Leser seiner letzten Veröffentlichung über die Kraftlinien vielleicht nicht so deutlich merkten, empfand Faraday die Unvollständigkeit seiner Arbeit über den Magnetismus. So setzte er Mitte des Jahres 1854 seine Versuche zu diesem Problem fort, indem er die „Leitfähigkeit" für den Magnetismus untersuchte. Am 8. September notierte er: *Magnetische Polarität. Vielleicht eine neue Arbeit über diesen Punkt.* Dazu wollte er ein Experiment aus einer vier Jahre zurückliegenden Reihe wieder aufnehmen und ausbauen. In den folgenden Versuchen ging es ihm unter anderem darum, einen magnetisch feldfreien Raum zu schaffen. Verschiedene metallene Hohlkörper wurden zwischen die Pole eines Magneten gebracht; im Inneren wurde dann mit der Magnetnadel sowie Eisenfeilspänen oder Wismut-Kristallen geprüft, ob die Magnetkraft von den Polen auf das Innere durchgreifen würde. Auch einen kubischen Raum, begrenzt durch vier, später sechs Nordpole von Stabmagneten, konzipierte Faraday. Am 13. September schrieb er:

> Titel für die erste Arbeit – vielleicht – oder am besten der Gegenstand: Über die magnetische Leitfähigkeit und die magnetischen Leiter.

Pläne für die Ausarbeitung der Gedanken wurden gemacht, und Arbeiten von anderen Forschern, so von Euler und Thomson, mit einem Wort im Tagebuch in Betracht gezogen. Im Februar 1855 veröffentlichte Faraday unter dem Titel „Magnetische Bemerkungen“ im *Philosophical Magazine* einen Teil seiner Überlegungen und beschrieb, nachdem er mit dem Faradayschen Käfig einen elektrisch feldfreien Raum geschaffen hatte, nun den dazu vergleichbaren magnetisch feldfreien Raum inmitten von sechs Magneten.

Faradays Gedanken werden durch Maxwell mathematisiert

Während Faraday mehr und mehr seine Arbeiten zur Elektrizität und dem Magnetismus zum Abschluß brachte, begann ein junger Schotte, James Clerk Maxwell, Faradays Ergebnisse möglichst vorurteilsfrei zu durchdenken. Maxwell wurde 1831 in Edinburgh geboren. Es war das Jahr, in dem Faraday die Induktion entdeckte, und Maxwell sollte der mathematisch gebildete Physiker sein, der aus allen Untersuchungen Faradays eine weiterführende Theorie entwickelte. Maxwells Vater war an technischen Dingen interessiert und freute sich, daß James sehr früh eine Begabung für diese Dinge zeigte. Die Jugend verlebte er auf dem Landsitz seines Vaters in Dumfriesshire. Als James acht Jahre alt war, starb seine Mutter, und sein Vater brachte

31. James Clerk Maxwell

den Zehnjährigen nach Edinburgh zu seiner verwitweten Schwester, die ihn in den folgenden Jahren betreute. In Edinburgh ging James zur Schule, wo sich seine frühe mathematische Begabung offenbarte, und mit 16 Jahren begann er sein Studium an der Universität Edinburgh. Sein Vater kam, sooft er konnte, nach Edinburgh und nahm ihn auf die Sitzungen der Edinburgh Royal Academy mit. Als Student las Maxwell George Booles Buch „Die mathematische Analyse der Logik". Maxwell immatrikulierte sich 1850 in Cambridge und kam bald an das Trinity College, wo Whewell Master of the College war. Das Hauptgebiet seiner Studien war die Mathematik, aber daneben hörte und beschäftigte er sich intensiv mit Philosophie, Moraltheologie und den Naturwissenschaften im allgemeinen. Nach dem Abschluß seiner Studien wurde er Fellow. Obwohl er bedeutende Lehrer hatte, war sein eigener Weg von keinem von ihnen direkt beeinflußt. Zuerst wandte er sich zwei großen Gebieten zu: dem Farbensehen, das von seinem schottischen Landsmann Brewster seiner Meinung nach falsch gedeutet worden war, und der Elektrizität einschließlich des Magnetismus. Er war mit Thomson befreundet und fragte diesen im Februar 1854 brieflich, was man zum Studium der Elektrizität wohl lesen solle. Thomson, der im ständigen Kontakt mit Faraday stand, empfahl ihm natürlich dessen Werke. In einer späteren Veröffentlichung bemerkte Maxwell dann, daß er, bevor er das Studium der Elektrizität begann, beschlossen hatte, nicht die Werke der Mathematiker Ampère und Poisson über diesen Gegenstand, sondern Faradays *Experimental Researches in Electricity* durchzulesen. Das tat er mit großer Gründlichkeit, so daß er Ende des Jahres 1855 seinen eigenen Standpunkt zu Faradays Arbeit über die Kraftlinien veröffentlichen konnte. Darin erkannte er ohne Einschränkungen an, daß er Faradays Sprache als eine Annäherung an die Mathematik betrachtete. Seine Arbeit konzentrierte sich vor allem darauf, diese verbale Beschreibung in eine streng mathematische umzusetzen, ohne, wie Ampère oder Poisson oder Wilhelm Weber, unzulässige theoretische Annahmen zu machen und die strenge Aussage der Experimente, anders als seine Vorgänger, immer zu berücksichtigen.

Der Versuch, eine mathematische Theorie zu schaffen, gelang auch deswegen, weil Maxwell ganz unvoreingenommen das gesamte von Faraday ausgebreitete Material las und berücksichtigte, also nicht nur die Induktion, sondern auch die Versuche über die Dielektrik und die Influenz sowie die nicht restlos geklärten Erscheinungen des Dia-, Para- und Ferromagnetismus. Er griff Faradays Idee des Elektrotonik-Zustands auf und konnte ihn ohne Schwierigkeiten in seine Theorie einführen. Das elektromagnetische Wirbelfeld, das bei dem Rotationsversuch von 1821 sich um den Draht in dem kleinen Quecksilbersee ausgebildet und den Magneten zur ständigen Rotation um den Draht geführt hatte, wurde nun von Maxwell nach und nach in eine abstrakte mathematische Form gebracht. Maxwell schickte die erste Arbeit „Über Faradays Linien der Kraft" an Faraday, der sich in einem Brief vom 25. März 1857 dafür bedankte.

Ich erhielt Ihre Arbeit und danke Ihnen sehr dafür. Ich sage nicht, ich wage es zu danken für das, was Sie über die Linien der Kraft gesagt haben, denn ich weiß, Sie haben es für das Interesse an der philosophischen Wahrheit getan. Aber Sie können sich vorstellen, daß es mir wohltat, und es gibt mir viel Ermutigung, weiter nachzudenken. Zuerst war ich beinahe erschreckt, als ich auf diesen Gegenstand soviel mathematische Kraft aufgewandt sah, und dann wunderte ich mich, wie die Sache so gut dastand.

Faraday legte seinem Antwortbrief noch seine neuste Arbeit über die Erhaltung der Kraft bei. Erst nach längerer Zeit kam Maxwell dazu, ihm ausführlich zu antworten. Obwohl der Abstand im Lebensalter der beiden Briefpartner 40 Jahre betrug, und Maxwell eine fundierte wissenschaftliche Ausbildung genossen hatte, während Faraday sich sein Wissen hatte selbst erarbeiten müssen, kam es doch zu einem fruchtbaren Austausch der wissenschaftlichen Meinungen.

Faradays Gewissenhaftigkeit ließ es nicht zu, bei den Untersuchungen der magnetischen Eigenschaften der verschiedenen Stoffe den Einfluß der Temperatur unberücksichtigt zu lassen, und so nahm er 1855 wieder die mühsame Arbeit auf, eine neue Apparatur zu entwerfen, in der er den Raum zwischen den Magnetpolen erwärmen oder kühlen konnte, und er untersuchte damit die verschiedenen Materialien in einem möglichst weiten Temperaturbereich, wobei er wieder und wieder die Reproduzierbarkeit der Ergebnisse prüfte, die aber keinen spektakulären Effekt aufwiesen.

Am 6. November konnte er Schönbein mitteilen, daß der dritte Band seiner gesammelten Ergebnisse über seine Untersuchungen zur Elektrizität erschienen sei und daß er ihm ein Exemplar schicken würde. Faraday hatte bereits 1839 die erste zusammenfassende Sammlung seiner Forschungen zur Elektrizität als Buch veröffentlicht. Dann folgte 1844 der zweite Teil. Sein Name war so bekannt, und die Ergebnisse waren für die Forscher so wichtig, daß gesammelte Ausgaben der Aufsätze für die Buchhändler sich offenbar lohnten.

In dem Brief an Schönbein ging er, wie so oft, auf die Beschwerden des Alters ein. Mehr und mehr fühlte er, daß er ein Mann von 64 Jahren war, aber seine Frau und er gingen ihren Weg gemeinsam, und ihr Glück käme von den gleichen Dingen, an denen sie sich gemeinsam erfreuten in Dankbarkeit an Gott. Dann bekannte er, daß die Arbeit über den Magnetismus ihm oft zuviel würde, und er sie für eine Weile beiseite liegen lassen wolle. Zu viele Pflichten hatte er immer noch zu erfüllen, Freitagabend-Vorlesungen zu halten, für genügend interessante Vorträge anderer zu sorgen, Besucher zu empfangen und die große Korrespondenz zu erledigen. Denn je mehr sich sein Ruhm in Europa ausbreitete, um so häufiger wurde er mit Anfragen belästigt, oder es wurden ihm wissenschaftliche Ergebnisse mitgeteilt, von denen die Schreiber annahmen, daß sie für ihn von höchstem Interesse wären. Es war nun vielfach die jüngere Generation, die sich um Rat an ihn wandte. Aber so sehr ihn auch die Wissenschaft interessierte, wenn es galt, seine Kenntnisse zum allgemeinen Wohl nützlich anzuwenden, so tat er es.

Faraday macht auf die Verschmutzung der Themse aufmerksam (1855)

Am 7. Juli 1855 schrieb Faraday an die *Times*, daß er an diesem Tage mit dem Dampfboot von London nach Hungerford gefahren sei und der Geruch und die Farbe des Wassers seine Aufmerksamkeit erregt hätten. Das Wasser war eine trübbraune Brühe mit einem widerlichen Geruch nach Fäkalien. Um die Trübung zu untersuchen, warf Faraday Pappschnippsel von einer Karte in das Wasser, und schon nachdem sie wenige Zentimeter tiefer gesunken waren, konnte er sie nicht mehr erkennen. Auf der ganzen Fahrt – er gab die verschiedenen Stationen an – war das Gleiche zu beobachten. Er war glücklich, als er wieder in den Straßen war, die mit Ausnahme der Gullyöffnungen, nicht so mit Gestank erfüllt waren. Er vertrat die Meinung, es sei seine Pflicht, diese Tatsache mitzuteilen und sie den Verantwortlichen zur Kenntnis zu bringen. Man dürfe nicht erlauben, daß die Themse zu einem Abflußkanal würde, und er warnte vor den Folgen. Der *Punch* griff die Sache auf und veröffentlichte ein Bild von Faraday, wie er dem Flußgott seine Karte übergab.

Mit dem Ausbau eines gemauerten Abwasserkanalsystems hatte man schon Anfang der vierziger Jahre begonnen, doch erst später wurden die großen Sammelkanäle an den Ufern der Themse angelegt, die die Abwässer auf Rieselfelder leiteten, die auf Justus von Liebigs Vorschlag hin landwirtschaftlich genutzt werden konnten.

In den Vorlesungen für die Jugend zum Jahresende wählte Faraday als Thema die gebräuchlichen Metalle. Der erste Vortrag fand am 27. Dezember statt. Der Prinzgemahl Albert erschien mit den beiden Söhnen, dem Prince of Wales, später König Eduard VII., und dem Prinzen Alfred, dem späteren Grafen von Edinburgh. Sie nahmen in der ersten Reihe genau gegenüber dem Vortragspult Platz. Faradays Nichte, Margaret Reid, die schon als Kind 1826 zu dem Ehepaar Faraday gekommen war, nahm, wie auch Frau Faraday, immer an all diesen Vorlesungen teil. Freilich nicht im Parkett, sondern auf der Galerie, denn das Parkett war nur für Mitglieder bestimmt, und Frau

32. Karikatur im Punch: Faraday übergibt dem Flußgott der Themse seine Karte

Faraday war nicht durch ihren Mann automatisch Mitglied der Royal Institution. Faraday liebte diese Vorlesungen vor jugendlichen Hörern ganz besonders. Er fragte seine Nichte nach den Vorlesungen immer, ob sie alles verstanden hätte. Indem er nach den ersten Vorträgen gelegentlich auf bereits Gehörtes zurückkam, bemühte er sich, den Lerneffekt zu vertiefen. Alle Versuche waren so einfach wie möglich gestaltet, und es fiel ihm leicht, bei seiner eigenen Unbefangenheit und Freude am Experimentieren, aber auch am Vortragen, Kontakt zu seinen jugendlichen Zuhörern zu bekommen, zumal er nicht auf Späße verzichtete. Nach dem Abschluß der Vorlesungsreihe

33. Faraday bei einer Weihnachtsvorlesung für die Jugend. Rechts hinter Faraday steht Anderson. In der Mitte des Auditoriums sitzt der Prinzgemahl Albert mit den beiden Söhnen. Aus: The Illustrated London News vom 16.2.1856, nach einem Gemälde von Alexander Blaikley

Mitte Januar dankten die beiden Prinzen mit schön geschriebenen Briefen für die Unterweisung auf dem Gebiet der Chemie.

Der *Punch* griff auch dieses Ereignis auf und fragte in einem kleinen Aufsatz, nachdem er sich ein wenig über den Prinzgemahl mokierte, der sehr gesammelt und ohne sich zu rühren den Vortrag angehört hatte: *Wo waren alle die großen Männer und Staatsmänner, die Mitglieder des Parlaments und alle die, die vorgeben, die Welt zu führen?*

Die Untersuchung von Blattgold (1856)

Im nächsten Jahr, 1856, wurde der Magnetismus endgültig beiseite gelegt. Faraday hatte noch eine kleine wissenschaftliche Kontroverse mit dem Berliner Physiker Peter Reiss, der Faradays Messungen zur Influenz bezweifelte und den Unterschied der Dielektrizitätskonstanten für verschiedene Stoffe leugnete. Dann wandte sich Faraday einem, wie er später an Schönbein schrieb, einfacheren Untersuchungsobjekt zu. Er griff fast vierzig Jahre alte Beobachtungen über die Wechselwirkung von Licht mit Blattgold auf. Da sein eigenes Mikroskop keine genügend hohe Auflösung hatte, ging er zu Warren de la Rue, und sie stellten gemeinsam ihre Untersuchungen an. Zur Prüfung der Auflösungskraft bei der höchsten Vergrößerung benutzten sie ein geritztes Glasgitter, das der in Pommern ansässige Nobert hergestellt hatte. Sie untersuchten das durchscheinende Licht auch mit dem Polarisator, fanden aber keinen Effekt. Schon gab es kein Halten mehr. Die Spekulationen und die Zahl der Versuche nahmen wieder überhand. De la Rue gab ihm eine Lösung, mit der man auf Glasplatten ganz dünne Goldfilme herstellen konnte. Die mikroskopische Untersuchung ergab perfekte, kontinuierliche Filme ohne Löcher.

Nun überlegte Faraday, ob man nicht die elektrische Leitfähigkeit solcher Schichten untersuchen sollte oder auch keilförmige Schichten herstellen könnte, um zu prüfen, ob die Schwingungszahl des Lichts beim Durchgang verändert würde. Bald war er in grundlegende Überlegungen verwickelt. Wie ist die Situation des reflektierten Lichts und wie die des durchgegangenen Lichts, das je nach Dicke seine Farbe ändert? Noch immer war das Problem des Aufbaus der Materie für Faraday völlig ungeklärt. 1844 hatte er über die Spekulationen im Zusammenhang mit elektrischer Leitfähigkeit und der Natur der Materie einen Aufsatz veröffentlicht und daraufhin einen Brief von einem Arzt, Joseph Henry Green, erhalten, in dem dieser die alte Kardinalfrage nach der Realität des gedanklich konzipierten Atommodells von Pater Boscovich stellte, das eine Art dynamisches Kräftespiel von Anziehung und Abstoßung im Atom annahm, doch nichts über den Raum selbst aussagte. Faraday hatte in einem langen Brief an Richard Phillips aus dem Jahre 1846 ganz allgemein seine Vorstellungen zum Atom als Zentrum von Kraft diskutiert sowie die Ausbreitungsgeschwindigkeit von Licht und Elektrizität, wie sie Wheatstone bei seinen Experimenten gefunden hatte. Er hatte den Äther ins Spiel gebracht und auch die Gravitation und bekannt, daß Boscovichs Theorie seinen Spekulationen entgegenkäme. Wurde das mit einem Male bei den Golduntersuchungen aktuell? Zuerst galt es einmal, genügend viele, gleichmäßige, aber verschieden dicke Filme herzustellen. Der Chemiker Faraday machte sich an die Arbeit. Die verschiedensten kolloidalen Goldlösungen wurden hergestellt, ein Spiegelmacher besucht, und nach nicht ganz drei Monaten hatte er schon über 400 Proben. Untersuchungen mit polarisiertem Licht, elektrische Durchschlagsversuche an Goldfilmen und die Herstellung von Platin und Palladium-Filmen nahmen seine Zeit bis in den Sommer in Anspruch. Im Herbst experimentierte er mit Goldfolien, die er mit polarisiertem Licht durchstrahlte und dem magnetischen Feld aussetzte. Tyndall half ihm beim Beobachten. Die Resultate gaben kein einwandfreies Bild, und weitere Filme wurden hergestellt.

Faraday selber war mit der Arbeit nicht zufrieden, denn am 15. Oktober schrieb er an Schönbein unter anderem:

> Ich war den ganzen Sommer über mit Gold beschäftigt. Ich fühlte mich nicht stark genug im Kopf für gewichtigere Sachen. Die Arbeit ist von der Sorte von dem Berg und der Maus; und wenn ich es irgendeinmal publiziere, und es kommt Dir zu Gesicht, wage ich zu sagen: Du wirst auch so denken: – Die Transparenz von Gold – seine Teilung – seine Wirkung auf Licht. etc. etc.

Es war nur zu selbstverständlich, daß Faradays hohes Ansehen, seine große Fähigkeit, die eigene wissenschaftliche Arbeit zu organisieren, und seine sachliche und aufrechte Haltung in wissenschaftlichen Streitfragen dazu führten, daß sowohl die Manager der Royal Institution als auch die Mitglieder der Royal Society ihn gern an ihrer

Spitze gesehen hätten. Als 1857 ein neuer Präsident für die Royal Society gesucht werden mußte, ging eine Delegation zu Faraday, um ihn zu bitten, die Präsidentschaft anzunehmen. Doch was viele ältere Wissenschaftler am Ende ihrer Karriere nur allzu gerne taten, nämlich sich auf einen mehr administrativen Posten zurückzuziehen, das reizte Faraday gar nicht. Er lehnte diese Art Ehrung wie auch alle anderen, ähnlichen ab. Ihn erfreute die gelungene Arbeit und der Beifall der anderen Wissenschaftler. So wird ihn auch der Brief von Maxwell vom 9. November 1857 erfreut haben – trotz der darin enthaltenen Kritik. Es war die Antwort auf zwei Arbeiten über Licht und Gold sowie über die Erhaltung der Kraft, die Faraday ihm geschickt hatte.

Maxwell gehörte bereits jener Generation von Physikern an, die den Begriff „Energie" deutlich von Kraft unterschieden, und er bemühte sich in diesem Brief, Faraday seine Auffassung zu verdeutlichen. Dann führte er aus, daß Faraday seiner Meinung nach der erste gewesen sei, der die Idee der Fernwirkung mit der Veränderung des zwischen den Körpern liegenden Raumes verbunden habe, und daß Faraday das große Mysterium sehe, das in der Frage liege, wie sich die Körper zum Beispiel bei der Gravitation anzögen. Ausführlicher ging er auf die Kraftlinien Faradays ein, um gegen das Ende hin die Meinung zu vertreten, daß Faradays Methode auch auf die Gravitation anwendbar sei.

Faraday antwortete wenige Tage später und entschuldigte sich quasi für seinen ungenauen Ausdruck „Kraft". Im vorletzten Absatz seines Briefes ging er auf die Mathematisierung ein:

Da ist noch eine Sache, die ich Sie gerne fragen würde: Wenn ein Mathematiker sich mit der Untersuchung einer physikalischen Wirkung beschäftigt, und die Ergebnisse haben seine eigenen Schlußfolgerungen erreicht, können sie nicht in der normalen Sprache vollständig ausgedrückt werden, klar und definiert wie in einer mathematischen Formel. Wenn dies so ist, würde es nicht ein großer Segen sein, für solche wie wir sie so auszudrücken – übersetzt aus Ihren Hieroglyphen, damit wir über sie mit dem Experiment arbeiten können. Ich denke, es muß so sein, denn ich habe immer gefunden, daß Sie mir eine vollständig klare Idee von Ihren Schlußfolgerungen vermitteln konnten, die, obwohl sie mir kein volles Verständnis von den Stufen Ihres Denkprozesses geben; mir geben die Resultate präzis die Wahrheit und so klar in ihrem Charakter, daß ich mit ihnen denken und arbeiten kann.

Die Suche nach dem Zusammenhang von Elektrizität und Gravitation (1859)

Es dauerte noch über ein Jahr, bis sich Faraday dem Problem der Untersuchung der Gravitation wieder zuwenden konnte. Am 19. März 1849 hatte er seine ersten Spekulationen dem Tagebuch anvertraut. Er hatte sich gefragt, ob in der Gravitation die Antwort auf die zwei Sorten, positive und negative Elektrizität, läge. Nun dachte er über die verschiedenen möglichen Bewegungen von Körpern im Gravitationsfeld der Erde nach, um Elektrizität zu erzeugen. Bei den geplanten Versuchen sollte ein Körper durch eine Spule fallen oder zusammen mit ihr fallen. Dann aber wiederum wurde ihm klar, daß die Trägheit der Masse beim Fallen abnahm und beim senkrechten Wurf nach oben wieder zunahm. Daraufhin kamen ihm wieder Zweifel, ob solche Experimente eine Aussage hätten. *Andererseits, was für wundervolle und offenbare Bedingungen von natürlicher Kraft haben sich der Beobachtung entzogen, welche uns in diesen Tagen bekannt geworden ist.* Wie waren die Verhältnisse bei Himmelskörpern? Weitere Spekulationen betrafen den Effekt eines auf und ab gehenden Körpers, um eventuell das Ergebnis zu akkumulieren. Der Paragraph 10040 lautete:

> All das ist ein Traum. Dennoch untersuche mit ein paar wenigen Experimenten. Nichts ist zu wunderbar, um wahr zu sein, wenn es verträglich ist mit den Gesetzen der Natur, und in solchen Dingen wie diesen ist das Experiment der beste Test auf solche Übereinstimmungen.

In den folgenden Tagen entwickelte er weitere Gedanken dazu, doch begann er, sein Interesse wieder auf diamagnetische Messungen, wie sie Weber angegeben hatte, zu konzentrieren. Am 6. April wurden orientierende Messungen zur Wechselwirkung von Gravitation und Elektrizität gemacht. Eine Spule wurde mit einem Galvanometer verbunden, und Faraday ließ einen Kupferblock hindurchfallen, ebenso eine Probe von Wismut und Schellack. Doch nichts zeigte sich. Vielleicht, so meinte er, war die Fallhöhe zu gering, und er sollte das Ganze im Vortragssaal noch einmal wiederholen. Doch auch diese

Experimente führten nicht zu Ergebnissen, und Faraday stellte neue Überlegungen an, wie die Gravitation wirken könnte. Der negative Ausgang aller dieser Experimente führte zum Abbruch der Untersuchungen, und sie wurden fast genau zehn Jahre später, am 10. Februar 1859, erst wieder aufgenommen.

Die neue Serie begann mit dem Paragraphen 15785:

> Zweifellos kann die Kraft der Gravitation und wahrscheinlich ihre Beziehungen zu anderen Formen der Kraft angegriffen werden. Laß uns versuchen, über einige Möglichkeiten nachzudenken.
>
> 15786: Angenommen, es besteht eine Beziehung zwischen Gravitation und Elektrizität, und wie die Gravitation zunimmt oder abnimmt durch Veränderung des Abstandes, die Elektrizität entweder positiv oder negativ würde erscheinen – das ist nicht wahrscheinlich, nichtsdestotrotz versuche es, denn weniger wahrscheinliche Dinge geschehen gelegentlich in der Natur.

Dann erfolgte ein Rückgriff auf Experimente von vor zehn Jahren. Faraday überlegte, ob zwei Gewichte, die mit einem Seil miteinander verbunden wären und wie in einem Aufzug einander auf- und abbewegt werden könnten, eine elektrostatische Ladung zeigen würden. Er erwog die Möglichkeit, das Experiment in einem Glockenturm oder auf der Flüstergalerie in St. Paul's Cathedral durchzuführen. Neue Anordnungen wurden überdacht, auch solche mit fallenden Flüssigkeiten. Im Paragraph 15084 sprach er sich Mut zu, im Paragraph 15831 fragte er sich selbst:

> Was mag das Äquivalent von Schwereelektrizität für eine Tonne von Material auf 100 Fuß Höhe gehoben sein oder für irgendeine andere Entfernung oder Gewicht?

Dann fing Faraday an zu experimentieren und bereitete sich zwei Elektrometer für die Messungen vor. Am 12. März ging er in das House of Parliaments und besichtigte den Glockenturm. Es war das Gebäude in seiner heutigen Gestalt, nachdem wenige Jahrzehnte vorher das alte Gebäude abgebrannt war. Der Turm, mit einem eingebauten Schornstein und einem Schacht für die Gewichte der Uhr, enthielt außerdem noch ein gemauertes Treppenhaus mit einer mittleren Öffnung, die Faraday für seine Versuche geeignet erschien. Als nächstes besuchte er den sogenannten Shot-Turm, der einer Bleigießerei gehörte, und in dem sie Schrotkugeln herstellten. In den folgenden Tagen prüfte er sorgfältig alle Möglichkeiten, seine Experimente in diesem Turm auszuführen, und er untersuchte besonders die Möglichkeit, die Lasten, wie er vorhatte, auf und ab zu bewegen.

Am 20. Mai bot ihm Wilhelm von Siemens ein Instrument zum Messen der Höhe an. Nun machte Faraday mit Andersons Hilfe im Shot-Tower genaue Messungen des Temperaturverlaufs über die Höhe des Turms. Dann, am 9. Juli, war es soweit. Ein großes Bleigewicht wurde an den Haken im Turm gehängt, und mit der Dampfmaschine konnte man es auf- und abbewegen, ähnlich wie der Aufzug für die Fabrikation von Bleischrot arbeitete. Das große Bleigewicht wurde entweder ungeladen von unten nach oben oder von oben nach unten bewegt und jedesmal an den Endpunkten die Ladung gemessen, oder es wurde im geladenen Zustand auf- und abbewegt und die Änderung der Ladung untersucht.

Nach mehreren Versuchen, die teilweise zweifelhafte Ergebnisse brachten, stand aber fest, daß kein Effekt durch die Gravitation auf die Ladung zu beobachten war. Eine mit größter Sorgfalt geplante experimentelle Untersuchung war abgeschlossen worden, doch hatte sich Faradays Vermutung über die Einheit aller Naturkräfte oder ihre Verwandtschaft nicht experimentell bestätigen lassen.

Da Faraday eine Fülle von Ideen zur Erforschung der Kräfte entwickelt hatte, hat ihn vermutlich das negative Ergebnis nicht sehr betroffen gemacht. Er wird, wie viele nach ihm, mit der Gewißheit weitergelebt haben, daß alle Kräfte irgendwie miteinander verwandt sein müssen.

Arbeiten für das allgemeine Wohl (1859)

Das Jahr 1859 brachte Faraday einen schönen Erfolg der frühen Forschung. Ausgehend von der Induktion hatte Pixii auf Anregung von Ampère hin 1832 einen elektrischen Modellgenerator gebaut. Wenig später hatte der Engländer Woolrich eine Maschine mit vier großen Hufeisenmagneten gebaut, zwischen denen acht Spulen mit weichen Eisenkernen rotierten. Die Stromabnahme erfolgte über Schleifringe. Die Maschine lieferte verhältnismäßig niedrige Spannung, jedoch einen hohen Strom, und konnte für galvanische Zwecke eingesetzt werden. Zum Antrieb verwendete man eine Dampfmaschine.

Eine wesentlich größere Maschine baute Professor Holmes. Sie hatte 60 Hufeisenmagnete und 60 Spulen, und mit ihr konnte man einen Lichtbogen zwischen Kohlestiften erzeugen und damit einen elektrisch betriebenen Scheinwerfer bauen. In Konkurrenz zu den älteren, aber verbesserten Ölbrennern und den in Mode gekommenen Gasbrennern wurde Holmes' Beleuchtung für Leuchttürme untersucht. Faraday, als Mitglied der Kommission, ließ sich bei der Beurteilung der verschiedenen Lichtquellen nur von seinen wissenschaftlich-technischen Kenntnissen leiten und bevorzugte keineswegs die Entwicklung, die aus seiner eigenen Entdeckung hervorgegangen war. Er schenkte auch der wirtschaftlichen Seite seine Aufmerksamkeit. Dennoch mußte er anerkennen, daß der Fokus der neuen elektrischen Lichtquelle so klein war, und der Lichtbogen so gleichmäßig brannte, daß man der Weiterentwicklung dieses Systems die größte Aufmerksamkeit schenken müsse. Später verbesserte man die ganze Anlage so, daß die Dampfmaschine zum Antrieb des Generators mit einer automatischen Kohlenachführung ausgerüstet wurde und man damit ein sehr betriebssicheres Beleuchtungssystem geschaffen hatte.

Als seefahrende Nation waren für England alle mit den Leuchttürmen zusammenhängenden Fragen von großer wirtschaftlicher Bedeutung, zumal der gesamte Kohlentransport nach London aus dem mittelenglischen Kohlengebiet per Schiff durchgeführt wurde. Faradays Arbeit für die Leuchttürme war sicher genauso wertvoll und lebensrettend wie Davys Arbeiten für die Sicherheitslampe.

1860 überwachte er den Zusammenbau und die Justierung eines großen neuen Linsensystems in der optischen Werkstätte von James Chance. Dazu reiste er mehrmals nach Birmingham, wo die aus 300 einzelnen Glasteilen zusammengesetzte Linsenanordnung montiert wurde. Zu dieser Zeit war seine körperliche Verfassung noch so gut, daß er auch bei sehr schlechten Witterungsbedingungen die Messungen über die Effektivität der Leuchttürme durchführen konnte, auch wenn er oft lange Wege über Land machen mußte.

Die Befriedigung, etwas Nützliches für das allgemeine Wohl tun zu können, empfand Faraday auch immer wieder dann, wenn er von offizieller Seite um seine Meinung als Chemiker gefragt wurde. So fertigte er ein Gutachten über die mögliche Gefährdung von Gemälden in Museen durch die Gasbeleuchtung an. Dann gab er Auskunft über die am besten zu verwendenden Steine zum Neubau des Parlamentsgebäudes, denn damals hatte die Luftverschmutzung schon solche Formen angenommen, daß deutliche Korrosionsspuren an den Bauwerken zu erkennen waren. Ein andermal mußte er die Frage klären, ob man mit chemischen Methoden bleihaltiges Wasser so säubern konnte, daß es zum Verbrauch als Trinkwasser geeignet war.

Von besonderer Bedeutung war seine Mitarbeit in einem Komitee, das sich die Aufgabe gestellt hatte, zu untersuchen, wie die in der Nationalgalerie am Trafalgar Square gezeigten Gemälde vor den aggressiven Atmospherilien geschützt werden könnten. Das Gebäude war 1838 fertiggestellt worden, und die darin enthaltene Sammlung von bedeutenden Gemälden erfreute sich regen Zuspruchs beim Publikum. Im Jahr der großen Ausstellung überstieg die Besucherzahl die halbe Millionengrenze. Dadurch wurde viel Feuchtigkeit in die Räume gebracht, die zusammen mit dem Schwefeldioxid in der Luft, das im größeren Maße durch die Verbrennung von Kohle zum Heizen und Betreiben der zahlreichen Dampfmaschinen erzeugt wurde, besonders gefährlich für die Gemälde war. Das Komitee, in dem Faraday der einzige Wissenschaftler war, gab die Empfehlung, die wertvollen Gemälde zu verglasen, da andere technische Mittel nicht zur Verfügung standen. Der Aufforderung, ein Verfahren zur Säuberung der verschmutzten Gemälde auszuarbeiten, kam Faraday nicht nach. Nach einigen Vorversuchen empfahl er, einen Chemiker damit zu beauftragen.

Versuche mit Gasentladungen

Um die Mitte seines Lebens hatte sich Faraday weitgehend von allen gesellschaftlichen Verpflichtungen zurückgezogen. Je älter er wurde, desto häufiger jedoch nahm er wieder Einladungen an. Am 23. Januar 1858 besuchte er Gassiot, der in der Zwischenzeit Vize-Präsident der Royal Society geworden war. Seine Einnahmen aus dem Weinhandel gestatteten ihm, sein Privatlaboratorium mit den modernsten Versuchsapparaturen auszurüsten.

Er hatte sich einen von Heinrich Daniel Ruhmkorff entwickelten Hochspannungserzeuger gekauft. Dieses Gerät beruhte auf der von Faraday entdeckten Induktion. Es bestand aus zwei Spulen, die eine aus starkem Draht von einigen hundert Windungen, die zweite aus dünnerem Draht mit mehreren tausend Windungen. Beide Spulen waren auf einem gemeinsamen Eisenkern angebracht. Speiste man nun die erste Wicklung mit einem sich selber unterbrechenden elektrischen Strom, so wurde in der zweiten Windung – wie in einem Transformator – eine sehr viel höhere Spannung erzeugt. Je nach dem Windungsverhältnis und der Ausgangsspannung der Batterie konnte man bis zu 10000 Volt erzeugen. Das waren vergleichbare Spannungen mit Elektrisiermaschinen, nur daß bei der Ruhmkorffschen Anordnung viel höhere Ströme erzeugt werden konnten. Solche Geräte waren hervorragend zur Untersuchung von Gasentladungen geeignet.

In Deutschland hatte an der Universität Bonn der dort tätige Universitätsglasbläser, Johann Heinrich Geißler, 1857 Röhren aus Thüringer Glas mit eingeschmolzenen Platinelektroden hergestellt und mit einer von ihm verbesserten Quecksilberpumpe evakuiert. Darin konnte man wunderbare Leuchterscheinungen erzeugen. Faraday hatte auf diesem Gebiet bereits 1838 gearbeitet und, obwohl ihm nur sehr einfache Mittel zur Verfügung standen, herausgefunden, daß kurz vor der Kathode bei einer solchen Glimmentladung ein Dunkelraum auftrat und dann erst die Leuchterscheinung einsetzte. [Faradayscher Dunkelraum]

Nun führte ihm Gassiot verschiedene Anordnungen vor. Mehrere Monate lang experimentierten die beiden. Faraday überlegte sich Anordnungen mit mehreren Elektroden und versuchte offenbar, die einzelnen Teile der Leuchterscheinung elektrisch messend zuzuordnen. Bei bestimmten Druckverhältnissen konnten sie eine geschichtete Leuchterscheinung beobachten, mehrere Leuchterscheinungen waren durch dunkle Räume voneinander getrennt. Auch die Ablenkung durch ein Magnetfeld wurde studiert. Im wissenschaftlichen Tagebuch wurden Aufzeichnungen von Faraday und Gassiot aufgenommen sowie ein Brief von Gassiot an Faraday, aus dem hervorgeht, daß Faraday nicht mehr auf der Höhe seiner Schaffenskraft war. So blieben die Aufzeichnungen unbearbeitet, und es erschien keine Veröffentlichung mit den wissenschaftlichen Konsequenzen darüber.

Im April fragte Sir Charles Beaumont Philipps bei Faraday an, ob er bereit sei, ein Haus im Hampton Court Green, das der Königin gehöre und das nun frei wäre, als Gabe der Königin zu seiner Verfügung auf Lebenszeit anzunehmen. Dieses großzügige Angebot hatte der Prinzgemahl in die Wege geleitet, der Faraday hoch schätzte. Einmal, 1850, hatte er ihn gebeten, nach Windsor zu kommen, um ihm persönlich über die magnetischen Eigenschaften

34. Alterssitz des Ehepaares Faraday in Hampton Court Green

des Sauerstoffs zu berichten. Vier Jahre später bat er ihn um Auskunft über den Antrieb von Schiffen als Raddampfer oder als schraubengetriebene Schiffe. Als erstes Schiff erhielt das Dampfboot *Archimedes* 1840 einen Schraubenantrieb. Brunel rüstete die *Great Britain*, das erste große eiserne Schiff, ebenfalls mit Schrauben aus.

Das Ehepaar Faraday besichtigte das Haus in Hampton Court Green und mußte feststellen, daß erhebliche Reparaturarbeiten notwendig waren, zu denen ihnen die finanziellen Mittel fehlten. So mußte ein vorsichtig ablehnender Brief verfaßt werden. Aber die Königin ordnete an, daß das Haus auf ihre Kosten instandgesetzt werden sollte; und nach Abschluß der Arbeiten wohnte das Ehepaar mit der Nichte immer häufiger für einige Zeit in Hampton Court Green, doch gaben sie niemals ihre Wohnung in der Royal Institution auf. Manchmal hielt sich Faraday für ein paar Tage allein in London auf, wenn er im Laboratorium zu arbeiten hatte oder sich auf einen Freitagabendvortrag vorbereiten mußte.

Wissenschaftliche Arbeiten für die Entwicklung der Telegraphie

In der Freitagabend-Vorlesung vom 11. Juni berichtete Faraday über den von Wheatstone entwickelten elektrischen Telegraphen und seine Beziehung zur Wissenschaft unter dem Gesichtspunkt, daß die Wissenschaft ein Teil der Erziehung sei. Faraday gab einen ausführlichen historischen Rückblick über die Entwicklung der elektrischen Telegraphie, die neben der schnelleren Nachrichtenverbindung auch zu grundlegenden Entdeckungen über die Elektrizität geführt hatte. Wheatstone hatte sich zuerst mit der Nachrichtenübertragung als akustisches Signal beschäftigt und die Fortleitung des Schalls auf Drähten und Stäben untersucht. Er glaubte, daß man eine Nachrichtenübermittlung vielleicht über größere Entfernung mit Hilfe von schalleitenden festen Körpern bewerkstelligen könnte. Als dann immer mehr elektrische Phänomene entdeckt wurden, beschäftigte er sich mit der Frage, ob die Elektrizität sich so schnell wie der Schall ausbreiten konnte. Diese Frage war für seine Nachrichtenübermittlung von großer Bedeutung. Ein ohne Verzögerung arbeitender Indikator für das Vorliegen von elektrischer Spannung war der elektrische Funke. Wheatstone ließ nun auf einem sehr langen Draht am Anfang und am Ende über je eine Funkenstrecke den Strom übertreten. Das Licht der beiden Funken wurde von einem sich rasch drehenden Spiegel an die Wand geworfen. Aus dem Abstand der beiden Bilder konnte man, wenn man die Umdrehungsgeschwindigkeit kannte, die Laufzeit der Elektrizität auf dem Draht errechnen.

Diese Untersuchungen hatte Wheatstone bereits 1833 gemacht. Danach sah es so aus, als ob man den Telegraphieverkehr mit hoher Geschwindigkeit durchführen könnte. Als dann die ersten Kabel größerer Länge gelegt wurden, beobachtete man nun den ganz gegenteiligen Effekt. Erzeugte man an einem Ende einen Stromstoß, so dauerte es unverhältnismäßig lange, bis er am anderen Ende ankam. Nachdem Wheatstone einen automatischen Telegraphen erfunden hatte, der eine schnelle Übertragungsgeschwindigkeit ermöglichte, war er durch diesen Effekt auf langen Strecken nicht anwendbar.

Sowohl Wheatstone selber als auch Faraday bemühten sich um eine

35. Charles Wheatstone. Aus: The Illustrated London News vom 8.2.1868

Aufklärung. Faraday ließ zu diesem Zweck größere Längen des schon existierenden Kabelnetzes, das von der Eisenbahn betrieben wurde, so zusammenschalten, daß es die totale Länge von 1500 Meilen erhielt, und die Anfang- und Endpunkte dieser Zusammenschaltung jeweils an einem Punkt in London zusammenliefen. Er erweiterte dann die Versuchsanordnung von Wheatstone mit dem Drehspiegel und konnte zeigen, daß dieser Vorgang durch das Aufladen des „Kondensatorkabels" bewirkt wurde. Der Kupferleiter mit der umgebenden Isolierung bildete zur Erde hin einen Kondensator. Infolge der großen Länge hatte er eine sehr große Kapazität, aber auch einen relativ hohen elektrischen Widerstand, daher benötigte das Auf- und Entladen eine meßbare Zeit, die groß gegenüber der Ausbreitungsgeschwindigkeit des elektrischen Stroms sein mußte. Es war ein Gebilde ähnlich einer Leydnerschen Flasche, nur von viel größerer Kapazität und einem größeren elektrischen Widerstand. Faraday untersuchte zusätzlich das Verhalten von gummiisolierten langen Leitungen unter Wasser und fand denselben Effekt.

Als Faraday seine Untersuchungen anstellte, experimentierte Werner von Siemens in Berlin nahezu gleichzeitig ebenfalls mit Telegraphenkabeln. Und wenn auch die Beschreibung der Ergebnisse voneinander abwich, ihre Aussage war die gleiche. Faradays Freitagabend-Vortrag über den Wheatstoneschen Telegraphen schloß mit sehr allgemeinen Bemerkungen zur Wissenschaft. Er sagte, Elektrizität wird oft herrlich genannt, wundervoll, aber es ist im allgemeinen nur eine von vielen anderen Kräften der Natur. Die Schönheit der Elektrizität kommt nicht daher, daß die Kraft mysteriös ist, sondern daß sie dem Gesetz gehorcht.

Im Februar des nächsten Jahres unterrichtete Faraday an einem Freitagabend seine Zuhörer über die neusten Fortschritte auf dem Gebiet der Ozonforschung. Der Briefwechsel mit seinem Baseler Freund Schönbein beschränkte sich keineswegs nur auf den Austausch von persönlichen Ansichten und Grüßen, sondern war im überwiegenden Teil, vor allem auf Schönbeins Seite, den neueren Forschungen des Ozons gewidmet. Er war für Faraday in jenen Jahren der Korrespondenzpartner, mit dem er sich am intensivsten über die Entwicklung der Chemie austauschte. Schönbein hatte bei der Untersuchung des Ozons sehr eigenartige Effekte gefunden, so daß ihm die Idee kam, es könne sich in Wirklichkeit um zwei Körper handeln: um Ozon und – wie er es nannte – Antozon. Obwohl ihm Faraday nicht in allen Punkten seiner Beweisführung folgte, entschloß er sich doch, darüber vorzutragen. Da er sich aber geistig und körperlich sehr schwach fühlte, schrieb er an Schönbein, daß er gern eine Stunde neben ihm arbeiten würde, denn ohne eine solche Hilfe wäre er physisch nicht in der Lage, seinen Platz am Vortragspult einzunehmen. Nur kurz zuvor hatte er an seinen Freund John Barlow geschrieben, daß er bereit wäre, die Weihnachtsvorlesungen für die Kinder zu halten.

> Ich will sie geben, wenn ich kann – und wenn ich zusammenbreche, ich breche zusammen –, aber die Zeit, um Vorträge zu halten, ist bald für mich vorüber.

Faradays Vorlesung für Jugendliche „Die Naturgeschichte einer Kerze“

Doch wie früher wechselten Zeiten der Schwäche mit solchen der Besserung, und Faraday brauchte noch nicht auf die ihm so lieb gewordene Tätigkeit als Vortragender zu verzichten. Im Dezember 1848 hatte er zum ersten Mal sechs Vorlesungen für die Jugend über die chemische Geschichte einer Kerze gehalten. Für die Jahreswende 1860/61 griff er das Thema noch einmal auf. Der damals 28 Jahre alte William Crookes bat Faraday um die Genehmigung, eine Mitschrift von der Vorlesung anzufertigen und sie zu publizieren, was ihm gewährt wurde, obwohl sich Faraday einige Jahre zuvor ablehnend über die Idee der Herausgabe seiner Vorlesungen nach Mitschriften geäußert hatte. Damals hatte er geantwortet:

> ... Aber ich weiß, das wird ein völliger Fehlschlag sein, selbst wenn ich darauf achten würde, daß die Zeit für die Korrektur des Manuskripts gegeben wird. Dennoch würden die Vorlesungen ohne die Experimente und die Lebendigkeit der Sprache weit hinter dem Effekt im Vortragsraum zurückbleiben.

Faraday wies noch darauf hin, daß er immer die Wissenschaft mehr als das Geld geliebt hätte. Ein Grund, warum er nun Crookes die Mitschrift erlaubte, war wohl die Tatsache, daß es sich um einen Naturwissenschaftler handelte, der das Manuskript ausarbeitete. Die sechsteilige, mit zahlreichen Experimenten durchsetzte Vorlesungsreihe zeigte wiederum das hohe didaktische Geschick Faradays. Von der dritten Vorlesung an gab es immer wieder Rückbezüge auf bereits Gehörtes. An mehreren Stellen seiner Vorträge machte er so einfache Experimente, daß er seine jugendlichen Zuhörer auffordern konnte, sie zu Hause noch einmal zu wiederholen. Nur wenige historische Anmerkungen wurden in den Vortrag eingebunden. Die letzte Vorlesung beschäftigte sich mit den Problemen der „stillen Verbrennung“, wie sie zum Beispiel bei der Atmung stattfindet. Die Bevölkerung Londons erzeugte, so sagte er, in 24 Stunden über fünf Millionen Pfund Kohlensäure durch ihre Atmung, und er wies darauf hin, daß die Pflanzenwelt diese Kohlensäure zu ihrem Aufbau benötigte.

Was dem einen den Tod brächte, dem anderen bringt es Leben. Und so sehen wir Menschen uns abhängig nicht nur von unserem Nebenmenschen, sondern abhängig von aller Mitkreatur, sehen uns mit dem All der Schöpfung zu einem großen Ganzen verbunden durch die Gesetze, nach denen jedes Glied zum Heile der anderen lebt und webt und schafft.

So lautete der Text einer Übersetzung aus dem 19. Jahrhundert, denn aufgrund von Crookes Aufzeichnungen erschien bald eine Buchpublikation, die auch ins Deutsche unter dem Titel „Die Naturgeschichte einer Kerze“ und in Französische übersetzt wurde.

Am Freitag, dem 8. Juni 1860, wählte Faraday ein technologisches Thema für seinen Vortrag. Ein Italiener, Bonelli, hatte einen elektrisch gesteuerten Musterwebstuhl erfunden, und Faraday fand die Entwicklung so interessant, daß er sich eingehend in die Technik der Musterweberei einarbeitete. Der französische Weber, Jean-Marie Jacquard, hatte nach mehreren mißglückten Vorversuchen 1808 einen verhältnismäßig einfachen konstruierten Zusatz zu den normalen Webstühlen entwickelt, mit denen man fehlerfrei Muster weben konnte. Es war die erste Anwendung von Lochkarten zur Steuerung einer Maschine. Faraday ging auf diese historische Entwicklung ein und berichtete, daß für den Erzbischof von Mexico in Lyon einmal ein Stoff auf einem Jacquard-Webstuhl gewebt worden war, wofür man 52000 Karten benötigt hatte. Bonellis Mechanismus ersetzte den mit Lochkarten steuerbaren Nadelsatz, der mechanisch auf und nieder bewegt wurde, durch elektromagnetengesteuerte Nadeln und ein Papierband mit leitenden und nicht leitenden Zonen, die von Kontaktfedern abgetastet wurden.

Im nächsten Jahr wandte sich Faraday wieder einem wissenschaftlichen Thema zu und berichtete über die photographische Aufnahme der Sonnenfinsternis durch Warren de la Rue. In seinem Vortrag beschrieb er die Beobachtbarkeit einer Sonnenfinsternis im allgemeinen und dann das Ereignis am 18. Juli des Vorjahres. Der Streifen der Sonnenfinsternis ging von Grönland über Spanien nach Afrika. In Spanien dauerte sie 3 Minuten. Faraday erläuterte die Methode der Beobachtung und der Photographie, wie sie de la Rue anwandte. Von den 31 gemachten Aufnahmen projizierte Faraday einige, wobei er als Lichtquelle einen elektrischen Kohlebogen verwendete. Er wies darauf hin, daß die Photographien von viel größerem dokumentarischen Wert seien als visuelle Beobachtungen und die danach gemachten Zeichnungen.

Faraday führte noch die Photographie eines Spektrums vom Kohlebogen vor und zeigte, daß nicht sichtbare Strahlen photographisch im Spektrum nachweisbar waren. Er diskutierte die Ergebnisse der Beobachtungen und Untersuchungen von de la Rue, der Sonnenflekken und der Korona und wies auf die Bedeutung der Spektralanalyse hin.

Am 20. Juni 1862 gab Faraday seine letzte Freitagabend-Vorlesung über den von Wilhelm von Siemens erfundenen Recuperationsofen. Dabei wurde die Verbrennungsluft mit Hilfe der heißen Abgase vorgewärmt, so daß ein thermisch wesentlich höherer Wirkungsgrad erreicht werden konnte, und auch höhere Temperaturen möglich wurden. Faraday hatte zu diesem Zweck mit Wilhelm von Siemens korrespondiert und die Fabrik besichtigt. Der Vortrag endete, wie berichtet wurde, mit einem unvorhergesehenen Schluß: Faradays Unterlagen verbrannten beim Experimentieren, und das Ereignis nahm er zum Anlaß, dem Auditorium mitzuteilen, daß er schon lange diese Art von Tätigkeit, so lieb sie ihm immer gewesen sei, aufgeben müsse und nun damit beende.

Faraday hatte seit 1826 nahezu hundert Vorträge gehalten und war immer bemüht gewesen, in jedem Turnus auch andere, gute Redner zu finden, die über aktuelle wissenschaftliche Probleme allgemeinverständlich berichten konnten. Der Themenkreis war weit gesteckt. So hatte im Februar 1860 der Zoologe Thomas Huxley über die Menschheit und die Rassen und ihren Ursprung berichtet, das heißt, er hatte über das ein Jahr zuvor erschienene Buch von Charles Darwin über den Ursprung der Arten und die natürliche Selektion referiert.

Henry Roscoe, der von 1855 bis 1859 bei Robert Bunsen in Heidelberg gearbeitet hatte, trug 1861 über die Entwicklung des neusten analytischen Hilfsmittels der Chemie, die von Bunsen und Kirchhoff entdeckte Spektralanalyse, vor. Wenige Wochen später war Hermann von Helmholtz zu Gast an der Royal Institution und sprach über die Anwendung des Gesetzes zur Erhaltung der Kraft bei organischer Materie. Faraday zeigte ihm nach dem Vortrag das Laboratorium, und Helmholtz war erstaunt über die Primitivität seiner Apparaturen. Als er drei Jahre später noch einmal in England war, bemerkte er in einem Brief an seine Frau, daß Faraday sich wie immer sehr liebenswürdig ihm gegenüber verhalten hätte, aber er sei doch schon recht hinfällig geworden. Damals hielt er sechs populäre Vorträge über die Erhaltung der Energie, doch schrieb er an Dubois Reymond:

Was die populären Vorlesungen in der Royal Institution betrifft, so

36. John Tyndall

muß ich Dir aber in der Tat recht geben, daß man sich immer mehr wird besinnen müssen, ehe man dergleichen wieder übernimmt. Ich habe durchaus keine Ursache, mit dem äußeren Erfolg der Meinigen unzufrieden zu sein, da ich fortdauernd ein Publikum von 300 Leuten und darunter eine Menge wissenschaftlich gebildeter Männer hatte. Aber die Konkurrenz der populären Vorlesungen in London ist so groß, daß sie im Begriff sind, in die allergemeinste Effekthascherei herabzusinken....

Helmholtz Bemerkungen trafen nicht für die Royal Institution zu. Zwar hatte Faraday im Herbst 1861 seine Tätigkeit als Professor an der Royal Institution aufgegeben, aber John Tyndall, seinem Nachfolger, gelang es auch weiterhin, interessante Themen für die Freitagabende zu finden. Am 23. Januar 1863 trug Tyndall über die verschiedenen Stoffe in der Atmosphäre vor, und er war wahrscheinlich der erste, der auf den Treibhauseffekt durch die Luftverschmutzung hinwies.

Noch immer hatte Faraday die Oberaufsicht über die Royal Institution und war für das Gebäude und seine Instandhaltung verantwortlich. Nicht immer gingen die Reparaturen reibungslos vonstatten, und in manchen Briefen klagte er über noch nicht beendete Arbeiten.

Während seiner häufigen Erschöpfungserscheinungen, die längere Erholungsaufenthalte auf dem Lande notwendig machten, vertrat ihn Benjamin Vincent, der seit 1848 an der Royal Institution beschäftigt wurde. Er war mit einer Nichte von Frau Faraday verheiratet und ebenso wie die Faradays Mitglied der Sandemania-Gemeinde. Vincent war Bibliothekar der Royal Institution und hatte selbst mehrere Bücher geschrieben. Wenn das Ehepaar Faraday auf Reisen war, gingen regelmäßig Briefe an Vincent, in denen auch von der Teilnahme an den Gottesdiensten berichtet wurde. Der gemeinsame Kirchgang wurde sehr ernst genommen, und als Frau Faraday einmal durch eine Auseinandersetzung mit anderen Gemeindemitgliedern zusammen mit ihrem Mann vom Gottesdienst ausgeschlossen wurde, beunruhigte und betrübte Faraday diese Tatsache sehr.

Obwohl es Faraday gesundheitlich zwischendurch hin und wieder besser ging, entschloß er sich im Oktober 1861 an die Manager der Royal Institution zu schreiben und sie zu bitten, ihn aus seiner Verpflichtung zu entlassen, die Weihnachtsvorlesungen für die Jugend halten zu müssen. Er schrieb am 11. Oktober aus Hampton Court und schickte den Brief über seinen Arzt Bence Jones, der Mitglied der Leitung der Royal Institution war. Im Begleitbrief bat er ihn, sein Schreiben an die Manager zurückzuhalten, wenn irgendein unüberwindlicher Einwand dagegen stünde, es weiterzugeben. Er selbst werde nicht zur Sitzung kommen und auch danach nicht. In seinem Brief an die Manager erwähnte er, daß er nun seit März 1813 an der Royal Institution tätig gewesen sei und es dank ihrer Freundlichkeit für ihn die glücklichste Periode gewesen sei. Er habe ein glückliches Leben gehabt, und alles, was er erreichte, habe er der Royal Institution und damit auch der Wissenschaft zurückzugeben versucht. Aber die fortschreitenden Jahre hätten ihn geschwächt.

Jetzt bin ich nicht in der Lage zu tun, wie ich getan habe. Ich bin nicht leistungsfähig genug, so wie ich wünsche, die herrliche Pflicht des Unterrichtens in dem Theater der Royal Institution auszuführen. Und nun frage ich Sie, ob Sie meinen Rücktritt von den Vorlesungen für die Jugend akzeptieren. Abgeneigt zu sein, das, was immer so freundlich aufgenommen wurde und so erfreulich für mich selbst war, habe ich die wesentlichen Fähigkeiten für ihre Übergabe versucht, und ich weiß, ich sollte sie zurückgeben... Ich wünsche deshalb, diese Pflicht niederzulegen, und ich kann wirklich sagen, daß sie die

Freude meines Berufs war, daß mein Bedauern größer sein muß als das Ihre sein muß oder kann.

Die Manager dankten ihm für seine Arbeit und kamen seinem Wunsche nach.

Die Jahreswende 1861/62 brachte eine bestürzende Nachricht: Nach kurzer Krankheit war der Prinzgemahl Albert gestorben. Faraday schrieb an einen seiner Mitarbeiter einen tief bewegten Brief: *Wir erinnern uns an ihn mehr als einen Mann als einen Prinzen. Er erhöhte seine Stellung weit mehr, als die Stellung ihn erhöhte.*

Die Royal Institution schickte der Königin eine Beileidsadresse. Gegen Ende des Trauerjahres entschieden die Manager, den Prince of Wales zu bitten, ihr Vize-Patronat zu übernehmen. Faraday schrieb an Becker und fragte, ob er die richtige Person sei, den Prinzen um das Patronat zu bitten. In einem kurzen Brief vom 5.1.1862 bat Faraday im Namen der Manager den jungen Prinzen um die Annahme des Vize-Patronats ... *daß Eure Königliche Hoheit erlauben will, Sie in die Position zu wählen, die Ihr bewundernswerter und meist geliebter Vater früher innegehabt hatte.*

Faradays letzte Experimente und Arbeiten im Leuchtturmkomitee (1861–1862)

Obwohl Faraday den offiziellen Pflichten mehr und mehr entsagen mußte, waren seine Gedanken immer noch den ungelösten Problemen der Wechselwirkung zwischen Magnetismus und Licht zugewandt. Bald nach der Erfindung der Spektralanalyse kamen entsprechend fertig montierte Geräte auf den Markt. Faraday hatte bei der Firma Steinheill in München einen Apparat bestellt, der Ende November 1861 eintraf und von ihm gleich ausprobiert wurde. Als Lichtquelle benutzte er anfänglich nicht, wie Kirchhoff und Bunsen, die nichtleuchtende Gasflamme und erhitzte die Substanzen thermisch, sondern er verwendete zwei Platindrahtelektroden, die er mit verschiedenen Lösungen von Natrium-, Barium-, Strontium- oder Litium-Salzen tränkte und mit Hilfe eines Ruhmkorff eine Funkenentladung zwischen den Elektroden erzeugte. Dadurch verdampften kleine Metallmengen, und er konnte das Spektrum mit Hilfe des Fernrohrs am Spektrographen beobachten. Sogleich untersuchte er auch den Einfluß der Polarisation, indem er zwischen der Lichtquelle und dem Eintrittsspalte-Spektrographen einen Polarisator, am Beobachtungsfernrohr, wie bei den früheren Versuchen, ein Nicolsches Prisma als Analysator anbrachte.

Am 13. Januar studierte er den Einfluß der Betriebsweise des Ruhmkorff, indem er den Unterbrecher verstellte, so daß die Intervalle, in denen der Strom der primären Spule zugeführt wurde, länger oder kürzer waren. Nachdem er das untersucht hatte, brachte er links und rechts von den Elektroden den Nord- und Südpol seines großen Elektromagneten an. Es zeigte sich beim Einschalten des Elektromagneten der schon bekannte Effekt der Ausbiegung der Lichterscheinung des Lichtbogens. Faraday experimentierte noch einmal ein wenig mit der Einstellung des Ruhmkorff, danach trat eine Pause bis zum 18. Januar in den Experimenten ein. An Stelle der elektrischen Entladung verwandte er jetzt, wie Kirchhoff und Bunsen, eine Gasflamme zur Anregung.

Aber ob er das Magnetfeld einschaltete oder nicht, bei den beobachteten Spektrallinien trat keine Veränderung ein, weder beim Natrium noch beim Barium oder Strontium und Lithium. Einen letzten Versuch führte er am 12. März mit der gleichen Apparatur wie beim vorigen Mal aus – nur mit einer noch stärkeren Batterie für den Elektromagneten. Anschließend brachte er wiederum den Polarisator vor dem Eintrittsspalt des Spektrographen an und den Analysator im Beobachtungsfernrohr. Doch das Magnetfeld hatte keinerlei Effekt auf das Spektrum. Bei diesem letzten Experiment, das Faraday in sein wissenschaftliches Tagebuch eintrug, war absolut nichts zu beobachten.

Faradays wissenschaftliches Tagebuch umfaßte mehr als 16000 Eintragungen auf etwa 4000 Seiten. Anfangs wählte er für seine Aufzeichnung ein Quartformat, das zwei Bände ergab, später das Folioformat, das sechs Bände ergab, die Faraday alle selbst band. Aus dem Nachlaß wurden noch zwei Bände in Folio zusammengestellt. Keiner seiner Zeitgenossen hinterließ eine so umfassende Dokumentation seines wissenschaftlichen Werks.

Oft hatte er am Ende von Vorträgen seiner Bewunderung für die Schönheit und Größe der Natur und ihrer Gesetze Ausdruck gegeben, doch das Tagebuch schloß ohne irgendeine philosophische Bemerkung.

Der negative Ausgang der Untersuchung des Einflusses des Magnetfeldes auf die spektrale Zerlegung des Lichts fand keinen Niederschlag in Briefen von Faraday an seine Freunde. Mehrmals hatte er im Verlauf seiner wissenschaftlichen Arbeiten hinnehmen müssen, daß ein von ihm vermuteter Effekt experimentell doch nicht nachweisbar war.

Im Frühjahr 1862 widmete er sich wiederum intensiv der Frage der Lichtquellen und Optiken bei Leuchttürmen. Er korrespondierte mit dem Glashüttenbesitzer James Chance über den Einsatz von rotem Glas, um weiß-rotes Licht bei Leuchtfeuern anwenden zu können. Seine Fragen zeigten große technische Detailkenntnisse. Zusammen mit den anderen Mitgliedern des Komitees fuhr er zu den einzelnen Leuchttürmen, um an Ort und Stelle die Erfolge der neusten Entwicklungen der elektrischen Beleuchtung und der Gasbeleuchtung studieren zu können. Von den Reisen schrieb er immer zärtliche Briefe an seine Frau und beteuerte ihr, wie glücklich er mit ihr zusammen wäre trotz aller Anerkennung und Fürsorge, die er auf diesen Reisen von seinen Gastgebern erfuhr. War er längere Zeit fort, so erwartete er Post von ihr.

Auch Frau Faraday blieb nicht von Krankheiten verschont. Heftige Anfälle von Rheumatismus und ein schwierig zu behandelndes Ohrenleiden machten die Konsultation von Ärzten notwendig. Seit seiner Tätigkeit in der Royal Institution war Faraday immer wieder mit hervorragenden Ärzten bekannt geworden, und viele – wie Bence Jones oder Dr. Holland, der Leibarzt der Königin – waren seine Freunde. Doch keine ärztliche Kunst konnte den langsamen Abbau der Käfte verhindern. 1864 gab Faraday seine Stellung als Ältester in der Sandemania-Gemeinde auf, die er seit 1840 mit einigen Unterbrechungen innegehabt hatte. Die kleine Kapelle, die die Gemeinde in London hatte, lag in einer ärmlichen Gegend. Kam das Ehepaar anfangs dem Gebot nach, die Kirche zu Fuß zu besuchen, so waren sie später durch Krankheit gezwungen, doch eine Kutsche zu nehmen. Wie aus den Briefen an Vincent hervorgeht, müssen sie auch in Hampton Court die Möglichkeit gehabt haben, an einem Gottesdienst teilnehmen zu können.

Die Kräfte schwinden

Da Faraday die wissenschaftliche Arbeit zu sehr anstrengte, er aber unter der Beschäftigungslosigkeit litt, fragte Frau Faraday Tyndall, ob er nicht etwas wüßte, womit sich Faraday noch beschäftigen könnte. Vielleicht war es das Ordnen und Binden der beiden großen Alben mit Bildern und Briefen von bekannten Persönlichkeiten und Freunden des Ehepaares, das Tyndall vorschlug. Im Stil der Zeit hatte Faraday schon sehr früh angefangen, Kupferstiche und später Lithographien und Photographien von Persönlichkeiten zu sammeln. Die künstlerische Qualität der einzelnen Darstellungen war unterschiedlich. In einem Brief an Liebig, der ihm seine Photographie geschickt hatte, bedankte sich Faraday für die gute und schlichte Darstellung und meinte, die damals in Mode gekommenen kolorierten Photographien wären nicht nach seinem Geschmack.

Die beiden erhaltenen Alben weisen keine systematische Anordnung der Bilder und der dazugehefteten Briefe auf. Lediglich das erste Album beginnt mit der Königin und den Kindern, Albert Eduard und Ernst Albert. Manche Personen sind mit mehr als einem Bild im ersten und im zweiten Band vertreten. Einige Briefstellen von Faraday weisen darauf hin, daß mehrere Bilder früher an der Wand im Arbeitszimmer hingen. Auch Photographien von Faraday wurden in das Album aufgenommen.

Da Faraday nun keine Vorlesungen mehr hielt und auch im Laboratorium nicht mehr arbeiten konnte, galt seine Sorge dem ebenfalls schon gebrechlich gewordenen Sergeanten Anderson, der ihm über viele Jahrzehnte treuer Helfer gewesen war. Er war zuerst von der Royal Society besoldet worden, um Faraday bei den Glasarbeiten zu helfen, und als diese ausliefen, hatte Faraday ihn aus seinen eigenen Mitteln bezahlt, bis die Royal Institution ihn einstellte. Nun lebte der Verwitwete bei seiner Tochter, und Faraday sorgte sich um seine finanzielle Sicherstellung.

Sein eigener Lebenskreis wurde in diesen Jahren immer enger. Nur noch gelegentlich konnte er nach London fahren, um als Zuhörer an einem Freitagabend-Vortrag teilzunehmen. Die Manager hatten es dem Ehepaar gestattet, weiterhin in der Royal Institution zu wohnen.

37. Sarah und Michael Faraday. Fotografie

So blieb sie auch im 5. Jahrzehnt seines Wirkens die eigentliche Heimstätte.

Anfang Januar 1866 erhielt Faraday einen Brief von Henry Wilde aus Manchester, der ihm sehr ausführlich die Entwicklung eines sich selbst erregenden elektrodynamischen Generators mitteilte und eine Photographie sowie Zeichnungen der fertigen Maschine beilegte. Die

Maschine nutzte Faradays Induktionsprinzip aus und erzeugte aus dem remanenten Magnetismus des weichen Eisens durch Selbsterregung in einer kleinen Maschine die Erregung für den Elektromagneten eines großen Generators.*

Nun brauchte man keine Permanentmagnete mehr zu verwenden, um größere Ströme zu erzeugen. Der Weg für die Anwendung der Elektrizität auf vielen Gebieten war frei. Eine Entdeckung von rein wissenschaftlichem Interesse, die ein vierzigjähriger Mann nach jahrelangen Vorarbeiten gemacht hatte, wurde der Ausgangspunkt für einen bedeutenden Industriezweig, der die Arbeitswelt und das tägliche Leben grundlegend verändern sollte.

Der Mensch, dessen Genie, dessen Geduld und Arbeitsdisziplin dies alles zu verdanken war, verlor mehr und mehr den Kontakt zur realen Welt. Seine Frau und die Nichte pflegten den immer hilfloser Werdenden.

Schon als junger Mensch hatte er sich mit dem Tod beschäftigt, und als die Mutter seines Freundes Abbott starb, schrieb er in seinem Kondolenzbrief:

> Es war in der letzten Zeit mein Los, den Tod zu sehen, nicht nah bei mir, das ist richtig, doch überall um mich von allen Seiten, und ich habe nachgedacht und darüber logisch gefolgert, bis der Tod anscheinend ohne Leid und ein sehr alltägliches Ereignis für mich wurde. Ich fürchte manchmal, ich werde zu abgestumpft und unempfindlich gegen die heilige Ehrfurcht, die allgemein und vielleicht richtig mit dem Tode in Verbindung gebracht wird, aber ich kann es nicht ändern; und wenn ich meine eigene schwache Natur bedenke, die Zeit, die ich schon gelebt habe und das wahrscheinliche, baldige Ende aller irdischen Dinge, bis jetzt fühle ich nicht die Unruhe und Bestürzung, die erwartet werden könnte. Es scheint doch in einem anderen Land zu sein.

Fast vierzig Jahre später bemerkte er in einem Brief vom 23. September 1859 an Schönbein:

> Gestern war mein Geburtstag, und ich vollendete damit mein 68. Jahr. Gut, viele Menschen sind in diesem Lebensalter weit kräftiger als ich sowohl körperlich wie auch an Geist und Gedächtnis, aber sicher sollte ich mich auch daran erinnern, wie viele gingen dahin, bevor sie dieses Alter erreicht hatten, und wie übervoll und wunderbar waren die Gnaden und die Güte, der ich mich dieser langen Reihe von Jahren erfreuen durfte. Wirklich, nur wenn ich

* Auch Werner von Siemens und Wheatstone bauten, nahezu gleichzeitig, selbsterregte Generatoren.

denke, daß ich einige Erwartungen zu erfüllen habe, wie einen Vortrag zu halten oder an einen Freund zu schreiben, wie Dich, dann wünschte ich mehr Kräfte, als ich habe: Und da schon der bloße Wunsch undankbar ist, erzeugt das einen Vorwurf in meinem Gemüt.

Ein Jahr später schrieb er dem Freund in Basel seine Empfindungen über den Tod. Eine von Schönbeins Töchtern war auf dessen Wunsch hin nach England gereist, um sich zu erholen. Sie hatte bei einer mit der Familie Faraday befreundeten Dame gewohnt und sich gut eingelebt, als sie plötzlich erkrankte und wenige Tage danach verstarb. Faraday besuchte gelegentlich die Dame, bei der Schönbeins Tochter gelebt hatte.

Während ich dahin gehe, bin ich mehrmals auf den Friedhof in der Nähe gegangen, nach einem Stein zu sehen, Du weißt welchen, und an Euch alle zu denken. Solche Orte ziehen meine Gedanken jetzt mehr an und haben seit Jahren meine Anteilnahme. Sie sind für mich nicht bloß Orte des Todes, sondern voll der größten Hoffnung, die dem Menschen gegeben ist, gerade im äußersten Zenit seiner körperlichen Energie und geistigen Kraft.

Vielleicht störe ich Dich damit, indem ich Dir Deinen Verlust in Erinnerung rufe, vergebe mir.

Am 25. August 1867 starb Faraday friedlich in seinem Sessel sitzend. Seinem Wunsch entsprechend wurde er ganz privat und ohne irgendwelchen Aufwand beigesetzt.

Sein Grabstein auf dem High-Gate-Friedhof trägt die Inschrift „Michael Faraday, geboren 22. September 1791, gestorben 25. August 1867".

Das Erbe Faradays

Faraday hat nur wenige Nebenlinien seiner Forschung aufgegriffen. So gab es zum Beispiel auch keinen Freitagabend-Vortrag über die Versuche von James Prescott Joule, der 1840 experimentell die Maßzahl für die Umwandlung von Elektrizität in Wärme ermittelte und in den folgenden Jahren das mechanische Wärmeäquivalent bestimmte, obwohl Faraday die Arbeiten des Manchester Privatgelehrten kannte. Sie hätten sich zusammen mit den Arbeiten der deutschen Physiker Georg Simon Ohm, der 1826/27 den Zusammenhang zwischen Strom, Spannung und Widerstand fand und für diese Formulierung von der Royal Society 1841 die Copley-Medaille erhielt, sowie mit den Arbeiten von Robert Gustav Kirchhoff über die Gesetze der Stromverzweigung in Widerstandsnetzwerken, die er 1845 aufstellte, gut für einen Experimentalvortrag geeignet.

Ebensowenig berichtete Faraday über die von Wilhelm Eduard Weber in Göttingen und später in Leipzig entwickelten absoluten Meßmethoden für den elektrischen Strom und die Einführung eines Maßsystems, das eine Verbindung der elektrischen Werte zu den mechanischen gestattete, obwohl Faraday in Tyndall, der das Deutsche gut beherrschte, ein Wissenschaftler zur Verfügung stand, der ihm diese Arbeiten hätte übersetzen können.

Faraday nahm auch in seinen Freitagabend-Vorträgen weder zu der Atomtheorie von John Dalton, die sehr schlüssig die Äquivalente bei chemischen Verbindungen erklären konnte, noch zur dynamischen Theorie des Atoms als Kraftzentrum von Joseph Rodger Boscovich ausführlich Stellung. Faradays eigenes, experimentelles Material reichte ihm offenbar nicht aus, die Frage zu beantworten, was ein Atom sei, und Daltons Vorstellungen vom Atom waren zu weit von seinen Anschauungen entfernt. Der Widerstreit der Wissenschaftler und Philosophen über diesen Punkt dauerte auch noch Jahrzehnte an, bis die Experimentalphysiker Meßgeräte entwickelten, die die Wirkung einzelner Atome sichtbar machen konnten.

Die bedeutendsten Nachwirkungen von Faradays Entdeckungen lagen auf dem Gebiet der Induktion und ihrer technischen Anwendung und gingen von Faradays Vorstellungen über das elektrische und magnetische Feld aus. Aus den Versuchen Faradays über die „magnetische Rotation" des Lichts schloß Maxwell, daß Licht eine transversale elektromagnetische Schwingung sein müsse.

Das, was Faradays Zeitgenossen über die *Line of Forces*, die Linien der Kraft, als vage oder mystisch empfunden hatten, wurde durch Helmholtz' Vortrag in England über „Die moderne Entwicklung von Faradays Konzept der Elektrizität" im Juni 1881 nun richtig verstanden und voll gewürdigt:

> ...und es ist in dem allerhöchsten Grade erstaunlich zu sehen, welche große Anzahl von allgemeinen Theoremen methodischer Deduktion, die den höchsten Grad von mathematischer Analyse verlangt, er [Faraday] gefunden hat durch eine Art von Intuition mit der Sicherheit des Instinktes ohne die Hilfe von einer einzigen mathematischen Formel.

Helmholtz' Verständnis sowohl der Arbeiten von Faraday als auch der von Maxwell wurden von seinem Schüler Heinrich Hertz aufgegriffen, verarbeitet und erweitert. Als Hertz 1885 als Ordinarius für Physik an die Technische Hochschule in Karlsruhe berufen wurde, begann er bald darauf mit Experimenten zur Erzeugung kurzzeitiger elektrischer Induktionsströme mit Hilfe von Leydnerschen Flaschen und dann mit einem Ruhmkorff.

Im Dezember 1886 glückte ihm zum ersten Mal die drahtlose Übertragung elektrischer Energie und der Nachweis, daß es sich um elektromagnetische Wellen dabei handelte, aber Hertz erkannte nicht, zu welcher technischen Anwendung als Nachrichtenübertragungsmittel diese Entdeckung einmal dienen würde.

Zehn Jahre später griff der holländische Physiker Pieter Zeeman die letzten Experimentaluntersuchungen von Faraday wieder auf. Er untersuchte den Einfluß des Magnetfeldes auf die Spektrallinien. Doch nun standen ihm wesentlich bessere optische Hilfsmittel zur Verfügung. Der amerikanische Physiker Henry August Rowland hatte mit großem Geschick die Herstellung von geritzten Beugungsgittern so verbessert, daß Gitterspektrographen mit seinen Gittern das Auflösungsvermögen, also die Trennung zweier benachbarter Spektrallinien, um das mehr als Hundertfache der alten Prismenspektrographen übertrafen. Das, was Faraday nicht beobachten konnte – die Aufspaltung der Spektrallinien unter dem Einfluß des magnetischen Feldes – konnte Zeeman nun einwandfrei nachweisen. 1902 erhielt er dafür den Nobelpreis für Physik.

Neun Jahre nachdem Zeeman die Experimente von Faraday erfolgreich weitergeführt hatte, bemerkte ein damals unbekannter junger Physiker, Albert Einstein, in einer Arbeit „Zur Elektrodynamik bewegter Körper“, die in den „Annalen der Physik“ erschien, daß die Experimente von Faraday zur Induktion im Bezug auf die Asymmetrie des bewegten Körpers neu untersucht werden müßten:

„Man denke z. B. an die elektrodynamische Wechselwirkung zwischen einem Magneten und einem Leiter. Das beobachtbare Phänomen hängt nur ab von der Relativbewegung, von Leiter und Magnet, während nach der üblichen Auffassung die beiden Fälle, daß der eine oder der andere dieser Körper der bewegte sei, streng voneinander zu trennen sind. Bewegt sich nämlich der Magnet und ruht der Leiter, so entsteht in der Umgebung des Magneten ein elektrisches Feld von gewissem Energiewert, welches an den Orten, wo sich Teile des Leiters befinden, ein Strom erzeugt. Ruht aber der Magnet und bewegt sich der Leiter, so entsteht in der Umgebung des Magneten kein elektrisches Feld, dagegen im Leiter eine elektromotorische Kraft, welcher an sich keine elektrische Energie entspricht, die aber –

Gleichheit der Relativbewegung in den beiden ins Auge gefaßten Fällen vorausgesetzt – zu elektrischen Strömen von derselben Größe und demselben Verlaufe Veranlassung gibt, wie im ersten Fall die elektrischen Kräfte.

Im weiteren Verlauf der Arbeit entwickelte Einstein dann das, was später als spezielle Relativitätstheorie bezeichnet wurde. Als Einstein Jahrzehnte später gebeten wurde, eine wissenschaftliche Selbstbiographie zu schreiben, bemerkte er zu dem ganzen Problem:

Der faszinierendste Gegenstand zur Zeit meines Studiums war die Maxwellsche Theorie. Was sie als revolutionär erscheinen ließ, war der Übergang von den Fernwirkungskräften zu Feldern als Fundamentalgrößen. Die Einordnung der Optik in die Theorie des Elektromagnetismus mit ihrer Beziehung der Lichtgeschwindigkeit zum elektrischen und magnetischen absoluten Maßsystem sowie die Beziehung des Brechungsexponenten zur Dielektrizitätskonstante, die qualitative zwischen Relektionsfähigkeit und metallischer Leitfähigkeit des Körpers – es war wie eine Offenbarung. Abgesehen vom Übergang zur Feldtheorie, d. h. des Ausdrucks des elementaren Gesetzes durch Differentialgleichungen, hatte Maxwell nur einen einzigen hypothetischen Schritt nötig – die Einführung des elektrischen Verschiebungsstroms im Vakuum und in dem Dielektra und seine magnetische Wirkung, einer Neuerung, die durch die formalen Eigenschaften der Differentialgleichung beinahe vorgeschrieben war. In diesem Zusammenhang kann ich die Bemerkung nicht unterdrücken, daß das Paar Faraday – Maxwell so merkwürdige innere Ähnlichkeit hat mit dem Paar Galileo – Newton, der erste jedes Paares die Zusammenhänge intuitiv erfassend, der zweite sie exakt formulierend und quantitativ anwendend.

Nach dem Abschluß seiner Arbeiten zur allgemeinen Relativitätstheorie wandte sich Einstein dem Problem der Vereinigung von Gravitationstheorie mit elektrischer Feldtheorie zu. Noch bevor die ersten Arbeiten dazu erschienen, hielt er vor der Reichsuniversität in Leyden 1920 einen Vortrag mit dem Titel „Äther und Relativitätstheorie", worin es heißt:

Betrachten wir das Gravitationsfeld und das elektromagnetische Feld vom Standpunkt der Ätherhypothese, so besteht zwischen beiden ein bemerkenswerter prinzipieller Unterschied. Kein Raum und kein Teil des Raumes ohne Gravitationspotentiale; denn diese verleihen ihm seine metrischen Eigenschaften, ohne welche er überhaupt nicht gedacht werden kann. Die Existenz eines Gravitationsfeldes ist an die Existenz des Raumes unmittelbar gebunden. Dagegen kann ein Raumteil sehr wohl ohne elektromagnetisches Feld gedacht werden; das elektromagnetische Feld scheint also im Gegensatz zum Gravitationsfeld gewissermaßen nur sekundär an den Äther gebunden zu sein; indem die formale Natur des elektromagnetischen Feldes die des

Gravitationsäthers noch gar nicht bestimmt ist. Es sieht nach dem heutigen Zustande der Theorie so aus, als beruhe das elektromagnetische Feld dem Gravitationsfeld gegenüber auf einem völlig neuen formalen Motiv, als hätte die Natur den Gravitationsäther statt mit Feldern vom Typus des elektromagnetischen, ebensogut mit Feldern eines ganz anderen Typs, z. B. mit Feldern eines skalaren Potentials ausstatten können.

Natürlich wäre es ein großer Fortschritt, wenn es gelingen würde, das Gravitationsfeld und das elektromagnetische Feld zusammen als ein einheitliches Gebilde aufzufassen. Dann erst würde die von Faraday und Maxwell begründete Epoche der theoretischen Physik zu einem befriedigenden Abschluß kommen.

In den folgenden Jahren versuchten Einstein mit verschiedenen Mitarbeitern und Weyl, Kaluza sowie andere, diesen entscheidenden Schritt zum Erfolg zu führen, doch er blieb ihnen trotz aller Bemühungen versagt.

Was Faraday mit seinen Experimenten 1859 zu finden versucht hatte, aber nicht fand, weil er die Experimente ergebnislos abbrechen mußte, gelang auch hundert Jahre später den Theoretikern nicht: dennoch wird die von Faraday begonnene Suche nach dem Zusammenhang der Felder weiter betrieben.

Der Name Faraday wird in der Wissenschaft noch lange als einer der bedeutendsten Experimentalphysiker und Naturphilosophen genannt werden. Ebenso sollte des liebenswerten Menschen, des bescheiden gebliebenen Genies gedacht werden.

Als nach Alexander von Humboldts Tod einige englische Wissenschaftler Geld für eine Ehrung des Polyhistors sammelten, schloß sich Faraday zwar mit einer Spende an, aber in seinem Brief vom 21. 10. 1859 distanzierte er sich von solchen Ehrungen. Er schrieb:

> Ein Gefühl des höchsten und edelsten Charakters ist mit dem Namen verbunden, und das Gefühl wird, meines Erachtens, durch jede Verbindung mit einer Art von Ehrengabe erniedrigt. Keine derartige Aktion, gleich welcher Form, kann das Gedächtnis von Humboldt ehren, denn das steht allein in seinem Ruhm.

Anhang

Liste der Ehrungen für Faraday, zitiert nach John H. Gladstone: Michael Faraday

1823 – Corresponding member of the Academy of Sciences, Paris;
– Corresponding Member of the Accademia dei Georgofili, Florence;
– Honorary member of the Cambridge Philosophical Society;
– Honorary member of the British Institution.
1824 – Fellow of the Royal Society;
– Honorary member of the Cambrian Society, Swansea;
– Fellow of the Geological Society.
1825 – Member of the Royal Institution;
– Corresponding member of the Society of Medical Chemists, Paris.
1826 – Honorary member of the Westminster Medical Society.
1827 – Correspondent of the Société Philomatique, Paris.
1828 – Fellow of the Natural Society of Science, Heidelberg.
1829 – Honorary member of the Society of Arts, Scotland.
1831 – Honorary member of the Imperial Academy of Sciences, St. Petersburg.
1832 – Honorary member of the College of Pharmacy, Philadelphia;
– Honorary member of the Chemical and Physical Society, Paris;
– Fellow of the American Academy of Arts and Sciences, Boston;
– Member of the Royal Society of Science, Copenhagen.
1833 – Corresponding member of the Royal Academy of Sciences, Berlin;
– Honorary member of the Hull Philosophical Society.
1834 – Foreign corresponding member of the Academy of Sciences and Literature, Palermo.
1835 – Corresponding member of the Royal Academy of Medicine, Paris;
– Honorary member of the Royal Society, Edinburgh;
– Honorary member of the Institution of British Architects;
– Honorary member of the Physical Society, Frankfort;
– Honorary fellow of the Medico-Chirurgical Society, London.
1836 – Senator of the University of London;
– Honorary member of the Society of Pharmacy, Lisbon;
– Honorary member of the Sussex Royal Institution;
– Foreign member of the Society of Sciences, Modena;
– Foreign member of the Natural History Society, Basle.
1837 – Honorary member of the Literary and Scientific Institution, Liverpool.

1838 – Honorary member of the Institution of Civil Engineers;
– Foreign member of the Royal Academy of Sciences, Stockholm.
1840 – Member of the American Philosophical Society, Philadelphia;
– Honorary member of the Hunterian Medical Society, Edinburgh.
1842 – Foreign Associate of the Royal Academy of Sciences, Berlin.
1843 – Honorary member of the Literary and Philosophical Society, Manchester;
– Honorary member of the Useful Knowledge Society, Aix-la-Chapelle.
1844 – Foreign Associate of the Academy of Sciences, Paris;
– Honorary member of the Sheffield Scientific Society.
1845 – Corresponding member of the National Institute, Washington;
– Corresponding member of the Société d'Encouragement, Paris.
1846 – Honorary member of the Society of Sciences, Vaud.
1847 – Member of the Academy of Sciences, Bologna;
– Foreign Associate of the Royal Academy of Sciences of Belgium;
– Fellow of the Royal Bavarian Academy of Sciences, Munich;
– Correspondent of the Academy of Natural Sciences, Philadelphia.
1848 – Foreign honorary member of the Imperial Academy of Sciences, Vienna.
1849 – Honorary member, first class, of the Institut Royal des Pay-Bas;
– Foreign correspondent of the Institute, Madrid.
1850 – Corresponding Associate of the Accademia Pontificia, Rome;
– Foreign Associate of the Academy of Sciences, Haarlem.
1851 – Member of the Royal Academy of Sciences, The Hague;
– Corresponding member of the Batavian Society of Experimental Philosophy, Rotterdam.
1853 – Foreign Associate of the Royal Academy of Sciences, Turin;
– Honorary member of the Society of Arts and Sciences, Mauritius.
1854 – Corresponding Associate of the Royal Academy of Sciences, Naples.
1855 – Honorary member of the Imperial School of Naturalists, Moscow;
– Corresponding Associate of the Imperial Institute of Sciences of Lombardy.
1856 – Corresponding member of the Netherlands' Society of Sciences, Batavia;
– Member of the Imperial Royal Institute, Padua.
1857 – Member of the Institute of Breslau;
– Corresponding Associate of the Institute of Sciences, Venice;
– Member of the Imperial Academy, Breslau.
1858 – Corresponding member of the Hungarian Academy of Sciences, Pest.
1860 – Foreign Associate of the Academy of Sciences, Pest:
– Honorary member of the Philosophical Society, Glasgow.

1861 – Honorary member of the Medical Society, Edinburg.
1863 – Foreign Associate of the Imperial Academy of Medicine, Paris.
1864 – Foreign Associate of the Royal Academy of Sciences, Naples.

Literaturverzeichnis

I. Bibliografie

Jeffreys, A. E.: Michael Faraday: A List of his Lectures and Published Writings, London 1960.
Jeffreys Bibliografie bringt alle nachweisbaren Manuskripte und Publikationen sowie Nachdrucke bis 1956. Ein gemischtes Namen- und Sachregister erleichtert das Auffinden der Quellen.

II. Gedruckte Quellen

Bowers, B. and Symons, L.: Curiosity Perfectly Satisfied: Faradays Travels in Europe 1813–1815, London 1991.

Noch zu Lebzeiten hat Faraday zwei Reihen von gesammelten Abhandlungen herausgegeben:

Faraday, M.: Experimental Researches in Chemistry and Physics, London 1859.

Faraday, M.: Experimental Research in Electricity, London 1839–55, 3 Bände.

James, F. A. J. L.: The Correspondence of Michael Faraday, Vol. I 1811–1831, Stevenage 1991.

Kahlbaum, G. W. A. and Darbishire, F. V.: The Letters of Faraday and Schönbein 1836–1862, Basel-London 1899.

Martin, Th. [Hrsg.]: Faradays Diary, London 1932–36
Die acht Bände umfassende Ausgabe bringt den gesamten Text der Tagebücher und Reproduktionen der Zeichnungen. Ein zusätzlicher Band enthält ein gemischtes Namen- und Sachregister.

Thomos, D.: Michael Faraday in Wales, Gwasg Gee.

Tweney, R. and Gooding, D.: Michael Faraday's »Chemical Notes, Hints, Suggestions and Objects of Pursuit of 1822«, Stevenage 1991.

Williams, L. P. with the assistance of Fritz Gerald, R. and Stallybrass, O.: The Selected Correspondence of Michael Faraday, Cambridge 1971 – 2 Bände.

III. Biografien (Auswahl)

Appleyard, R.: A Tribute to Michael Faraday, London 1931.
Bence-Jones, H.: The Life and Letters of Faraday, London 1870.
Bowers, B.: Michael Faraday and the Modern World, Saffron Walden 1991.
Gerlach, W.: Michael Faraday zum 100. Todestag, München 1968 (Deutsches Museum Abh. u. Ber. 36., H 1).
Gladstone, J. H.: Michael Faraday, London 1872.
Gooding, D. and James, F. A. J. L. (Hrsg.), Faraday Rediscovererd, Basinstoke.
Hadfield, Sir Robert A.: Faraday and his metallurgical researches, with special reference to their bearing on the development of alloy steels, London 1931.
Helmholtz, H. und Wiedemann, G.: Michael Faraday, Braunschweig 1870; Übersetzung von J. Tyndalls Buch über Faraday.
Jarrold, W.: Michael Faraday: Man of Science, London 1891
Kendall, J.: Michael Faraday: Man of Simplicity, London 1955
Martin, Th.: Michael Faraday, London 1934.
Ostwald, W.: Michael Faraday; eine psychographische Studie, Zürich 1924.
Schütz, W.: Michael Faraday, Leipzig 1968.
Thompson, S. P.: Michael Faraday: His Life and Work, London 1898.
Tyndall, J.: Faraday as a Discoverer, London 1868.
Williams, L. P.: Michael Faraday. A Biography, London 1965. Der Band enthält sehr viele Angaben zur Sekundärliteratur.

IV. Weitere Literatur (Auswahl)

Anderson, R. G. W. and Lawrence, Ch.: Science, Medicine and Dissent: Joseph Priestly, London 1987.
Bowden, W.: Industrial Society in England towards the End of the Eighteenth Century, London 1965.
Bowers, B.: Sir Charles Wheatstone, London 1975.
Brown, S. C.: Count Rumford. Physicist Extraordinary, London 1962.
Carddwell, D. S. L.: James Joule, Manchester 1989.
Coulson, Th.: Joseph Henry. His Life and Works, Princeton, N.J., 1950.
Einstein, A.: Zur Elektrodynamik bewegter Körper, Ann. Phys. 17., 549 (1905).
Einstein, A. [Hrsg. v. Seelig, C.]: Mein Weltbild, Zürich 1953, S. 209ff.
Einstein, A.: Äther und Relativitätstheorie, Berlin 1920.
Engels, F.: Die Lage der arbeitenden Klasse in England, München 1973.
Frogan, S. [Hrsg.]: Science and the Sons of Genius: Studies on Humphry, Davy, London 1980.

Gillmor, C. St.: Coulomb and the Evolution of Physics and Engineering in Eighteenth-Century France, Princeton, N. J. 1971.
Hendry, J.: James Clerk Maxwell and the Theory of the Electromagnetic Field, Bristol 1986.
Hyman, A.: Charles Babbage. Pioneer of the Computer, Oxford 1982.
King, R.: Humphry Davy, London 1978.
Kirsten, Ch. [Hrsg.]: Dokumente einer Freundschaft, Berlin 1986, S. 208.
Koenigsberger, L.: Hermann von Helmholtz, Braunschweig 1903, Bd. 2, S. 50 u. S. 278; Bd. 3, S. 24.
Les œvres de François Arago, Paris-Leipzig 1854–1862.
Launay, L. de: Le grand Ampère, Paris 1925
Morell, J. and Thackray, A.: Gentlemen of Science, Oxford 1981.
Netzer, H.-J.: Albert von Sachsen-Coburg-Gotha, München 1988.
Paris, J. A.: The Life of Sir Humphry Davy, London 1831.
Schellings Werke, München 1927.
Schelling, F. W. J.: Faraday's neueste Entdeckung, München 1832.
Schillp, P. A. [Hrsg.]: Albert Einstein: Philosopher-Scientist, Cambridge 1949, Bd. 1, S. 24.
Tricker, R. A. R.: The Contributions of Faraday and Maxwell to Electrical Science, Oxford 1966.
Watts, I.: The Improvement of the Mind, Boston, 1833.
Watts, I.: Die Verbesserung des Verstandes, Danzig 1764, übersetzt von Richter, G. L.
Die in der Biografie zitierten Stellen sind dieser Ausgabe entnommen und wurden mit dem Original verglichen.
Wiederkehr, K. H.: Zur Deutung magnetischer Phänomene im 19. Jahrhundert, Phys. Bl. 44. Nr. 5, 129 (1988).
Zeeman, P.: On the Influence of Magnetism on the Nature of the Light emitted by a Substance, Phil. Mag. (5) 43., 226 (1897).

Quellenangaben zu den Abbildungen und Tafeln

Für die Genehmigung der Reproduktion der Abbildungen wird den folgenden Institutionen gedankt:

Der National Portrait Gallery London für das Portrait von Michael Faraday von Thomas Phillips, 1842 (Umschlag, Farbtafel I);
den Managern der Royal Institution of Great Britain für die Aquarelle von Harriet Moore des Laboratoriums von Faraday (Farbtafeln II, III) sowie den Abbildungen 5, 7, 9, 20, 37;

dem Science Museum London für die Aufnahmen der Apparate von Faraday (Farbtafeln IV-VIII) sowie der Abbildung 1;

dem Bildarchiv Preußischer Kulturbesitz Berlin für die Abbildungen 3, 4, 6, 31 und 32;

dem Deutschen Museum München für die Abbildung 29.

Die Abbildungen 2, 21, 27 und 34 sind der Biografie von Bence Jones, Michael Faraday, entnommen.

Alle anderen Abbildungen sind Archivaufnahmen.

Namenregister

Neuerscheinungen
Herbst 1991

Verlag C.H. Beck

Urs Bitterli
Die Entdeckung Amerikas
Von Kolumbus bis Alexander von Humboldt. 1991. Ca. 550 S., 50 Karten. Ln. DM 58,–
ISBN 3 406 35467 X
Erscheint im Sept. 1991

Urs Bitterli legt hier eine äußerst lebendige, umfassende Darstellung der Entdeckung und Eroberung des gesamten amerikanischen Kontinents (Nord-, Mittel- und Südamerika) durch die europäischen Seemächte vom 15. bis zum 18. Jahrhundert vor. Er zeigt, wie vielgestaltig der Prozeß der Eroberung unter den jeweiligen geschichtlichen und geographischen Voraussetzungen verlaufen ist. Ein Lese- und Handbuch ist hier entstanden, das an die große Tradition erzählender Geschichtsschreibung anknüpft.

Alain Demurger
Die Templer
Aufstieg und Untergang 1118–1314. Aus dem Französischen von Wolfgang Kaiser. 1991. Ca. 390 S., 10 Abb. Geb. ca. DM 48,–
ISBN 3 406 35576 5
Erscheint im Okt. 1991

1118 wurde der erste geistliche Ritterorden gegründet: die «Templer». Das Buch schildert Aufstieg und Untergang dieser typischen Schöpfung des mittelalterlichen Abendlandes, die zu Mythen und Legenden Anlaß gegeben hat.

Urs Bitterli
Die «Wilden» und die «Zivilisierten»
Grundzüge einer Geistes- und Kulturgeschichte der europäisch-überseeischen Begegnung. 2., durchges. und erw. A. 1991.
Ca. 500 S., 29 Abb.
Br. ca. DM 48,–
ISBN 3 406 35583 8
Erscheint im Sept. 1991

Brian M. Fagan
Aufbruch aus dem Paradies
Ursprung und frühe Geschichte der Menschen. Übersetzt und für die deutsche Ausgabe eingerichtet von Wolfgang Müller. 1991. Ca. 240 S., 42 Abb. u. 32 Tafeln. Geb. DM 48,–
ISBN 3 406 35480 7
Erscheint im Sept. 1991

Wo stand die Wiege unserer Vorfahren, des Homo sapiens sapiens? Wann gelang es ihnen, die Meere zu überwinden, wie ertrugen sie den Kälteschock, den die Eiszeit auslöste? In seiner Art einmalig, im Stil eines Detektivromans, aber aus souveräner Kenntnis der Forschung, gibt Brian M. Fagan einen umfassenden Überblick über den Ursprung und die Ausbreitung der Menschen über die Erde. Reiches Bildmaterial unterstützt die Darstellung.

Leonie von Wilckens
Die textilen Künste
Von der Spätantike bis um 1500. 1991.
Ca. 420 S., ca. 400 Abb., davon ca. 60 in Farbe.
Format 24,0 x 27,0 cm.
Ln. ca. DM 298,-
ISBN 3 406 35363 0
Erscheint im Sept. 1991

Der Band bietet eine umfassende Darstellung der mittelalterlichen Textilkunst. Auf der Grundlage der Textiltechniken erläutert die Autorin alle wichtigen Gewebearten und ihr Material, dazu den Zeugdruck, die Stickerei und die Bildwirkerei. Über 400 Abbildungen zeigen die Schönheit der textilen Erzeugnisse, ihrer Muster und Darstellungen. Ausführliche Anmerkungen, eine Bibliographie, ein Glossar sowie detaillierte Register ergänzen dieses seit langem erwartete Handbuch.

Christiane Ziegler
Der Louvre
Die Ägyptische Sammlung. 1991. 96 S., 153 Farbabb. Br. DM 34,-
ISBN 3 406 35505 6
Erscheint im Okt. 1991

Die ägyptische, antike und orientalische Abteilung sind neben den Gemälden besondere Anziehungspunkte des Louvre. Dieser Führer, der erste von drei Bänden zu den archäologischen Sammlungen, gibt in historischen Einführungen und detaillierten Beschreibungen der Objekte sowie in mehr als 150 Farbreproduktionen einen hervorragenden Überblick über die ägyptische Kunst und Kultur vom Alten Reich bis in die Spätantike.

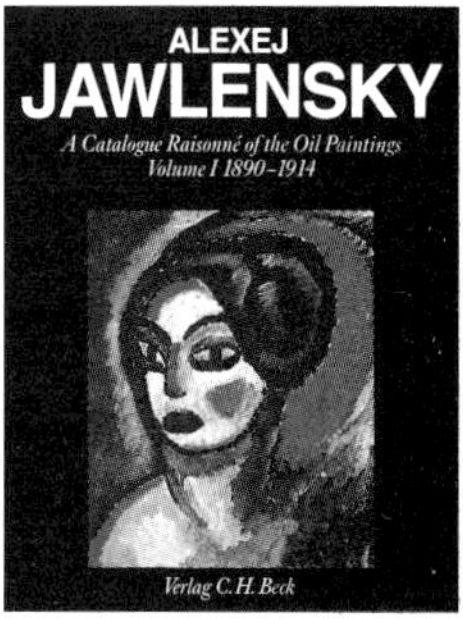

Maria Jawlensky
Lucia Pieroni-Jawlensky
Angelika Jawlensky
Alexej Jawlensky
Catalogue Raisonné of the Oil Paintings.
In englischer Sprache.
Band I: 1890-1914
1991. Ca. 640 S., ca. 630 Abb., davon ca. 238 in Farbe. Format 26,4 x 29,1 cm. Ln. Vorzugspreis bei Abnahme der Bände I-III ca. DM 530,-.
Normalpreis DM 620,-
ISBN 3 406 35647 8
Erscheint im Nov. 1991

Mehr als 600 Arbeiten umfaßt der erste Band des dreiteiligen Werkverzeichnisses der Ölgemälde Alexej Jawlenskys. Diese Dokumentation mit über 630, davon etwa 240 farbigen Abbildungen liefert für die kunsthistorische Forschung, den Kunsthandel sowie den Kunstsammler eine vollständige Übersicht über das Frühwerk eines der wichtigsten Maler des 20. Jahrhunderts.

Daniel Defoe
Glück und Unglück der berühmten Moll Flanders
Nach ihren eigenen Aufzeichnungen geschrieben. Mit 24 Zeichnungen von Heinz Zander und einem Nachwort von Helmut Findeisen.
1991. Ca. 450 S.
Ln. ca. DM 44,-
ISBN 3 406 34237 X
Erscheint im Okt. 1991

Defoe hat mit diesem Roman - den viele über den «Robinson Crusoe» stellen - eines der großen Werke der Weltliteratur geschaffen, ein Sittenbild der englischen Gesellschaft in der zweiten Hälfte des 17. Jahrhunderts. Das Leben der «besseren Gesellschaft» wird hier in ebenso lebensprallen Bildern dargestellt wie das der Halbwelt der Mätressen und Prostituierten und das der Unterwelt mit ihren Dieben und Verbrechern.

Cagliostro
Dokumente zu Aufklärung und Okkultismus. Hrsg. v. Klaus H. Kiefer. 1991. Ca. 770 S., ca. 32 zeitgenössische Abb.
Ln. ca. DM 48,-
ISBN 3 406 35321 5
Erscheint im Okt. 1991

Der 1743 in Palermo geborene Giuseppe Balsamo machte schon als junger Mann seine sensationelle Karriere als selbsternannter Graf Alessandro di Cagliostro. Er trat auf als Magier, Wunderdoktor und Hellseher. Verwickelt in die «Halsbandaffäre» um Marie-Antoinette, landete er schließlich im Kerker der römischen Inquisition, wo er 1795 starb. Der Bayreuther Germanist und Cagliostro-Forscher Klaus H. Kiefer kann zeigen, daß sich gerade das Jahrhundert der Vernunftgläubigkeit nur allzu bereitwillig dem Aberwitz des Übersinnlichen auslieferte.

Heimito von Doderer
Die sibirische Klarheit
Texte aus der Gefangenschaft. Herausgegeben von Wendelin Schmidt-Dengler und Martin Loew-Cadonna. 1991. Ca. 120 S., ca. 12 Abb.
Ln. ca. DM 34,-
ISBN 3 7642 02017
Erscheint im Okt. 1991
Biederstein Verlag

Zum 25. Todestag Heimito von Doderers am 23. Dezember 1991 werden erstmals seine frühen Texte aus der Zeit der russischen Kriegsgefangenschaft (1916–1920) veröffentlicht. Die Erfahrung der Gefangenschaft war für Doderer der entscheidende Anstoß, Schriftsteller zu werden. Schon in diesen Texten aus dem Lager ist das «Dodereske» - die Beschreibungsart und der eigentümliche Stil Doderers - erkennbar.

Ute Frevert
Ehrenmänner
Das Duell in der bürgerlichen Gesellschaft. 1991. 376 S. Geb. DM 44,-
ISBN 3 406 35117 4

«Auffallend, und vielleicht aufschlußreich an dieser Publikation ist, daß sie sich schon bei Erscheinen einer großen und positiven, zum Teil hymnisch dargebrachten Kritik erfreuen durfte, wie selten ein historisches Werk in den letzten Jahren. Das dicke Lob ... deutet auf eine wohl selten so überzeugende fachliche Qualität der Arbeit.»
Mira Beham, SZ

Michel Mollat
Der königliche Kaufmann Jacques Cœur oder der Geist des Unternehmertums
1991. 292 S., 10 Abb. u. 6 Karten. Ln. DM 48,-
ISBN 3 406 35074 7

Thomas Hughes
Die Erfindung Amerikas
Der technologische Aufstieg der USA seit 1870. Aus dem Englischen von Hans Jürgen Baron von Koskull. 1991. 528 S., 144 Abb. Geb. DM 58,-
ISBN 3 406 34923 4

«... ein faszinierendes Panorama der amerikanischen Technikgeschichte und ihres sozio-politischen Rahmens.»
Lothar Burchardt, FAZ

Ludwig Reiners
Stilkunst
Ein Lehrbuch deutscher Prosa. Völlig überarb. Ausg. 1991. (129.–140. Tsd. der Gesamtauflage). 542 S. Ln. DM 48,-
ISBN 3 406 34985 4

«Es gefällt als das brauchbarste unter einigen klugen Büchern, die über die deutsche Sprache geschrieben worden sind.»
DIE ZEIT

Werner Bätzing
Die Alpen
Entstehung und Gefährdung einer europäischen Kulturlandschaft
Neubearb. und erw. A. 1991. 287 S. 21 Karten u. 42 Abb. Geb. DM 48,-
ISBN 3 406 35205 7

Claudine Herzlich
Janine Pierret
Kranke gestern, Kranke heute
Die Gesellschaft und das Leiden. Aus dem Französischen von Gabriele Krüger-Wirrer. 1991. 320 S. Geb. DM 48,-
ISBN 3 406 35075 5

Der Kranke in der Gesellschaft, vom Mittelalter bis heute, von der Pest bis Aids – das ist das Thema dieses Buches. Die Autorinnen zeigen, wie sehr sich die Stellung der Kranken im Laufe der Jahrhunderte gewandelt hat, aber auch, inwiefern sich der Kranke selbst veränderte.

Christoff Neumeister
Das antike Rom
Ein literarischer Stadtführer. 1991. Ca. 350 S., 77 Abb. Ln. DM 48,-
ISBN 3 406 35375 4
Erscheint im Sept. 1991

Anhand von ausgewählten Texten der römischen Literatur führt Christoff Neumeister den Leser in das pulsierende Leben der antiken Metropole ein. Auf seinem Weg durch die Stadt erhält der Leser eine Vorstellung von den räumlichen Verhältnissen, er besichtigt Plätze, Gebäude und Monumente, wird Zeuge alltäglicher Ereignisse und begegnet vor allem den Menschen Roms. Ein literarischer Stadtführer, der neben den großartigen und eindrucksvollen Erscheinungen der römischen Lebenswirklichkeit ohne jede Beschönigung auch ihre banalen, lächerlichen, frivolen und abstoßenden Seiten vorführt.

Reisekultur
Von der Pilgerfahrt zum modernen Tourismus.
Hrsg. v. Hermann Bausinger, Klaus Beyrer und Gottfried Korff. 1991.
Ca. 420 S., ca. 90 Abb.
Format 15,8 x 24,1 cm.
Ln. DM 68,-
ISBN 3 406 35502 1
Erscheint im Sept. 1991

Im letzten Jahrhundert bezeichnete man das Reisen als «die schönste und unschuldigste Leidenschaft des Menschen». Im Strom des heutigen Tourismus droht es seine Unschuld zu verlieren: aber die Faszination des Reisens, die Lust auf neue Erfahrung, ist ungebrochen. Solche Faszination geht auch von diesem Buch aus, das eine amüsante und anregende Entdeckungsreise durch die Geschichte des Reisens - seine Anlässe, Ziele, Mittel und Formen - vom Mittelalter bis zur Gegenwart bietet.

Bernd Roeck
Als wollt die Welt schier brechen
Eine Stadt im Zeitalter des Dreißigjährigen Krieges. 1991.
Ca. 370 S., 62 Abb.
Geb. DM 58,-
ISBN 3 406 35500 5
Erscheint im Sept. 1991

Der Autor erzählt die dramatische Geschichte der Stadt Augsburg im Zeitalter des Dreißigjährigen Krieges, die beispielhaft ist für eine deutsche Großstadt im 17. Jahrhundert. Gestützt auf außergewöhnlich reiche Quellen entwirft er ein farbiges Bild dieser prächtigen Reichsstadt. Ein historisches Porträt, das fesselnd zu lesen ist und das Einblick gewährt in die Lebenswirklichkeit einer Welt, die unter den apokalyptischen Schrecken des Krieges «schier brechen wollt».

Horst Rabe
Deutsche Geschichte 1500-1600
Das Jahrhundert der Glaubensspaltung.
1991. Ca. 700 S.
Ln. DM 78,-
ISBN 3 406 35501 3
Erscheint im Okt. 1991

Die Epoche der Glaubensspaltung ist ein klassisches Thema der deutschen Geschichtsschreibung. Horst Rabes umfassende Gesamtdarstellung ist eine großartige Bilanz des 16. Jahrhunderts.

Was ist Gesellschaftsgeschichte?
Positionen, Themen, Analysen. Hrsg. v. Manfred Hettling, Claudia Huerkamp, Paul Nolte und Hans-Walter Schmuhl. 1991. Ca. 370 S.
Br. DM 48,-
ISBN 3 406 35574 9
Erscheint im Sept. 1991

Das Exil der kleinen Leute
Alltagserfahrung deutscher Juden in der Emigration. Hrsg. v. Wolfgang Benz. 1991. 344 S.
Ln. DM 48,-
ISBN 3 406 35503 X
Erscheint im Sept. 1991

Es ist nicht die Emigrationsprominenz aus Kultur und Wissenschaft, die hier zu Wort kommt; es sind die kleinen Leute, für die sich sonst nur die Statistik interessiert. In den mehr als dreißig Zeugnissen und Selbstzeugnissen jüdischer Emigranten wird zum ersten Mal ihr Leben im Exil geschildert. Ein einzigartiges und tief bewegendes Dokument jüdischer Geschichte im Schatten des Holocaust.

Albrecht Lehmann
Im Fremden ungewollt zuhaus
Flüchtlinge und Vertriebene in Westdeutschland 1945-1990. 1991.
266 S., 28 Abb. und eine Karte. Geb. DM 39,80
ISBN 3 406 35298 7
Erscheint im Aug. 1991

Die Geschichte der Flüchtlings- und Vertriebenenschicksale wird hier aus den Lebenszeugnissen dreier Generationen dargestellt und dokumentiert. Wie haben die Flüchtlinge und die Vertriebenen damals ihre zweite Heimat erlebt? Welchen Begriff von Heimat haben diese Menschen heute? In der Beantwortung solcher und weiterer Fragen - fünfzig Jahre nach dem Ende des Zweiten Weltkrieges - zeigt der Autor, welchen Einfluß dieses Geschehen auf die politische, soziale und kulturelle Geschichte Deutschlands gehabt hat - bis heute.

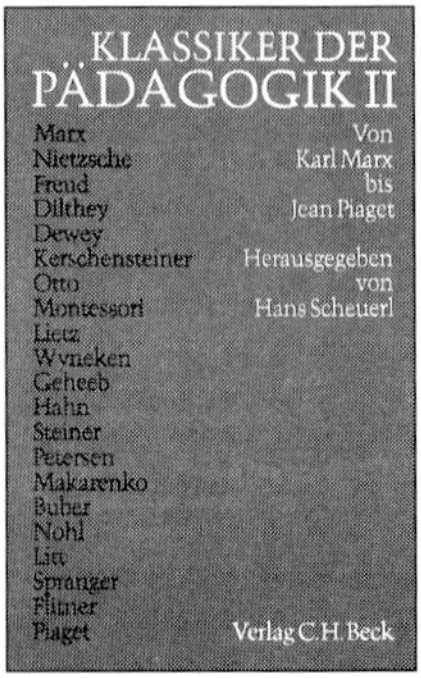

Klassiker der Pädagogik
Band 1: Von Erasmus von Rotterdam bis Herbert Spencer.
Band 2: Von Karl Marx bis Jean Piaget.
Hrsg. v. Hans Scheuerl.
2., überarb. und durch ein Nachwort erg. A.
1991. Band 1: Ca. 400 S., 22 Porträts. Ln. DM 58,-
ISBN 3 406 35533 1
Band 2: Ca. 400 S., 21 Porträts. Ln. DM 58,-
ISBN 3 406 35534 X
Bei Abnahme von Bd. 1 u. 2 zusammen DM 96,-
ISBN 3 406 35593 5
Erscheint im Okt. 1991

Diese Geschichte der Pädagogik in ihren hervorragenden Gestalten von Erasmus bis Piaget wird jetzt in zweiter Auflage vorgelegt. In ihr wurden die bibliographischen Angaben überarbeitet, und der Herausgeber nimmt in einem Nachwort zur Wirkungsgeschichte klassischer Pädagogen bis heute Stellung.

Klassiker der Medizin
Band 1: Von Hippokrates bis Hufeland.
Band 2: Von Philippe Pinel bis Viktor von Weizsäcker.
Hrsg. v. Dietrich von Engelhardt und Fritz Hartmann. 1991. Jeweils ca. 420 S., ca. 30 Abb. Ln. je ca. DM 68,-
Band I: ISBN 3 406 35536 6
Band II: ISBN 3 406 35537 4
Bd. 1 u. 2 zus. ca. DM 118,-
ISBN 3 406 35592 7
Erscheint im Nov. 1991

Diese Geschichte der Heilkunde von der Antike bis zur Gegenwart ist zugleich eine Sozial- und Kulturgeschichte von Krankheit und Gesundheit, der Art und Weise, wie Menschen Krankheiten erfahren und ihre Kranken behandelt haben. Sie ist aber auch eine Entwicklungsgeschichte der Medizin, ihrer Ideen und Praktiken zur Pathogenese, Diagnostik, Therapeutik und zum Gesundheitswesen.

Joachim Borchart
Der europäische Eisenbahnkönig Bethel Henry Strousberg
1991. Ca. 350 S., 18 Abb. und 4 Karten. Ln. DM 44,-
ISBN 3 406 35297 9
Erscheint im Sept. 1991

Bethel Henry Strousberg (1823–1884), der mit Hilfe halsbrecherischer Finanzmanipulationen Tausende von Eisenbahnkilometern in Europa baute und Industrieanlagen errichtete, war schon zu Lebzeiten eine Legende. Joachim Borchart breitet das romanhaft wirkende, bizarre Leben dieses Mannes fesselnd und anschaulich vor uns aus.

Jost Lemmerich
Michael Faraday 1791–1867
Erforscher der Elektrizität.
1991. Ca. 270 S., 40 Abb. Geb. DM 48,-
ISBN 3 406 35577 3
Erscheint im Aug. 1991

Annegret Maack
Charles Dickens
Epoche - Werk - Wirkung
1991. Ca. 240 S., ca. 15 Abb. Br. ca. DM 39,80
ISBN 3 406 35474 2
Erscheint im Sept. 1991
Arbeitsbücher zur Literaturgeschichte

Anhand ausgewählter Romane zeichnet Annegret Maack den Werdegang Dickens' vom Journalisten zum Romancier nach, erläutert sein Gesellschaftsbild und zeigt den Sozialkritiker, Reformer und Moralisten Dickens.

Johann Georg Hamann
Londoner Schriften
Historisch-kritische Ausgabe. Herausgegeben von Oswald Bayer und Bernd Weißenborn. 1991.
Ca. 640 S., ca. 17 Abb.
Ln. ca. DM 198,-
ISBN 3 406 35088 7
Erscheint im Okt. 1991

Hellmut Flashar
Inszenierung der Antike
Das griechische Drama auf der Bühne der Neuzeit. 1991. Ca. 360 S., 32 Abb. auf 20 Tafeln. Ln. ca. DM 78,-
ISBN 3 406 35328 2
Erscheint im Sept. 1991

Die vierhundertjährige Aufführungsgeschichte griechischer Dramen wird hier erstmals umfassend dargestellt. Hellmut Flashars Buch ist nicht nur ein wichtiger Beitrag zur Theater-, zur Musik- und Literaturgeschichte. Vielmehr erschließt er in seinen eindrucksvollen Analysen der Aufführungen auch das Antike-Verständnis und damit die geistige Situation der jeweiligen Epoche. Ein ungewöhnlicher Zugang zur Geschichte der Auseinandersetzung mit der griechischen Welt.

Reinhard Wittmann
Geschichte des deutschen Buchhandels
Ein Überblick. 1991.
Ca. 420 S., ca. 24 Abb.
Ln. DM 48,-
ISBN 3 406 35425 4
Erscheint im Sept. 1991

Der Verfasser gibt einen Überblick über die mehr als fünfhundertjährige Geschichte des Schreibens und Herstellens, des Verkaufs und der Lektüre von Büchern im deutschsprachigen Raum. Der Weg des gedruckten Wortes vom Autor zum Leser in seinem historischen Wandel, die Verbreitung des Buches als Geistesgut und Handelsware durch Verlage und Buchhandel von Gutenbergs Zeiten bis zur Gegenwart wird hier erstmals so umfassend dargestellt.

Johann Christoph Bürgel
Allmacht und Mächtigkeit
Religion und Welt des Islam. 1991. Ca. 420 S. Ln. DM 48,-
ISBN 3 406 35374 6
Erscheint im Sept. 1991

Islam – das Wort bedeutet «Unterwerfung» und der zentrale Grundsatz dieser Religion lautet entsprechend: «Keine Gewalt außer bei Gott!» Die Geschichte der islamischen Kultur kann also gedeutet werden als jahrhundertelanges Ringen der «religiösen Allmacht» mit den diversen «weltlichen Mächtigkeiten», den Gegenkräften in Philosophie, Medizin, Kunst und Gesellschaft.

Gerhard Endreß
Der Islam
Eine Einführung in seine Geschichte. 2., überarb. A. 1991. Ca. 330 S.
Br. DM 39,80
ISBN 3 406 35478 5
Erscheint im Juli 1991

Heinz Halm
Das Reich des Mahdi
Der Aufstieg der Fatimiden (875-973). 1991. Ca. 430 S., 10 Karten und 16 Tafeln. Ln. DM 68,-
ISBN 3 406 35497 1
Erscheint im Sept. 1991

Im 9. Jahrhundert entstand im Iran die Geheimsekte der Ismailiten, die unter dem Namen Fatimiden im Mittelalter eine herausragende Rolle in der Geschichte des Mittelmeerraumes und des Vorderen Orients gespielt hat. Ihr heutiges Oberhaupt ist der Aga Khan. Heinz Halm beschreibt die Geschichte der Sekte, ihre Entstehung, ihre Ausbreitung und ihren Aufstieg zur Großmacht bis zur Gründung Kairos. So vermittelt er uns ein farbiges und facettenreiches Bild der islamischen Zivilisation im frühen Mittelalter.

Stefano Bianca
Hofhaus und Paradiesgarten
Architektur und Lebensformen in der islamischen Welt. 1991.
308 S., 211 Abb., davon 13 farbig. Format 17,0 x 24,0 cm. Ln. DM 88,-
ISBN 3 406 34919 6
Erscheint im Sept. 1991

Stefano Biancas Buch stellt die Geschichte der verschiedenen Bauformen in der islamischen Welt aus umfassender kulturhistorischer Perspektive dar. Architektur und Kunst werden als Ausdruck einer Geisteshaltung betrachtet, die bis ins 20. Jahrhundert hinein das individuelle und soziale Verhalten der Muslime ebenso bestimmt hat wie ihre Stadtanlagen, Moscheen, Paläste, Wohnhäuser und Gärten.

Heloise und ihre Schwestern

Acht Frauenporträts aus dem Mittelalter. Hrsg. v. Ferruccio Bertini. Aus dem Italienischen von Ernst Voltmer. 1991. Ca. 250 S., 12 Abb. Geb. DM 39,80
ISBN 3 406 35475 0
Erscheint im Sept. 1991

Über die Lage der Frauen in der Gesellschaft des Mittelalters ist in den letzten Jahren viel geschrieben worden. Die Frauen selbst sind dabei meistens nicht zu Wort gekommen. Im vorliegenden Werk werden acht von ihnen - stellvertretend für alle anderen - anhand ihrer Schriften in Biographien vorgestellt. Sie lassen die Hoffnungen und Ängste, die Sehnsüchte und Widrigkeiten, die Freuden und Schmerzen dieser Frauen erkennen, die zwischen dem 4. und 14. Jahrhundert gelebt haben.

Wilhelm Volkert
Adel bis Zunft

Ein Lexikon des Mittelalters. 1991. Ca. 300 S. Ln. DM 39,80
ISBN 3 406 35499 8
Erscheint im Sept. 1991

«Adel bis Zunft» bietet in mehr als 170 alphabetisch geordneten Artikeln einen Zugang zur Welt des Mittelalters. Es ist ein Begriffslexikon, das Schlüsselbegriffe der Epoche erklärt, und zugleich ein Sachwörterbuch, das uns einführt in Gesellschaft und Recht, Wirtschaft und Geistesleben der Zeit.

Wolf-Armin Frhr. v. Reitzenstein
Lexikon bayerischer Ortsnamen

Herkunft und Bedeutung. 2., verb. und erw. A. 1991. Ca. 480 S. Geb. ca. DM 58,-
ISBN 3 406 35330 4
Erscheint im Aug. 1991

Manfred Vasold
Pest, Not und schwere Plagen

Seuchen und Epidemien vom Mittelalter bis heute. 1991. Ca. 340 S. Geb. ca. DM 48,-
ISBN 3 406 35401 7
Erscheint im Aug. 1991

Diese fesselnde Darstellung der Geschichte der Seuchen und Epidemien in Mitteleuropa bietet einen umfassenden Überblick nicht nur über die mörderischen Krankheiten selbst, sondern auch über die gewaltigen sozial- und medizinhistorischen Prozesse, die das Leben der Menschen in den vergangenen Jahrhunderten tiefgreifend verändert und bestimmt haben. Wirtschaftlicher Verfall, Verwüstung von Ländern und Entvölkerung ganzer Städte waren die Folgen der großen Menschheitsplagen.

Iris Origo
Toskanisches Tagebuch 1943/44
Kriegsjahre im Val d'Orcia. Aus dem Englischen von Uta-Elisabeth Trott. 1991. 274 S., 12 Abb. und eine Karte.
Geb. DM 38,–
ISBN 3 406 35206 5

«Dieses vornehm zurückhaltende Tagebuch ist eine zeitlose Erzählung von Mitgefühl, Beharrlichkeit, Mut und Heldenhaftigkeit.»
Publishers Weekly

Villy Sørensen
Apolls Aufruhr
Die Geschichte der Unsterblichen. Aus dem Dänischen von Hanns Grössel. 1991. 152 S.
Ln. DM 28,–
ISBN 3 406 34922 6

Sørensens einfühlsam-ironische Erzählung macht deutlich, daß die Götter nicht «Vorbilder der Sterblichen, sondern ewige Bilder des Menschlichen» gewesen sind.

Mark Zborowski
Elizabeth Herzog
Das Schtetl
Die untergegangene Welt der osteuropäischen Juden. Aus dem Amerikanischen von Hans Richard. 1991. 363 S., 19 Abb.
Geb. DM 48,–
ISBN 3 406 35184 0

«Das Schtetl ... erklärt schlüssig, leicht verständlich und vor allem mit einnehmender Anteilnahme die Grundpfeiler einer Kultur, in der Judentum 'pur' gelebt wurde.»
Eva-Elisabeth Fischer, SZ

Beck'sche Reihe: Bitte fordern Sie unser Gesamtverzeichnis an.

Überreicht durch: